LEÇONS DE CHIMIE

Conformes aux programmes du 27 juillet 1897

POUR

L'ENSEIGNEMENT SECONDAIRE DES JEUNES FILLES

(TROISIÈME, QUATRIÈME ET CINQUIÈME ANNÉES)

PAR

ÉMILE BOUANT

Ancien élève de l'École normale supérieure,
Professeur au lycée Charlemagne.

AVEC 113 GRAVURES DANS LE TEXTE

PARIS

FÉLIX ALCAN, ÉDITEUR

108, BOULEVARD SAINT-GERMAIN, 108

1905

Prix du volume cartonné à l'anglaise . . . . . . 2 fr. 80

LEÇONS DE CHIMIE

LEÇONS

DE CHIMIE

CONFORMES AUX PROGRAMMES DU 27 JUILLET 1897

POUR

L'ENSEIGNEMENT SECONDAIRE DES JEUNES FILLES

(TROISIÈME, QUATRIÈME ET CINQUIÈME ANNÉES)

PAR

ÉMILE BOUANT

Ancien élève de l'École normale supérieure,
Professeur au lycée Charlemagne.

AVEC 113 GRAVURES DANS LE TEXTE

PARIS

FÉLIX ALCAN, ÉDITEUR

108, BOULEVARD SAINT-GERMAIN, 108

1906

CHIMIE

TROISIÈME ANNÉE (p. 1 à 60).

Eau. — Oxygène et hydrogène. — Air. — Oxygène et azote. — Combustion. — Charbon. — Gaz carbonique. — Oxyde de carbone. — Revision.

QUATRIÈME ANNÉE (p. 61 à 164).

Revision du cours de troisième année. — Lois des combinaisons chimiques. — Nomenclature. — Acide azotique. — Gaz ammoniac. — Soufre. — Gaz sulfureux. — Acide sulfurique. — Acide sulfhydrique. — Phosphore. — Chlore. — Acide chlorhydrique. — Les trois carbures d'hydrogène fondamentaux. — Gaz d'éclairage.

CINQUIÈME ANNÉE (p. 165 à 271).

Potasse, soude. — Sel marin. — Chaux. — Carbonate et sulfate de calcium. — Propriétés essentielles des principaux métaux usuels. — Composition élémentaire des matières organiques. — Alcool. — Éther. — Fermentations (vin, bière, cidre). — Glycérine. — Corps gras. — Sucres. — Amidon. — Cellulose. — Acide acétique. — Acide oxalique. — Notions sur les alcalis organiques. — Revision.

LEÇONS DE CHIMIE

I

NOTIONS PRÉLIMINAIRES

1. Sciences physiques et sciences naturelles. — La *physique* embrassait autrefois l'étude de la nature entière. Cette étude, beaucoup trop vaste, admet aujourd'hui des subdivisions.

C'est d'abord l'*astronomie*, ou sciences des astres.

Ce sont ensuite les *sciences naturelles*, à savoir : la *zoologie*, ou science des animaux, la *botanique*, ou science des végétaux, la *géologie*, ou science de la terre.

Ce sont enfin les *sciences physiques* proprement dites, qui s'occupent de l'étude des corps bruts, considérés en eux-mêmes, ou dans leurs relations avec le monde extérieur. Dans les lignes qui vont suivre, nous indiquerons de façon plus précise le but de ces sciences physiques.

Les subdivisions que nous venons d'indiquer sont d'ailleurs, en bien des points, absolument artificielles et arbitraires. Toutes ces sciences ont entre elles des corrélations si nombreuses, si intimes, qu'il est impossible, par exemple, d'étudier la géologie sans rencontrer à chaque pas, sur sa route la zoologie, la botanique, la physique, la chimie.

2. Les trois états de la matière. — Nous avons dit que les *sciences physiques* s'occupent de l'étude des corps bruts. Il est indispensable de définir dès maintenant les trois états sous lesquels ces corps bruts se présentent à nos yeux.

Les *corps solides* ont, comme le bois, le verre, la pierre, une forme qui leur est propre, et qui ne peut être modifiée sans un certain effort. Les différentes parties qui constituent le solide sont comme fixées les unes aux autres ; on ne peut les séparer sans modifier profondément le solide, sans le briser ;

Les *liquides*, tels que l'eau, l'huile, l'alcool, n'ont pas de forme qui leur soit propre ; ils se moulent sur le vase qui les renferme. Les parties qui constituent le liquide sont tellement mobiles les unes par rapport aux autres, qu'on les sépare sans effort, qu'on les fait glisser les unes sur les autres sans changer l'aspect du liquide, sans le modifier.

Viennent enfin les *gaz*. Comme les liquides, ils se moulent exactement sur les vases qui les renferment ; mais, tandis que les liquides ont un volume fixe, les gaz au contraire, s'étendent indéfiniment, augmentent ou diminuent très facilement de volume, de manière à remplir toujours complètement l'espace qui leur est abandonné. L'air qui nous entoure, l'acide si nauséabond qui se dégage des fosses d'aisances, celui qui sort de l'eau de Seltz, sont des gaz.

Il ne faudrait pas croire cependant qu'il y ait des différences essentielles entre la substance intime des solides, des liquides et des gaz : un même corps peut prendre successivement les trois états. La glace de l'hiver devient de l'eau au printemps, puis, sous l'action du soleil, elle se réduit en une vapeur invisible, en un gaz qui se mêle à l'air. Cette vapeur reprendra bientôt l'état liquide et tombera en pluie sur le sol ; peut-être reformera-t-elle ensuite un nouveau bloc de glace. Et malgré tant de changements d'aspect, la substance de l'eau aura toujours été la même.

3. Phénomènes physiques, phénomènes chimiques. — Dans les sciences, on désigne sous le nom de *phénomène* toute manifestation des propriétés des corps. La glace qui fond, l'eau qui s'évapore, la pluie qui tombe, l'aimant qui attire le fer, le miroir qui vous montre votre propre image, sont autant de phénomènes.

Le premier objet des *sciences physiques* est justement l'étude de certaines catégories de phénomènes.

Phénomènes physiques. — Une barre de fer, placée dans le feu, s'échauffe, augmente de longueur. Si l'élévation de température est suffisante, elle devient lumineuse dans l'obscurité. Le métal est alors mou comme de la cire, ou tout à fait fluide. Sous la même influence, un morceau de glace se fond, pour donner de l'eau ; puis le liquide produit un volume de vapeur plus de mille fois supérieur au sien.

Ces modifications, et beaucoup d'autres analogues, sont remarquables par un caractère commun : elles sont *temporaires*. Le corps revient à sa manière d'être primitive quand la cause en jeu a cessé d'agir. Le fer retiré du feu reprend sa consistance, sa couleur, sa température initiales. De même la vapeur d'eau refroidie reforme de l'eau, puis de la glace.

Ce sont là des *phénomènes physiques* : ils ne font éprouver aux corps aucune modification profonde; ils n'en changent pas le poids, ils n'en altèrent pas la constitution.

Phénomènes chimiques. — Dans un petit ballon de verre, introduisons du *soufre* en poudre et de la limaille de *fer*, puis chauffons doucement. Nous observerons bientôt une ébullition tumultueuse, peut-être même une incandescence soudaine. Puis, la masse étant refroidie, nous aurons une sorte de pierre noire, dans laquelle il sera impossible de distinguer ni soufre, ni fer. Il s'est réellement formé un corps nouveau, auquel on donne le nom de *sulfure de fer;* ce corps résulte de la *combinaison* du soufre avec le fer.

Chauffons maintenant un sel blanc nommé *chlorate de potassium.* Il abandonne une partie de sa substance, sous la forme d'un gaz incolore, que nous étudierons sous le nom d'*oxygène;* et d'autre part, un corps nouveau, nommé *chlorure de potassium,* différent du chlorate de potassium, reste comme résidu dans le ballon. On dit que le *chlorate de potassium* a été *décomposé.*

Dans l'un et dans l'autre cas, il y a eu une altération pro-fonde, permanente, des corps primitifs. Les phénomènes qui se sont produits sont dits *phénomènes chimiques;* ils sont caractérisés par des modifications durables, par la production de corps nouveaux, différents de ceux sur lesquels on a opéré.

4. Objet de la physique. — L'étude de ces deux ordres de phénomènes est l'objet de deux *sciences physiques* distinctes l'une de l'autre : la *physique* proprement dite, et la *chimie.*

Les *phénomènes physiques* sont sous la dépendance de causes générales (*pesanteur, chaleur, lumière, électricité*) dont l'action se fait sentir sur tous les corps, et sur tous à peu près de la même manière. La *physique* est justement l'étude de ces causes et de leurs effets.

La *physique* est donc la science qui se propose l'étude des *phénomènes physiques,* des *propriétés générales des corps,* considérées dans leurs rapports avec les causes universelles desquelles elles dépendent. En d'autres termes, on n'étudie en physique aucun corps particulier, mais seulement les propriétés communes à tous les corps.

5. Objet de la chimie. — La *chimie*, tout au contraire, est l'examen des propriétés particulières à chaque corps. Elle examine quelles actions spéciales les causes générales (lumière, électricité, et surtout chaleur) exercent sur tous les corps pris chacun isolément. Elle recherche également la manière dont ils se comportent les uns par rapport aux autres.

A mesure que nous avancerons dans l'étude de ces sciences, la distinction que nous établissons ici entre elles nous apparaîtra plus nettement.

Il convient cependant de répéter ce que nous avons déjà dit plus haut. La ligne de démarcation, tracée entre la physique et la chimie, n'est pas toujours nettement déterminée. Et le chimiste, dans l'étude particulière qu'il fait des corps considérés un à un, ne peut se passer de la connaissance des lois générales énoncées par le physicien.

6. Corps simples ; corps composés. — Sous l'action de la chaleur le *chlorate de potassium* (3) a donné naissance à un gaz, l'*oxygène*, et à un résidu solide, le *chlorure de potassium*. Comme la somme des poids de l'*oxygène* et du *chlorure de potassium* est égal au poids du *chlorate de potassium* primitif, on peut affirmer qu'il n'y a rien eu de perdu, ni rien eu de gagné dans l'expérience. On en conclut que le *chlorate de potassium* était un corps complexe, ou un *corps composé* qui, en se *décomposant* sous l'influence de la chaleur, a formé de l'oxygène et du chlorure de potassium.

On peut affirmer aussi que le *sulfure de fer* est un *corps composé*, puisqu'il résulte de l'union, de la *combinaison* de deux autres corps, le *soufre* et le *fer*.

Au contraire on n'est arrivé, jusqu'à ce jour, à *décomposer* ni l'*oxygène*, ni le *soufre*, ni le *fer*. Ces corps ne peuvent éprouver des modifications permanentes qu'au contact d'autres substances, avec lesquelles ils s'unissent. Ce sont donc des corps jusqu'ici irréductibles, indécomposables, non transformables les uns dans les autres : on les nomme des *corps simples* ou *éléments*.

Les composés qu'on rencontre dans la nature, ou que les chimistes savent préparer, sont en nombre à peu près illimité. Il n'en est pas de même des éléments : on en connaît actuellement 74, qui, en s'unissant deux à deux, trois à trois, quatre à quatre en diverses proportions, constituent tous les autres corps.

Nous aurons à étudier seulement quelques-uns de ces corps simples, choisis parmi les plus importants, et un petit nombre des *composés* qu'ils forment en s'unissant les uns avec les autres.

7. Mélange ; combinaison. — Le *soufre* et le *fer*, réduits séparément en une poudre impalpable, puis agités l'un avec l'autre, donnent une poudre grise, dans laquelle il est impossible de distinguer, au premier abord, ni soufre, ni fer.

Mais l'œil, armé d'une forte loupe, y reconnaît de suite les parcelles de soufre et celles de fer, placées les unes à côté des autres, ayant conservé leur aspect particulier et leur individualité. Si on en approche un aimant, les grains de fer sont attirés et séparés des grains de soufre.

Notre poudre grise n'est qu'un *mélange* de soufre et de fer, dans lequel chaque élément a conservé ses caractères distinctifs.

La *combinaison*, au contraire, se reconnaît à la production d'un corps nouveau, qui, par l'ensemble de ses propriétés, diffère essentiellement de chacun de ses éléments constitutifs. Ainsi, quand le mélange de soufre et de fer a été chauffé, comme il a été dit plus haut (8), il se change en une masse dans laquelle ni la loupe ni l'aimant ne permettent de distinguer les deux éléments primitifs. Le *sulfure de fer* n'est plus un *mélange*, c'est une *combinaison* de soufre et de fer.

Nous nous garderons donc bien de jamais confondre un *mélange* avec une *combinaison*, ni d'employer l'un pour l'autre le mot *mélange* et le mot *combinaison*.

I. — OXYGÈNE

8. Décomposition de l'eau par le courant électrique. — L'*eau* est un *corps composé*, car elle se dédouble sous l'action du *courant électrique*.

On opère cette décomposition dans un verre nommé *voltamètre*, dont l'intérieur communique, par deux fils de platine, avec les deux pôles d'une *pile électrique*. Dans ce verre on met de l'eau, additionnée d'un peu d'acide sulfurique, et on fait passer le courant. Deux gaz, *résultant de la décomposition de l'eau*, se dégagent le long des deux fils de platine ; on les recueille dans deux petites éprouvettes pleines d'eau qui recouvrent les deux fils.

Le volume du gaz recueilli au fil qui communique avec le pôle négatif est double du volume du gaz recueilli au fil qui communique avec le pôle positif.

Si l'on retourne l'éprouvette négative et qu'on approche de l'ouverture une allumette enflammée, on constate que le gaz se met à brûler avec une flamme peu éclairante. On donne le nom d'*hydrogène* à ce gaz combustible.

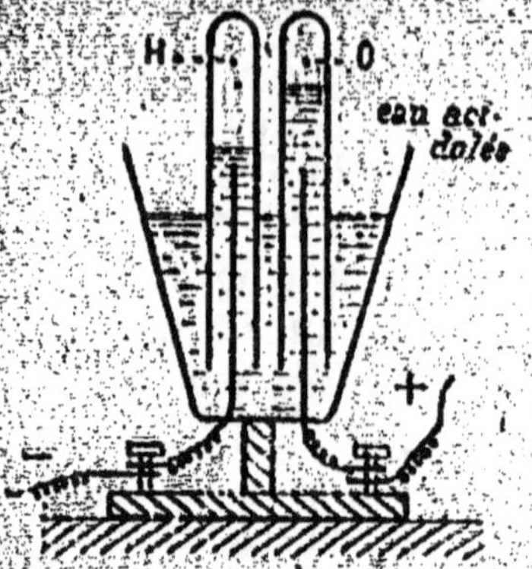

DÉCOMPOSITION DE L'EAU PAR LE COURANT ÉLECTRIQUE. — *L'hydrogène* se rend au pôle négatif, et l'*oxygène* au pôle positif.

Si l'on retourne l'éprouvette positive et qu'on y introduise par l'ouverture une allumette presque éteinte, on constate que cette allumette se rallume aussitôt. On donne le nom d'*oxygène* à ce gaz qui jouit de la propriété de rallumer une allumette ne présentant plus que quelques points en ignition.

De là la conclusion suivante : *l'eau est un composé d'hydrogène et d'oxygène ; le volume de l'hydrogène est double de celui de l'oxygène.*

Nous allons étudier d'abord les deux gaz extraits de l'eau : *oxygène* et *hydrogène*.

9. L'oxygène est très répandu dans la nature. — L'oxygène est un corps simple. Il n'est pas seulement contenu dans l'eau ; c'est, de tous les corps, le plus abondamment répandu dans la nature. Nous le trouvons encore dans l'air, dans tous les organes des animaux et des végétaux, dans la plupart des matières minérales.

Il a été découvert en 1774 par Priestley, en Angleterre, et, à la même époque, par Scheele, en Suède. Peu après il a été étudié par Lavoisier.

10. Préparation. — Il n'est pas très aisé d'extraire de l'eau une grande quantité d'oxygène par l'action du courant électrique.

Il est beaucoup plus facile de le préparer par la calcination d'un sel blanc nommé le *chlorate de potassium* (3).

On met le *chlorate de potassium* dans une *petite cornue de verre*, munie d'un *tube à dégagement*, qui aboutit dans une cuve à eau.

Sur l'extrémité du tube à dégagement est retournée une éprouvette pleine d'eau, ou un grand flacon, puis on chauffe avec un *fourneau à gaz*.

Nous voyons d'abord le sel se fondre sous l'action de la chaleur ; puis la décomposition commence. Le gaz oxygène se rend dans l'éprouvette, qu'on remplace par une autre quand elle est remplie. A la fin, quand cesse le dégagement, il reste dans la cornue un sel différent du sel primitif, le *chlorure de potassium*.

Avant que le dégagement ne soit terminé, le fond de la cornue se ramollit, se boursoufle et se crève, ce qui arrête le dégagement. On rend la décomposition plus facile, et on évite

PRÉPARATION DE L'OXYGÈNE PAR CALCINATION DU CHLORATE DE POTASSIUM.

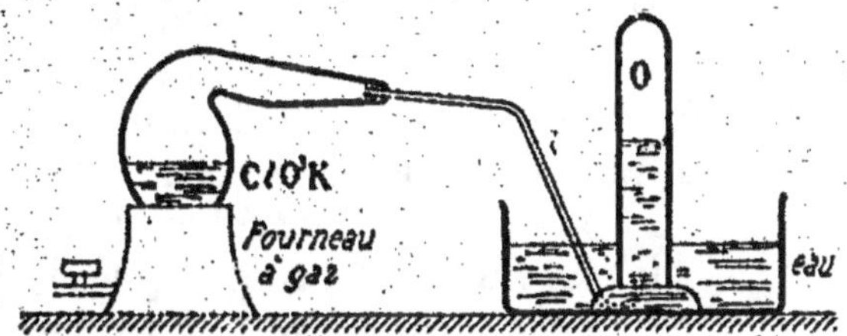

PRÉPARATION DE L'OXYGÈNE PAR CALCINATION DU CHLORATE DE POTASSIUM. — Le *chlorate de potassium*, chauffé dans une cornue de verre, donne de l'oxygène.

la fusion de la cornue, en mélangeant le chlorate de potassium avec une certaine quantité d'un composé noir, le *bioxyde de manganèse*. La cause pour laquelle cette adjonction facilite l'opération n'est pas connue.

Il y a beaucoup d'autres modes de préparation de l'oxygène ; il nous suffit d'en avoir indiqué un. Maintenant que nous avons obtenu ce gaz, nous allons pouvoir l'étudier.

11. Propriétés physiques. — L'oxygène est un gaz incolore, inodore, insipide. Il est un peu plus lourd que l'air. Dans les conditions normales de température et de pression, l'air pèse 1ᵍʳ,293 par litre ; un litre d'oxygène, dans les mêmes conditions, pèse 1ᵍʳ,429. Si on divise le poids d'un litre d'oxygène par le poids d'un litre d'air, on obtient pour quotient 1,105, nombre qui exprime combien de fois l'oxygène est plus lourd que l'air, *sous le même volume*.

Ce quotient se nomme la *densité de l'oxygène*. Nous avons vu en physique qu'on nomme *densité d'un solide ou d'un liquide le rapport du poids de ce corps au poids d'un égal volume d'eau*.

Pour les gaz, c'est l'air qui est pris pour terme de comparaison, et on nomme *densité d'un gaz : le rapport du poids de ce gaz au poids d'un égal volume d'air, pris dans les mêmes conditions de température et de pression*.

La densité de l'oxygène est donc égale à 1,105.

D'après la définition qui précède, quand on connaît la densité d'un gaz, on obtient le poids d'un litre de ce gaz en multipliant cette densité par le poids d'un litre d'air pris dans les mêmes conditions de température et de pression. Si la température est de 0° et la pression de 760 millimètres de mercure, le poids du litre d'air est 1^{gr},293.

L'oxygène se dissout en petite quantité dans l'eau.

Il est très difficile à liquéfier. Pour l'y amener à l'état liquide, il faut d'abord le refroidir à une température bien inférieure à 100° au-dessous de zéro, et, en outre, le comprimer fortement.

12. Propriétés chimiques. — L'oxygène est un des corps simples qui a le plus de tendances à se combiner aux autres corps simples pour former des corps composés. Le *soufre*, le *phosphore*, le *charbon*, le *fer*, chauffés dans l'oxygène, s'y combinent très vivement, en produisant beaucoup de chaleur, et, par suite, de la lumière. On exprime ce fait en disant que ces corps brûlent dans l'oxygène.

De là la définition suivante, dont il faut bien se pénétrer dès le début de la chimie : *un corps qui brûle dans l'oxygène (ou dans l'air, qui renferme de l'oxygène) est un corps qui se combine avec l'oxygène pour donner naissance à un corps composé, avec production de chaleur et de lumière*.

Il faut le montrer par quelques expériences simples.

Un morceau de *soufre*, qu'on a enflammé au contact d'une a mette, brûle avec une flamme bleue,   t éclairante, mais d'une couleur agréable. Cette flamme vient de ce fait, que le soufre se combine avec l'oxygène contenu dans l'air, pour donner naissance à un composé du soufre et de l'oxygène, nommé *anhydride sulfu-*

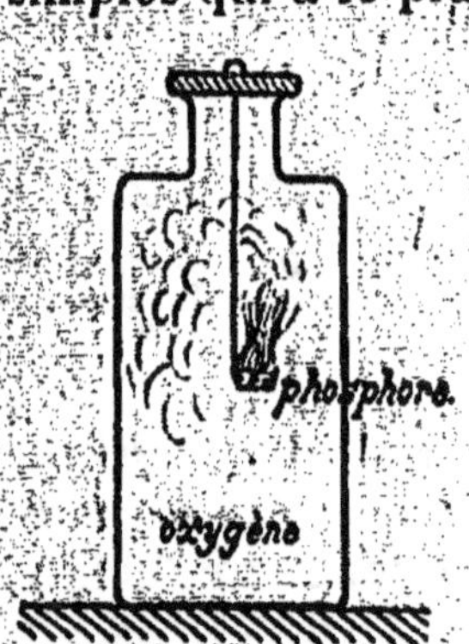

COMBUSTION DU PHOS-PHORE DANS L'OXY-GÈNE. — Le phosphore brûle très vivement dans l'oxygène, avec une flamme très éclatante ; il se produit de l'anhydride phosphori-que.

reux, gaz incolore, à odeur forte et désagréable. Si on introduit ce soufre en combustion dans un flacon plein d'*oxygène*, la combustion devient *plus vive*, sans changer pour cela de nature, car l'oxygène pur *entretient* mieux la combustion que l'air, qui n'est pas de l'oxygène pur.

De même un morceau de *phosphore*, qu'on allume au contact d'une allumette, brûle dans l'air ; sa combustion devient beaucoup plus vive quand on l'introduit dans l'oxygène pur. La flamme, ici, est blanche, extrêmement éclairante, éblouissante. Elle est due à ce que le phosphore se *combine* à l'oxygène pour donner naissance à un composé du phosphore et de l'oxygène nommé *anhydride phosphorique*, solide blanc, qui se répand autour du phosphore en ignition, sous forme d'une abondante fumée blanche.

De même encore le *charbon* brûle dans l'air, et plus vivement dans l'oxygène. Ici il n'y a pas de flamme, mais seulement une forte incandescence. Le charbon se combine à l'oxygène pour donner un gaz incolore, et presque sans odeur, l'*anhydride carbonique*. Si le charbon est peu enflammé, qu'il soit sur le point de s'éteindre dans l'air, il se rallume vivement quand on le plonge dans un flacon rempli d'oxygène pur. C'est là un des caractères distinctifs de l'oxygène : *il rallume une allumette ne présentant plus que quelques points en ignition.*

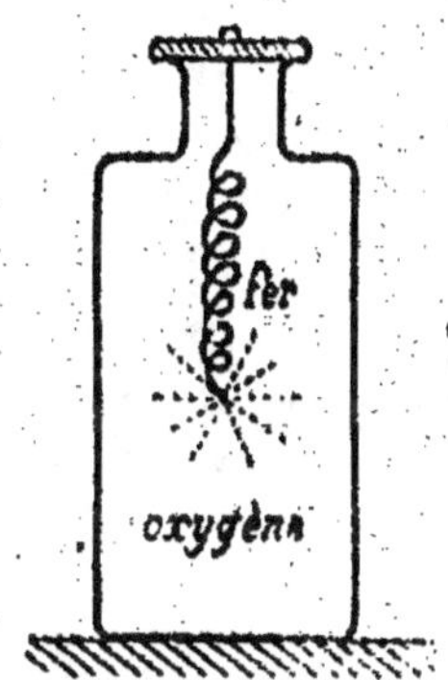

COMBUSTION DU FER DANS L'OXYGÈNE. — Le *fer* brûle vivement dans l'oxygène, avec de brillantes étincelles : il se forme de l'oxyde magnétique de fer.

Le *fer*, lui, ne brûle dans l'air que très difficilement, quand il a été fortement chauffé. Mais il brûle bien dans l'oxygène pur. Prenons un fil de fer enroulé en spirale, à son extrémité inférieure plaçons un morceau d'amadou ; allumons l'amadou, et introduisons le tout dans un flacon plein d'oxygène.

L'amadou brûle vivement et met le feu au fer. Celui-ci commence donc à brûler à son tour, sans flamme, mais avec une forte incandescence, et des étincelles qui jaillissent de tous les côtés. Il se forme une combinaison du fer et de l'oxygène, l'*oxyde magnétique du fer*, corps solide qui tombe au fond du flacon en globules fondus.

Nous aurons l'occasion de voir comment une foule d'autres corps, simples ou composés, sont de même capables de brûler dans l'air ou dans l'oxygène.

13. *Combustions vives, combustions lentes.* — Les combustions dont il vient d'être question sont appelées *combustions vives*, parce qu'elles sont accompagnées d'un grand dégagement de chaleur et de lumière.

D'autres combustions se font plus lentement, elles dégagent de la chaleur, mais sans élever assez la température pour qu'il y ait incandescence. On les nomme des *combustions lentes*. Voici quelques exemples de combustions lentes.

Du *mercure*, chauffé pendant quelques instants au contact de l'air, se recouvre de pellicules rouges, qui sont formées d'*oxyde de mercure*, résultant de la combinaison du mercure avec l'oxygène de l'air.

De la tournure de *cuivre* bien brillante, chauffée pendant quelques instants au contact de l'air, devient noire. Elle se recouvre d'*oxyde de cuivre*, résultant de la combinaison du cuivre avec l'oxygène de l'air.

Du *fer*, abandonné à l'air humide, se recouvre peu à peu de rouille, qui est constituée par de l'*oxyde de fer*, résultant de la combinaison du fer avec l'oxygène de l'air.

Une éprouvette pleine d'air est retournée sur la cuve à eau. Introduisons dans cette éprouvette un bâton de *phosphore*. Peu à peu nous voyons l'eau s'élever dans l'éprouvette, comme si une partie de l'air disparaissait. C'est le phosphore qui s'est combiné à l'oxygène de l'air pour donner de l'*anhydride phosphoreux*, composé qui est entré en dissolution dans l'eau. On exprime ce fait en disant que *le phosphore absorbe lentement l'oxygène de l'air.*

14. Rôle et usages de l'oxygène. — Le rôle de l'oxygène de l'air est prépondérant dans la nature. La plupart des altérations, désagrégations, fermentations, putréfactions des matières organiques d'origine animale ou végétale, sont accompagnées d'oxydations lentes.

L'oxygène de l'air, indispensable à la formation des matières organisées, est aussi l'agent essentiel de leur destruction. Il est également l'agent essentiel de la respiration des animaux supérieurs.

C'est aussi grâce à l'oxygène de l'air que nous pouvons produire toutes les combustions vives desquelles nous retirons la chaleur et la lumière artificielles.

Quant à l'oxygène pur, préparé comme nous l'avons indiqué, ou par d'autres procédés, il n'a que des usages fort peu importants.

II. — HYDROGÈNE

15. — L'*hydrogène* est, comme l'oxygène, un gaz simple. Il se rencontre dans l'eau ; il entre dans la composition de toutes les matières organiques animales et végétales.

Il fut étudié pour la première fois par Cavendish (1766), puis par Lavoisier.

16. Préparation. — Nous retirerons l'*hydrogène* de l'acide sulfurique ou de l'acide chlorhydrique.

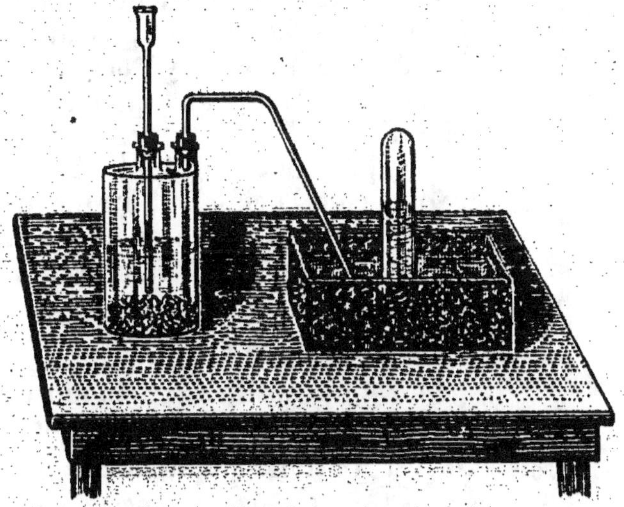

PRÉPARATION DE L'HYDROGÈNE ; DÉCOMPOSITION DE L'ACIDE SULFURIQUE PAR LE ZINC.

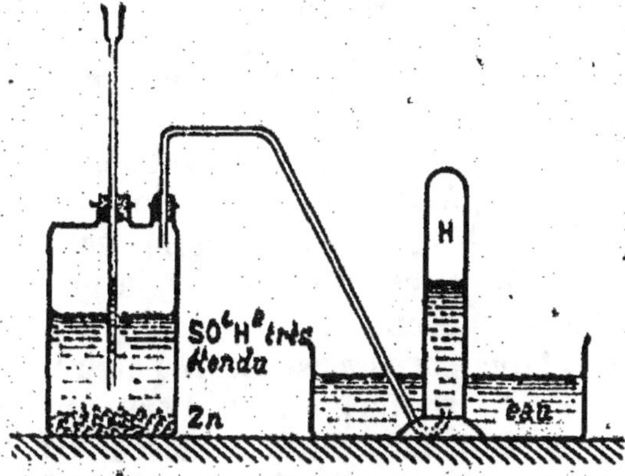

PRÉPARATION DE L'HYDROGÈNE : DÉCOMPOSITION DE L'ACIDE SULFURIQUE PAR LE ZINC. — L'acide sulfurique est introduit *progressivement* par le tube droit, pour éviter une réaction trop vive.

L'*acide sulfurique* est un composé liquide, incolore et inodore.

Étendu d'eau, et versé sur du *zinc*, il est décomposé par ce métal. L'*hydrogène* contenu dans l'acide sulfurique se dégage, tandis qu'il se forme un sel nommé le *sulfate de zinc*, qui reste en dissolution dans l'eau. L'expérience est très facile à exécuter.

Un *flacon à deux tubulures* contient de la *tournure de zinc* et l'eau. De l'une des tubulures part un *tube à dégagement* qui se rend sous une *éprouvette* dans la *cuve à eau*. La seconde tubulure reçoit un *tube droit à entonnoir*, par lequel on ajoute peu à peu, progressivement, l'*acide sulfurique*. Le dégagement d'hydrogène se produit immédiatement, sans qu'il soit besoin de chauffer.

L'expérience irait tout aussi bien si on remplaçait l'acide sulfurique par l'acide chlorhydrique. Dans ce cas le sel restant en dissolution dans l'eau serait du *chlorure de zinc*.

17. Propriétés physiques. — L'*hydrogène* est un gaz incolore, inodore, insipide. C'est le plus léger de tous les corps connus ; il est 14 fois $\frac{1}{2}$ plus léger que l'air ; sa densité est égale à 0,0695. Des bulles de savon gonflées à l'aide d'une vessie remplie d'hydrogène, s'élèvent rapidement dans l'air.

L'hydrogène est très peu soluble dans l'eau.

Il est encore beaucoup plus difficile à liquéfier que l'oxygène.

Il a, comme tous les gaz légers, et plus qu'aucun des autres, la propriété de traverser les membranes poreuses.

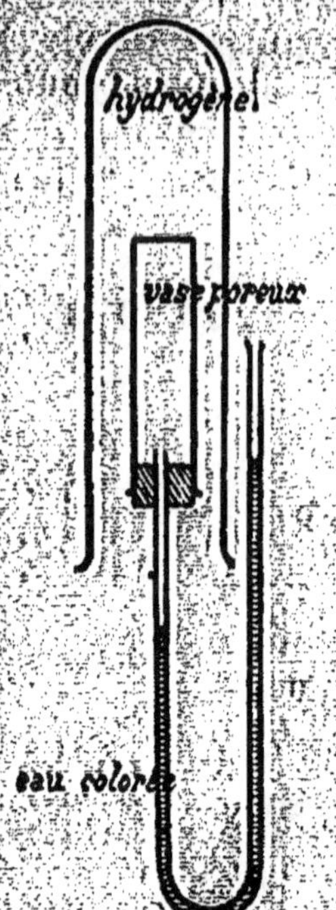

DIFFUSION DES GAZ. — L'hydrogène contenu dans l'éprouvette entre rapidement dans le vase poreux, ce qui détermine une forte augmentation de la pression intérieure. Puis l'air du vase sort, plus lentement, et la pression redevient égale à la pression atmosphérique.

Un *vase de porcelaine poreuse* est fermé par un bouchon, que traverse un tube en U, renfermant de l'eau, qu'on a colorée pour la rendre plus visible. On fait descendre sur le vase poreux une éprouvette remplie d'hydrogène. Le gaz entre à travers les parois poreuses du vase, ce qui augmente la pression intérieure : l'eau est donc refoulée du côté droit. Puis, peu à peu, l'air sort du vase poreux, et le niveau de l'eau revient le même dans les deux branches du tube en U.

18. Application numérique. — *Combien pèsent 75 litres d'hydrogène pris à 0° et sous la pression de 760 mm. de mercure ?*

Pour avoir le poids d'un litre d'hydrogène, il faut multiplier sa densité par le poids d'un litre d'air dans les mêmes conditions de température et de pression (**11**). Donc un litre d'hydrogène pèse 0,0695 × 1^{gr},293, et 75 litres pèsent

$$0,0695 \times 1^{gr},293 \times 75 = 6^{gr},730$$

19. Propriétés chimiques. — Les corps simples qui peuvent

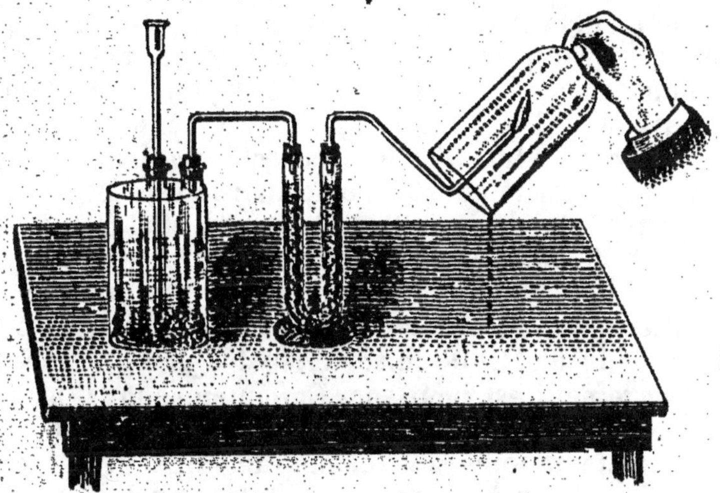

COMBUSTION DE L'HYDROGÈNE

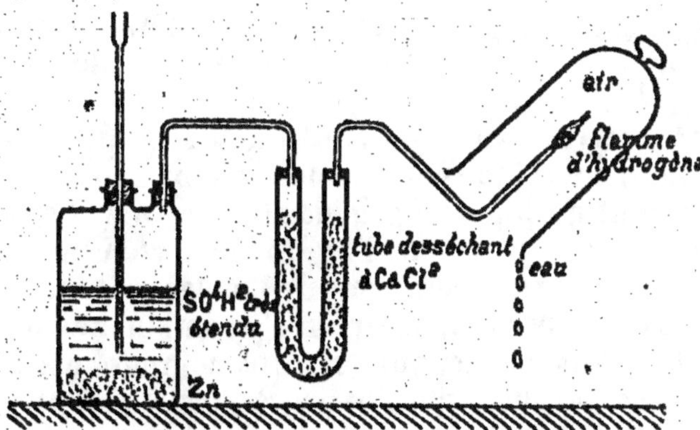

COMBUSTION DE L'HYDROGÈNE. — Le gaz, bien desséché, vient brûler dans l'air, à l'extrémité du tube à dégagement. La vapeur d'eau produite se condense sur les parois froides d'une cloche de verre.

se combiner aisément à l'*hydrogène* sont peu nombreux. Nous en citerons deux seulement.

Si on mélange l'*hydrogène* avec le *chlore* (qui est également un gaz), et qu'on expose le mélange à la lumière, les deux gaz se combinent pour former un gaz composé, nommé *acide chlorhydrique*.

Si on mélange l'*hydrogène* avec l'*oxygène* et qu'on enflamme ce mélange avec une allumette, on entend une violente détonation; l'oxygène et l'hydrogène se sont brusquement combinés pour former un corps composé, qui n'est pas autre chose que l'*eau*. On dit que l'hydrogène et l'oxygène forment un *mélange détonant*.

L'expérience de la combinaison de l'hydrogène et de l'oxygène peut se faire plus simplement. Prenons une éprouvette d'hydrogène, retournons-la et approchons une allumette, l'hydrogène s'enflamme, et brûle avec une flamme peu éclairante mais très chaude; il se combine à l'oxygène de l'air pour former de l'eau. Ainsi l'*hydrogène* est *combustible* au même titre que le soufre, le phosphore, le charbon, le fer.

Nous pouvons montrer qu'il s'est bien en effet formé de l'eau dans la combustion. Prenons un appareil à préparation de l'hydrogène, faisons d'abord passer le gaz dans un tube desséchant renfermant du *chlorure de calcium*, substance particulièrement avide d'eau. De la sorte l'hydrogène qui sort par le tube à dégagement est bien sec. Enflammons-le; il brûle avec une flamme petite, très chaude, peu éclairante. Si on met au-dessus de cette flamme une cloche de verre, froide et bien sèche, on voit une buée se former à l'intérieur de la cloche, et bientôt des gouttes d'eau ruissellent, et tombent à la partie inférieure. C'est la vapeur d'eau formée dans la combustion qui s'est condensée sur la surface froide de la cloche.

20. *Propriétés réductives.* — Il résulte de ce qui précède que l'hydrogène se combine très aisément à l'oxygène. On exprime ce fait en disant qu'il a une *grande affinité pour l'oxygène*.

Cette affinité est telle que l'hydrogène, chauffé au contact d'un corps composé qui renferme de l'oxygène, enlève souvent l'oxygène de ce corps composé, pour s'y combiner en formant de l'eau. On dit, dans ce cas, que le corps composé est *réduit* par l'hydrogène, et, par suite, que l'hydrogène est un *corps réducteur*.

De là la définition suivante : *un corps réducteur est un corps capable d'enlever l'oxygène aux composés qui en renferment, pour se combiner à cet oxygène.* L'hydrogène est un corps réducteur; nous verrons que le soufre, le phosphore, le charbon sont aussi des corps réducteurs.

Contentons-nous, pour le moment, de montrer, par un seul exemple, le pouvoir réducteur de l'hydrogène.

L'*oxyde de cuivre* est une poudre noire, composée de cuivre et d'oxygène. Mettons de l'oxyde de cuivre dans un tube de verre, chauffons ce tube, et faisons-y passer un courant d'hydrogène bien desséché ; l'hydrogène *décompose* l'oxyde de cuivre,

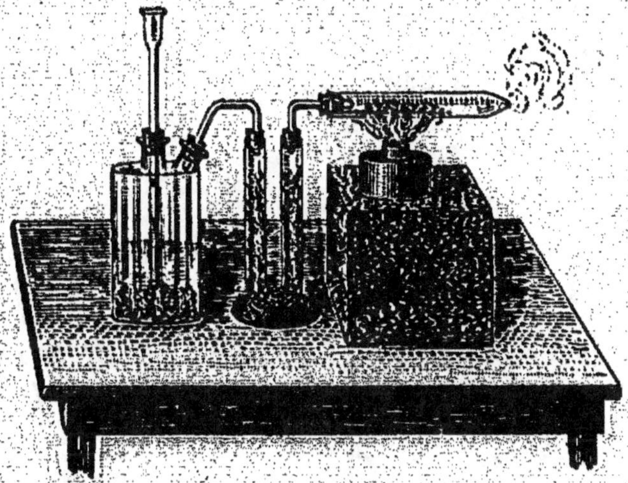

RÉDUCTION DE L'OXYDE DE CUIVRE PAR L'HYDROGÈNE

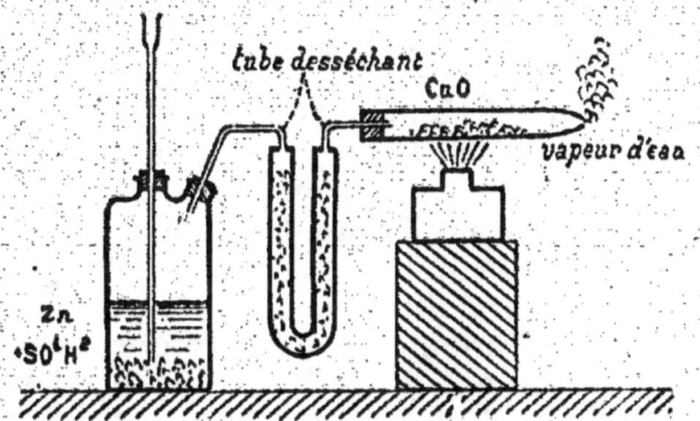

RÉDUCTION DE L'OXYDE DE CUIVRE PAR L'HYDROGÈNE. — L'hydrogène, préalablement desséché, arrive sur l'oxyde de cuivre chauffé au rouge sombre : il se dégage de la vapeur d'eau.

lui prend son oxygène pour former de l'eau, qui se dégage en vapeur à la sortie du tube, et bientôt il ne reste plus que du cuivre, reconnaissable à sa couleur rouge.

Nous aurons l'occasion de parler à plusieurs reprises du pouvoir réducteur de l'hydrogène, et de le mettre en évidence par des expériences.

21. Applications. — A cause de sa grande légèreté, l'hydrogène est parfaitement propre au gonflement des aérostats.

Mais la facilité avec laquelle il traverse les membranes exige que les plus grands soins soient apportés à la fabrication de l'enveloppe.

La température élevée de la flamme de l'hydrogène, alimentée par de l'oxygène, ou simplement de l'air, est souvent utilisée dans les laboratoires.

Enfin les propriétés réductrices de l'hydrogène ont de nombreuses applications dans les laboratoires, et aussi dans l'industrie.

III. — L'EAU.

22. — De tous les corps composés, l'eau est le plus répandu dans la nature.

Sa composition a été étudiée vers la fin du XVIIIe siècle, puis dans la première moitié du XIXe siècle, par un grand nombre de savants, parmi lesquels nous citerons Priestley, Cavendish, Gay-Lussac, de Humboldt, Dumas.

23. Propriétés physiques. — Les propriétés physiques de l'eau ont un rôle si important dans la nature, que l'étude en est faite avec soin dans les chapitres de la physique relatifs à la chaleur.

On y montre que l'eau dans la nature existe à l'état solide, à l'état liquide et à l'état gazeux, et que, dans chacun de ces trois états, elle présente des caractères tout spéciaux qui ont une grande influence sur l'ordre de la nature.

Contentons-nous de dire ici que l'eau, à l'état gazeux, a une densité égale à 0,622. Donc, pour avoir le poids d'un litre de vapeur d'eau à une certaine température et sous une certaine pression, il faut multiplier par 0,622 le poids d'un litre d'air pris à la même température et à même pression.

24. Propriétés chimiques. — Nous savons que l'*eau* est une *combinaison* d'oxygène et d'hydrogène. C'est le premier corps composé dont nous ayons à entreprendre l'étude. Cette étude consiste surtout à rechercher les circonstances dans lesquelles le corps composé est susceptible d'être détruit.

Or nous avons déjà vu que certains corps composés sont décomposés par l'action de la chaleur; tel est le *chlorate de potassium* (10). Nous devons donc tout d'abord nous demander si l'eau est décomposée par la chaleur. Pour cela il faut porter l'eau à une température très élevée, ce qui se fait en dirigeant un *courant de vapeur d'eau* dans un *tube de porcelaine* très fortement chauffé dans un *fourneau à réverbère*. A la sortie du tube, on obtient encore de la vapeur d'eau, qui se condense par refroidissement au contact de l'eau froide de la cuve ; de telle

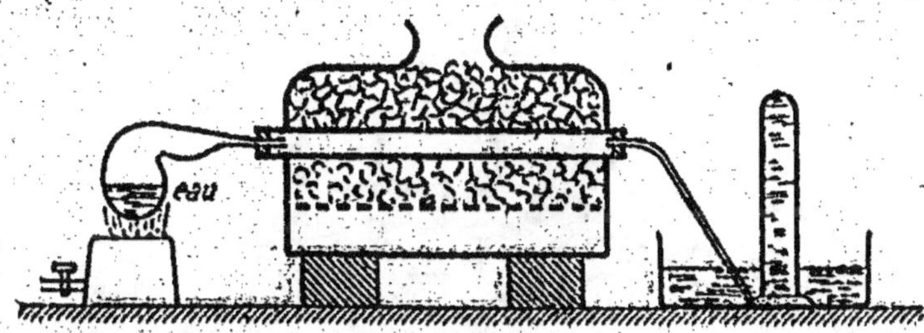

TENTATIVE DE DÉCOMPOSITION DE L'EAU PAR LA CHALEUR. — La *vapeur d'eau*, passant dans un tube de porcelaine très fortement chauffé, n'éprouve pas de décomposition sensible.

sorte qu'il n'arrive aucun gaz dans l'éprouvette. En réalité il y a eu *décomposition partielle* dans les parties les plus chaudes du tube ; mais l'oxygène et l'hydrogène provenant de cette décomposition se sont combinés de nouveau à la sortie, pour reformer l'eau primitive. De telle sorte que cette décomposition temporaire a passé inaperçue.

25. DÉCOMPOSITION DE L'EAU PAR QUELQUES CORPS SIMPLES. — L'eau est décomposée par les corps qui ont une grande tendance à s'unir à l'hydrogène, ou une grande tendance à s'unir à l'oxygène. Nous avons vu que les corps qui ont une grande tendance à se combiner à l'hydrogène sont peu nombreux (**19**) ; nous les laisserons de côté.

Mais au contraire les corps capables de se combiner à l'oxygène sont très nombreux ; nous les avons appelés des *corps réducteurs* (**20**). Nous devons donc nous attendre à voir un certain nombre de corps réducteurs être capables de décomposer l'eau.

C'est ce qui arrive en effet. Nous nous contenterons de le constater par deux exemples.

L'eau est décomposée par le charbon. Si on fait passer un courant de vapeur d'eau sur du charbon chauffé au rouge vif dans un tube de porcelaine, la vapeur d'eau est décomposée : le charbon se combine à l'oxygène de l'eau pour donner des gaz qu'on nomme *l'oxyde de carbone* et *l'anhydride carbonique ;* et *l'hydrogène* de l'eau devient libre. De sorte qu'il sort du tube un mélange d'*hydrogène*, d'*oxyde de carbone*, et d'*anhydride carbonique.*

L'eau est décomposée par le fer. Faisons de même passer un courant de vapeur sur du fer chauffé au rouge vif dans un tube de porcelaine. La vapeur d'eau est décomposée : le fer se combine à l'oxygène de l'eau pour donner de l'*oxyde de fer*, corps

DÉCOMPOSITION DE L'EAU PAR LE CHARBON

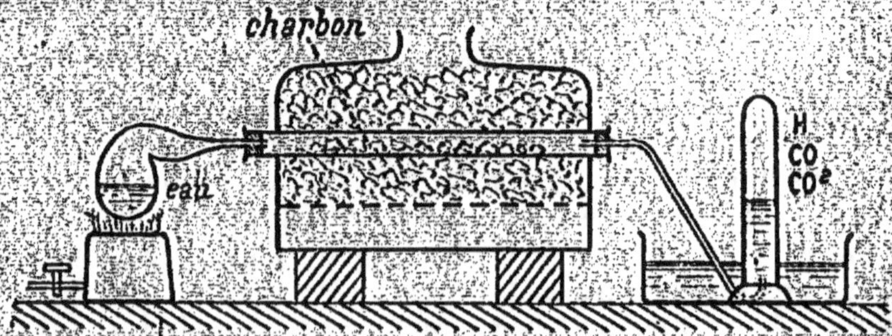

DÉCOMPOSITION DE L'EAU PAR LE CHARBON. — La *vapeur d'eau* passe sur du *charbon* contenu dans un tube de porcelaine chauffé au rouge. On obtient un mélange d'hydrogène et d'oxyde de carbone, avec un peu d'anhydride carbonique.

solide, non volatil, qui reste dans le tube, tandis que l'hydrogène de l'eau se dégage. C'est là un procédé de préparation de l'hydrogène, à ajouter à celui que nous avons indiqué (**16**).

Nous verrons en outre que l'eau est capable de se combiner, sans être détruite, avec un grand nombre d'autres corps composés.

26. Recherche de la composition de l'eau. — Nous avons montré déjà (**19**) que l'eau résulte de la combinaison de l'oxygène et de l'hydrogène. Il nous faut maintenant reprendre cette question, dans des conditions telles que nous puissions mesurer les *quantités* d'oxygène et d'hydrogène qui entrent dans la composition de l'eau.

La recherche de la composition d'un corps composé se fait soit par l'*analyse*, soit par la *synthèse*.

On fait une *analyse* quand on part du corps composé, et qu'on le *décompose* en ses éléments constituants. On fait une *synthèse* quand on part des éléments constituants, et qu'on les combine pour arriver au corps composé.

Nous allons rechercher la composition de l'eau par un procédé d'*analyse* et par un procédé de *synthèse*.

27. Analyse de l'eau par le courant électrique. — Nous avons vu (8) que l'eau est décomposée par le courant électrique. Et nous avons tiré de cette décomposition la conclusion suivante : *l'eau est un composé d'hydrogène et d'oxygène ; le volume de l'hydrogène y est double de celui de l'oxygène.*

28. Synthèse de l'eau par l'eudiomètre. — Cette méthode a été imaginée par *Gay-Lussac*.

L'instrument très simple que l'on emploie se nomme eudiomètre ; il est constitué par une éprouvette de verre, longue et étroite, graduée en parties d'égale capacité. A son extrémité fermée aboutissent deux fils de platine, qui traversent les parois de verre, pour se terminer, dans l'intérieur, à une très petite distance l'une de l'autre. Entre les deux extrémités de ces fils on peut faire jaillir des étincelles électriques, à l'aide d'un appareil d'électricité convenable.

Voici comment on opère. L'eudiomètre, préalablement rempli de mercure (ou d'eau), est retourné sur une cuvette profonde remplie elle-même de mercure (ou d'eau). On y introduit 25 cc. d'oxygène, et 50 cc. d'hydrogène. Puis

ANALYSE DE L'EAU PAR L'EU-DIOMÈTRE, AU-DESSUS DE 100 degrés. — En opérant au-dessus de 100 degrés, la *vapeur d'eau* ne se condense pas, et l'on constate que son volume est égal à celui de l'*hydrogène*.

on fait jaillir dans le tube (à l'aide d'une *bouteille de Leyde*) une étincelle électrique. Le mélange détonant d'oxygène et d'hydrogène prend feu ; il se forme de la vapeur d'eau, qui se condense immédiatement, et le mercure (ou l'eau) remonte immédiatement *jusqu'au sommet de l'éprouvette*.

On en conclut que tout l'oxygène s'est combiné à tout l'hydrogène.

Par suite, *l'eau résulte de la combinaison de l'oxygène avec un volume double d'hydrogène.*

Mais on peut démontrer encore, par cette méthode, un fait de plus. Nous allons opérer à une température assez élevée pour que la vapeur d'eau formée ne se condense pas, c'est-à-dire reste à l'état gazeux, et nous allons mesurer le volume de cette vapeur d'eau.

Pour cela on n'a qu'à entourer l'eudiomètre d'un manchon de verre, dans lequel on fait circuler un courant de vapeur d'*alcool amylique*, qui maintient l'eudiomètre à la température de 130°. On mesure les volumes des gaz primitifs à cette température, puis on fait détoner le mélange. La vapeur d'eau formée ne se condense pas, et on constate, en mesurant son volume, qu'il est de 50 cc., c'est-à-dire égal à celui de l'hydrogène.

De là la conclusion supplémentaire suivante. *Dans la formation de la vapeur d'eau, le volume de la vapeur d'eau formée n'est pas égal à la somme des volumes de l'oxygène et de l'hydrogène ;* il y a condensation d'un tiers (la somme des volumes était 75 cc., le volume de la vapeur d'eau est seulement 50 cc.).

29. Composition de l'eau en poids. — Dans chacune des deux méthodes que nous venons d'indiquer, nous avons mesuré les *volumes* de l'oxygène, de l'hydrogène, de la vapeur d'eau. Il existe d'autres méthodes, plus complexes, où l'on mesure les *poids* des gaz constituants et le poids du composé.

A défaut de ces méthodes, nous allons *calculer* les poids, à l'aide des volumes que nous venons de mesurer.

Le poids de 50 cc. d'hydrogène est $0,0695 \times 1^{gr},293 \times 0,050 = 0^{gr},00449$.

De même le poids de 25 cc. d'oxygène est $1,105 \times 1^{gr},293 \times 0,025 = 0^{gr},03571$. Et nous voyons que ce second poids est presque tout à fait exactement 8 fois plus grand que le premier.

D'autre part le poids des 50 centimètres cubes de vapeur d'eau formée est $0,622 \times 1^{gr},293 \times 0,050 = 0^{gr},04021$. Et nous voyons que ce poids est exactement égal à la somme des deux autres.

De là les deux nouvelles conclusions, qui sont *fondamentales* comme les précédentes. *Dans l'eau, le poids de l'oxygène est 8 fois plus grand que celui de l'hydrogène et le poids de l'eau formée est égale à la somme des poids de l'oxygène et de l'hydrogène.*

30. Applications numériques. — 1° *On mélange 195 cc. d'oxygène à 230 cc. d'hydrogène et on détermine la détonation; à quoi se trouve réduit le volume ?*

Les 230 cc. d'hydrogène se combinent à 115 cc. d'oxygène, pour former de la vapeur d'eau; il y a donc 195-115 = 80 cc. d'oxygène en excès. D'autre part il s'est formé 230 cc. de vapeur d'eau. Donc, si l'appareil est assez chaud pour que la vapeur d'eau ne se condense pas, le volume restant est de 80 + 230 = 310 cc. constitué par un *mélange* de 80 cc. d'oxygène avec 230 cc. de vapeur d'eau. Si l'appareil est froid, la vapeur d'eau se condense, et il reste seulement 80 cc. d'oxygène.

2° *Combien y a-t-il d'oxygène, combien d'hydrogène, dans 100 gr. d'eau ?*

Les conclusions du paragraphe précédent nous montrent que le poids de l'hydrogène est la neuvième partie du poids de l'eau, et que le poids de l'oxygène est les 8/9 de celui de l'eau. Par suite il y a $11^{gr},11$ d'hydrogène et $88^{gr},88$ d'oxygène.

3° *On décompose, dans un grand voltamètre, 1 cc. d'eau par le courant électrique, quels sont les volumes d'oxygène et d'hydrogène obtenus.*

Un centimètre cube d'eau pèse 1 gramme; dans un gramme d'eau il y a, d'après ce qui précède, $0^{gr},1111$ d'hydrogène. D'autre part, un litre d'hydrogène pèse $0,0695 \times 1^{gr},293$; autant de fois ce poids sera contenu dans $0^{gr},1111$, autant nous aurons de litres d'hydrogène.

Le volume de l'hydrogène est donc $\dfrac{0,1111}{0,0695 \times 1,293} = 1^l,236$.

Nous calculerions de la même manière le volume de l'oxygène; mais ce calcul est inutile, puisque nous savons que le volume de l'oxygène est la moitié de celui de l'hydrogène; il est donc $0^l,618$.

Ainsi 1 cc. d'eau renferme 1236 cc. d'hydrogène et 618 cc. d'oxygène.

IV. — L'EAU NATURELLE

31. Eau à la surface du sol. — On ne rencontre jamais d'eau pure à la surface du sol. L'eau de pluie tient en *dissolution* ou en *suspension* des matières empruntées à l'air.

S'infiltrant alors dans la terre, elle dissout les substances qu'elle y rencontre, substances qui varient avec la nature des terrains traversés. Nous allons examiner rapidement les substances qu'on rencontre le plus habituellement dans les eaux de source, de puits, de rivière.

32. Gaz en dissolution dans l'eau. — Prenons un *ballon de verre*, de 1 à 2 litres de capacité; remplissons-le *entièrement* d'eau; fermons avec un bouchon muni d'un tube à dégagement qui soit aussi entièrement plein d'eau. Ce tube à dégagement débouche dans une éprouvette placée sur la cuve à eau.

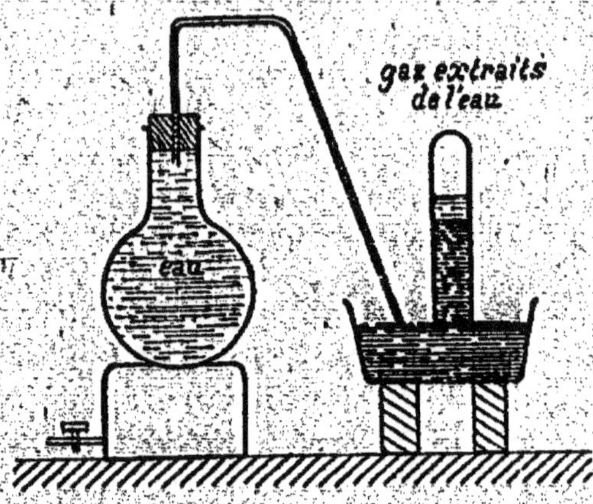

GAZ EN DISSOLUTION DANS L'EAU. — L'eau, chauffée dans un ballon entièrement rempli, laisse dégager les gaz, qu'on recueille sur le mercure.

Chauffons jusqu'à l'ébullition. Les gaz qui se trouvent en dissolution dans l'eau sont chassés par l'action de la chaleur, et se rendent dans l'éprouvette.

On obtient ainsi, avec de l'eau ordinaire, de 20 à 50 centimètres cubes de gaz par litre d'eau chauffée. Ce gaz est un *mélange d'azote, d'oxygène et surtout d'anhydride carbonique*. Ainsi avec de l'*eau de pluie* on a à peu près 23 cc. par litre, renfermant 15 cc. d'*azote*; 7 cc.,5 d'*oxygène*; et 0 cc.,5 d'*anhydride carbonique*. Avec de l'eau de Seine, on a à peu près 54 cc. par litre, renfermant 21 cc. d'*azote*, 10 cc. d'*oxygène* et 23 cc. d'*anhydride carbonique*.

33. Solides en dissolution dans l'eau. — Évaporée à siccité, une eau courante laisse toujours un résidu solide, qui dépasse rarement 5 centigrammes par litre, et qui est, le plus habituellement, constitué surtout par un mélange de *carbonate acide de calcium*, de *sulfate de calcium*, et de *chlorure de calcium*.

Des réactions simples, que nous indiquerons sans les expliquer, permettent de constater la présence de ces substances dans l'eau.

1° Une eau renfermant un *carbonate acide* se trouble à l'ébullition; elle se trouble encore davantage quand on y verse quelques gouttes d'une dissolution bien limpide de *chaux*.

2° Une eau renfermant un *sulfate* se trouble quand on y verse quelques gouttes d'une dissolution de *chlorure de baryum*.

3° Une eau renfermant un *chlorure* se trouble quand on y verse quelques gouttes d'une dissolution d'*azotate d'argent*.

4° Une eau renfermant des sels de *calcium*, c'est-à-dire du carbonate, ou du sulfate, ou du chlorure de *calcium*, se trouble quand on y verse quelques gouttes d'une dissolution de *savon dans l'alcool*.

Dans chacun de ces cas le trouble est d'autant plus grand que la substance dont il s'agit se trouve dans l'eau en plus grande quantité. *L'eau distillée*, bien pure, ne se trouble sous l'action d'aucun de ces réactifs; elle ne laisse aucun résidu lorsqu'on la fait évaporer à siccité.

34. Eaux potables. — Les *eaux potables* sont celles qui peuvent servir de boisson journalière, sans qu'il résulte de leur emploi aucun trouble dans la santé.

Une eau absolument pure, ne contenant en dissolution ni gaz, ni solides, serait une eau potable.

Cependant l'observation a montré que certaines substances dissoutes, loin d'être nuisibles, rendent l'eau d'une digestion plus facile, lui communiquent un goût plus agréable, lui permettent de contribuer dans une certaine mesure à la nutrition, ce qu'elle ne ferait pas si elle était pure. Tels sont les gaz, et particulièrement l'*anhydride carbonique*, et, parmi les solides, le *carbonate acide de calcium*. Les eaux peu aérées sont d'une digestion difficile : elles sont dites *lourdes*.

Voici les conditions auxquelles doit satisfaire une eau pour être potable.

Une eau peut être considérée comme bonne et potable quand elle est fraîche, limpide, sans odeur; quand sa saveur est très faible, qu'elle n'est surtout ni désagréable, ni fade, ni douceâtre; qu'elle contient peu de matières étrangères; quand elle renferme suffisamment d'air en dissolution; quand elle dissout le savon sans former de grumeaux, et qu'elle cuit bien les légumes.

Toute eau qui laisse par la dessiccation complète un résidu solide supérieur à 3 décigrammes par litre est d'une digestio.1

difficile : c'est une eau *dure* ou *crue*. Ce défaut s'accentue si le dépôt renferme une notable proportion de *sulfate de calcium*, qui semble être particulièrement nuisible aux usages domestiques : l'eau est alors appelée *séléniteuse*.

Les eaux *dures*, et plus encore les eaux *séléniteuses*, sont impropres à la cuisson des légumes parce que les sels calcaires se déposent pendant l'ébullition, et durcissent les légumes en se combinant à une de leurs parties constituantes. Elles ne peuvent servir au savonnage, parce que leurs sels calcaires décomposent le savon et le transforment en grumeaux insolubles dans l'eau.

On reconnaît qu'une eau n'est ni dure ni séléniteuse lorsqu'elle cuit bien les légumes, qu'elle dissout le savon avec un trouble léger, mais sans former de grumeaux visibles, qu'elle ne se trouble pas trop fortement par l'ébullition, et qu'elle n'est troublée que faiblement par les réactifs indiqués plus haut.

Les eaux dures ou séléniteuses sont aussi impropres aux usages industriels qu'aux usages domestiques ; elles forment dans les chaudières des machines à vapeur des incrustations dangereuses.

Enfin, et c'est là le caractère le plus essentiel, une eau, pour être potable, doit être le plus possible exempte de matières organiques. Les matières organiques mortes se décomposent, se putréfient et communiquent à l'eau une odeur fétide. Les organismes vivants (*microbes*) sont encore plus redoutables, car ils sont l'origine d'un grand nombre de maladies (telles que la fièvre typhoïde).

La présence des *matières organiques* se reconnaît à l'aide de quelques gouttes d'une dissolution de *chlorure d'or* qui, par l'ébullition, donnent un trouble brun.

Mais l'examen microscopique, examen difficile, peut seul renseigner de façon sérieuse sur la nature plus ou moins pernicieuse de ces matières organiques.

35. Diverses eaux potables. — Les eaux potables ont des qualités différentes selon leur origine.

L'eau de pluie est peut-être trop pure ; mais elle est bien aérée, ce qui est une qualité. Conservée dans des citernes fermées, elle peut être prise sans inconvénients comme boisson. Les eaux provenant de la fonte des neiges, à peu près pures, sont de qualité inférieure, parce qu'elles sont peu aérées.

Les *eaux de source*, ordinairement fraîches, limpides, bien aérées, sont préférables quand elles ne renferment pas trop de matières solides en dissolution.

Les *eaux de rivière* ne valent pas les eaux de source. Elles ont une température bien plus variable, trop élevée en été, trop basse en hiver ; elles sont souvent souillées de matières organiques.

Enfin les *eaux de puits* sont généralement moins bonnes. Il leur arrive souvent d'être fortement séléniteuses. De plus, les puits sont parfois creusés trop près des habitations ; ils reçoivent alors des infiltrations venant des fosses d'aisance, des écuries, des étables, et leurs eaux sont alors tout à fait malsaines.

86. Purification des eaux.

— On a souvent besoin de purifier l'eau pour la rendre potable.

Si elle est simplement rendue trouble par des substances terreuses en suspension, comme cela a lieu pour l'eau des rivières, on la filtre à travers des matières poreuses. Lorsqu'elle contient des substances gazeuses et organiques putrides, on les élimine par une filtration sur du *charbon de bois* en poudre, qui a la propriété d'absorber les gaz

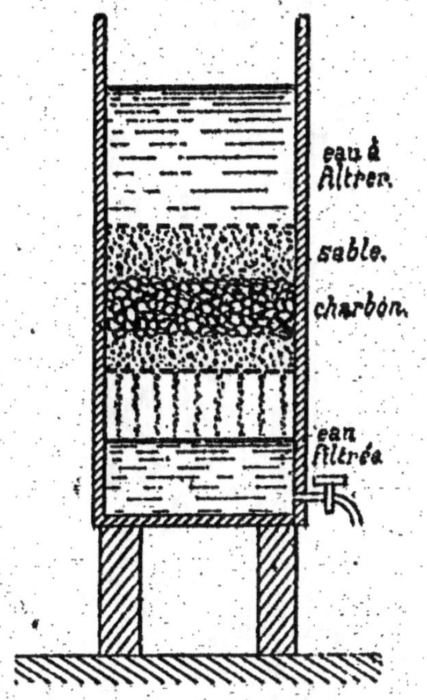

FILTRE A CHARBON. — L'eau passe à travers une couche de *charbon* de bois, comprise entre deux couches de sable. Elle est clarifiée, en même temps que les gaz infects sont absorbés.

venant de la putréfaction des matières organiques (ammoniaque, acide sulfhydrique). Ce charbon doit être renouvelé dès que son pouvoir absorbant commence à diminuer.

Le *filtre Chamberland*, formé de tubes en porcelaine poreuse que l'eau traverse quand elle est soumise à une pression suffisante, arrête tous les microbes susceptibles de donner naissance aux maladies infectieuses, et fournit par suite une boisson absolument inoffensive.

Ce filtre nécessite certains soins sur lesquels nous ne pouvons insister ici.

A défaut du filtre Chamberland, on peut rendre inoffensive

une eau qui renferme des microbes en la portant à l'ébulli-

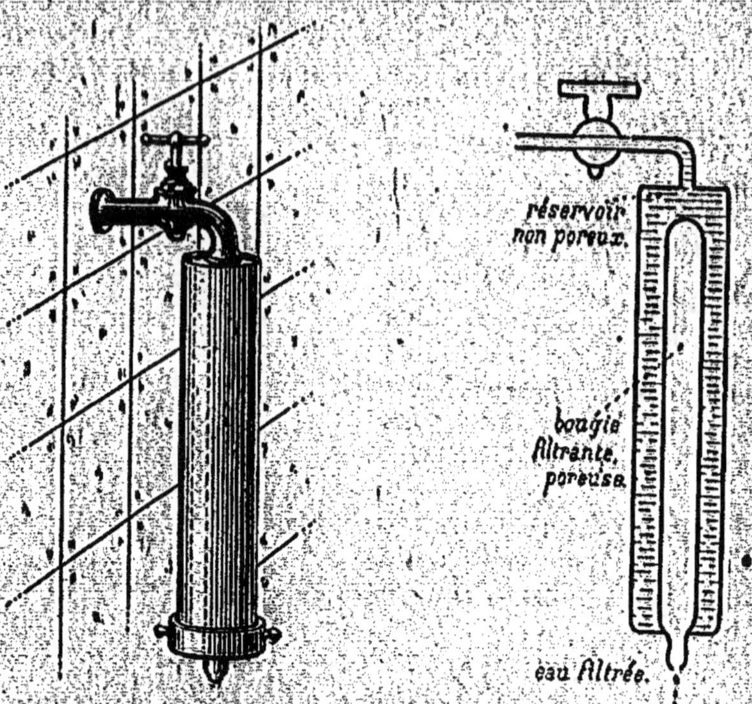

FILTRE CHAMBERLAND. — L'eau arrive dans un tuyau non poreux, qui renferme une *bougie filtrante poreuse* ; elle traverse les pores de la bougie, abandonnant les *microbes*.

tion, et l'y maintenant pendant un quart d'heure. Puis on la fait refroidir, et on la bat un peu au contact de l'air, pour l'aérer. On peut alors la consommer.

RÉSUMÉ

1. — L'eau est un composé d'*hydrogène* et d'*oxygène* ; le volume de l'hydrogène qui entre dans sa composition est double de celui de l'oxygène.

On le montre en décomposant l'eau par le courant électrique ; l'hydrogène se rend au pôle négatif, et l'oxygène au pôle positif.

2. — L'oxygène se trouve dans l'eau, dans l'air, dans un nombre énorme de minéraux, dans presque toutes les matières organiques animales ou végétales.

3. — On prépare l'oxygène en chauffant du *chlorate de potassium* dans une petite cornue de verre. L'oxygène se dégage ; il reste dans la cornue du *chlorure de potassium*.

On facilite la décomposition en ajoutant un peu de *bioxyde de manganèse* au chlorate de potassium.

4. — L'oxygène est un gaz incolore, inodore, insipide, peu soluble dans l'eau, difficilement liquéfiable.

On nomme *densité d'un gaz* : le rapport du poids de ce gaz au poids d'un égal volume d'air, pris dans les mêmes conditions de température et de pression.

La densité de l'oxygène est 1,105.

5. — L'oxygène se combine aisément à un grand nombre d'autres corps.

Dans l'oxygène on peut faire brûler vivement : du *soufre* (il se forme de l'anhydride *sulfureux*); du *phosphore* (il se forme de l'anhydride *phosphorique*); du *charbon* (il se forme de l'anhydride *carbonique*); du *fer* (il se forme de l'oxyde *magnétique de fer*).

Chauffés dans l'air, le *mercure*, le *plomb*, le *cuivre* s'oxydent lentement, avec production d'oxyde *de mercure*, *de plomb*, *de cuivre*.

A froid le *phosphore* absorbe lentement l'oxygène de l'air.

6. — L'*hydrogène* se rencontre dans l'eau, dans les matières organiques animales et végétales.

On le prépare en traitant, à froid, du *zinc* par de l'acide *sulfurique*; il se forme du *sulfate de zinc* et l'*hydrogène* se dégage.

7. — L'*hydrogène* est un gaz incolore, inodore, insipide; il est peu soluble dans l'eau, très difficile à liquéfier.

Sa densité est 0,0695.

Il traverse plus rapidement que tout autre gaz les membranes poreuses.

8. — L'*hydrogène* ne se combine directement qu'à un petit nombre de corps simples.

Il s'unit au *chlore*, sous l'influence de la lumière ou de la chaleur, pour donner de l'acide *chlorhydrique*.

Il brûle dans l'*oxygène*, avec formation d'eau.

Son affinité pour l'oxygène en fait un corps *très réducteur*. A chaud il *réduit* un grand nombre de composés oxygénés des métalloïdes et des métaux (exemple : l'oxyde *de cuivre*).

9. — La densité de la vapeur d'eau est 0,622.

L'eau n'est que partiellement, et difficilement décomposée par la chaleur.

Elle est décomposée à une température élevée, par le *charbon* (avec formation d'hydrogène, d'oxyde de carbone, et d'anhydride carbonique); par le *fer* (avec formation d'hydrogène et d'oxyde de fer); ainsi que par divers éléments qui ont une grande tendance à s'unir soit à l'oxygène, soit à l'hydrogène.

10. — La décomposition par le courant électrique, la synthèse dans l'eudiomètre ont montré que dans l'eau : 1° le volume de l'hydrogène est le double de celui de l'oxygène; 2° le poids de l'hydrogène est huit fois moindre que celui de l'oxygène.

11. — Les eaux naturelles renferment en dissolution des gaz (oxygène, azote, gaz carbonique), et des solides (carbonate acide de calcium, sulfate de calcium, chlorure de calcium).

Une eau potable doit renfermer des gaz en dissolution ; le poids des sels en dissolution ne doit pas dépasser 3 décigrammes par litre. Elle doit être exempte de matières organiques et surtout de matières organiques vivantes.

12. — Toute eau suspecte doit, avant d'être consommée, être filtrée au filtre Chamberland, ou bien soumise à une ébullition prolongée pendant plusieurs minutes.

II

AIR, OXYGÈNE ET AZOTE. COMBUSTION

37. — L'*air* qui nous entoure n'est ni un *corps simple* ni un *corps composé*; c'est un *mélange* complexe dans lequel entrent plusieurs gaz. Deux de ces gaz forment, à eux seuls, la presque totalité de l'air, les autres n'y entrant que dans des proportions extrêmement faibles.

Ce fait a été mis en évidence par une expérience de Lavoisier. Nous indiquerons cette expérience, malgré son peu de précision, à cause de son importance historique.

38. Expérience de Lavoisier. — Dans un petit ballon à long col étaient contenus 120 grammes de mercure; ce mer-

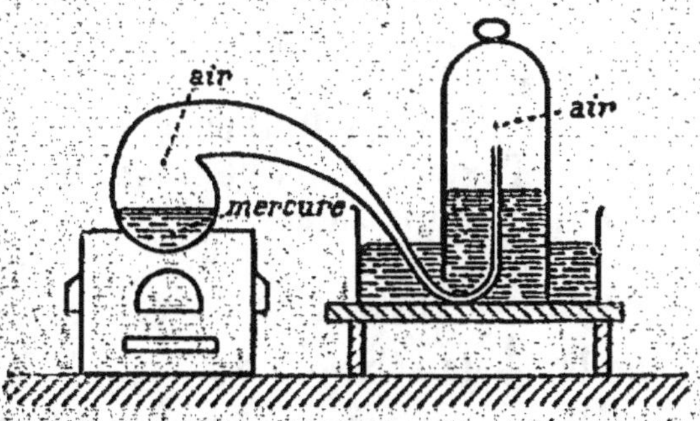

EXPÉRIENCE DE LAVOISIER. — L'*air* longtemps chauffé au contact du mercure perd tout son oxygène, qui forme de l'oxyde de mercure; il ne reste plus que de l'azote.

cure était en contact avec un volume connu d'air, renfermé dans le ballon et dans une éprouvette.

Le mercure fut porté à une température voisine de l'ébullition, et maintenu longtemps à cette température. Après deux jours de chauffe, il commença à se former, à la surface du mercure, de petites parcelles rouges, qui augmentèrent rapidement en nombre et en grosseur. Au bout de douze jours, on mit fin à l'expérience. Le volume de l'air enfermé dans l'appareil, mesuré après refroidissement, fut trouvé de beaucoup inférieur au volume initial.

Le gaz restant différait de l'air primitif en ce qu'il était incapable d'entretenir les combustions. Une allumette bien enflammée s'y éteignait dès qu'elle y était plongée.

Quant aux parcelles rouges, elles provenaient évidemment d'une combinaison du mercure avec la portion de l'air qui avait disparu du ballon. Elles furent rassemblées, puis introduites dans une petite cornue de verre, munie d'un tube à dégagement, et chauffées un peu fortement. Il s'en dégagea un gaz qui avait tous les caractères distinctifs de l'oxygène ; et du mercure, régénéré, resta dans le ballon.

Lavoisier vérifia enfin que les deux gaz obtenus, mélangés l'un à l'autre, reproduisaient l'air ordinaire avec toutes ses propriétés.

I. — AZOTE

39. — Nous avons déjà étudié l'un des gaz constituants essentiels de l'air, l'*oxygène*. Nous devons étudier maintenant le second de ces gaz constituants essentiels : l'*azote*.

L'*azote* ne se trouve pas seulement dans l'air. Il entre dans la constitution d'un grand nombre de matières organiques animales et végétales.

Il avait été d'abord isolé par Rutherford, en 1772 ; Lavoisier montra ensuite, par l'expérience que nous venons d'indiquer, que l'azote est contenu dans l'air.

40. Préparation. — Il est aisé de retirer l'azote de l'air, qui en renferme les $\frac{4}{5}$ de son volume.

Sur une cuve pleine d'eau mettons un gros bouchon ; sur ce bouchon une *coupelle* en terre, renfermant un morceau de *phosphore*. Allumons le *phosphore* et recouvrons avec une *cloche* pleine d'air. Le phosphore, en brûlant, se *combine* à l'oxygène de l'air (**12**) pour donner une épaisse fumée blanche d'*anhydride phosphorique*, qui tombe peu à peu dans l'eau et y entre en dissolution. Bientôt tout l'oxygène de l'air a été ainsi enlevé ; il ne reste plus sous la cloche que de l'azote, et le phosphore non encore brûlé s'éteint. Quand toute la fumée a disparu, on peut examiner les propriétés de l'azote.

41. Propriétés physiques. — L'*azote* est un gaz incolore, inodore, insipide. Sa densité est 0,971. Il est très peu soluble dans l'eau, plus difficilement liquéfiable que l'oxygène; moins difficilement que l'hydrogène.

PRÉPARATION DE L'AZOTE PAR L'AIR ET LE PHOSPHORE. — Le phosphore, en brûlant sous une cloche, absorbe l'oxygène et laisse l'azote.

42. Propriétés chimiques. — L'*azote* a encore moins de tendance que l'hydrogène à se combiner aux autres corps simples. Aucun des corps simples dont nous aurons à nous occuper n'est susceptible de se combiner directement à l'azote. On peut mettre l'azote en contact avec le soufre, le phosphore, le fer...; que l'on chauffe ou que l'on ne chauffe pas, il ne se produit aucune combinaison. De même ce gaz se *mélange* simplement avec l'oxygène, l'hydrogène, le chlore..., sans *combinaison*.

En particulier, si l'on prend une éprouvette pleine d'azote, qu'on la retourne, et qu'on y introduise une allumette enflammée, l'azote ne se met pas à brûler, ce qui le distingue immédiatement de l'hydrogène : on dit pour cette raison que l'azote n'est pas *combustible*. D'autre part, l'allumette s'éteint dès qu'elle entre dans l'azote, ce qui distingue immédiatement l'azote de l'oxygène; on dit pour cette raison que l'azote n'*entretient pas la combustion*, ou, en d'autres termes, qu'il n'est pas *comburant*.

Nous verrons cependant, un peu plus tard, que l'azote n'est pas aussi inerte qu'il semblerait au premier abord. Nous parviendrons à combiner l'azote à l'hydrogène (**146**); nous parviendrons aussi à le combiner à l'oxygène (**153**). Mais il ne suffira pas pour cela de chauffer l'azote avec l'hydrogène, ou l'azote avec l'oxygène; il faudra opérer de façon moins simple, par un procédé pour ainsi dire détourné. C'est ce qui nous a permis de dire que l'azote ne se combine *directement* ni à l'hydrogène ni à l'oxygène.

43. Rôle et usages de l'azote. — Divers composés de l'azote ont une grande importance (ammoniaque, acide azotique). L'azote est un des éléments des matières animales et végétales dites *albuminoïdes*.

L'azote nécessaire aux animaux est emprunté par eux aux végétaux ; et ceux-ci le puisent dans les engrais, et aussi dans l'atmosphère.

Les usages directs de l'azote sont presque nuls.

II. — L'AIR

44. Dosage de l'oxygène et de l'azote de l'air par le phosphore. — Nous avons vu comment Lavoisier a montré que l'air est principalement constitué d'oxygène et d'azote.

Il est aisé d'arriver au même résultat à l'aide d'une expérience beaucoup plus rapide.

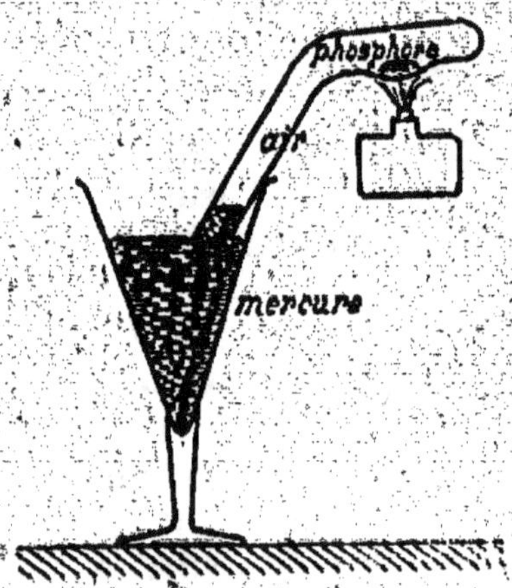

ANALYSE DE L'AIR PAR LE PHOSPHORE A FROID. — Le *phosphore* à froid absorbe lentement l'oxygène, et laisse l'azote.

ANALYSE DE L'AIR PAR LE PHOSPHORE A CHAUD. — L'*air* chauffé au contact du *phosphore*, dans la cloche courbe, perd son oxygène ; il ne reste plus que l'azote.

Nous savons que, à froid, le phosphore absorbe lentement l'oxygène de l'air (**13**), et que, à chaud, il l'absorbe rapidement (**40**). De là, deux procédés faciles de dosage de l'oxygène de l'air.

Dans une petite éprouvette graduée, retournée sur l'eau ou sur le mercure, on introduit un volume d'air, que l'on mesure. Puis on fait passer un bâton de phosphore humide, et l'on abandonne l'expérience à elle-même jusqu'au lendemain. A ce moment l'absorption est terminée ; on retire le bâton et l'on mesure le volume de gaz restant.

Plus rapidement, un volume connu d'air est introduit dans une cloche courbe reposant sur le mercure ou sur l'eau. On y fait passer un morceau de *phosphore* que l'on chauffe avec une lampe à alcool, de telle manière qu'il s'enflamme. Quand la combustion est terminée, on fait repasser le gaz dans un tube mesureur, pour en déterminer le volume.

Résultat des expériences. — De ces diverses expériences, et de beaucoup d'autres analogues, on déduit que 100 cc. d'air renferment 21 cc. d'oxygène et 79 cc. d'azote, soit, à peu près, un volume d'azote quatre fois plus grand que celui de l'oxygène.

D'autres expériences, plus difficiles, permettent de peser l'oxygène et l'azote, et conduisent à la composition en poids. Nous pouvons arriver à cette composition en poids par le calcul, en partant de la composition en volumes.

100 cc. d'air pèsent $1^{gr},293 \times 0,100 = 0^{gr},1293$;

21 cc. d'oxygène pèsent $1,105 \times 1^{gr},293 \times 0,021 = 0^{gr},0300$;

79 cc. d'azote pèsent $0,971 \times 1^{gr},293 \times 0,070 = 0^{gr},0992$;

Une simple règle de trois nous montre alors que 100 gr. d'air renferment $\dfrac{0,0300 \times 100}{0,1293} = 23$ gr. d'oxygène ;

et $\dfrac{0,0992 \times 100}{0,1293} = 77$ gr. d'azote.

Nous connaissons ainsi la composition de l'air *en volumes*, et la composition de l'air *en poids*.

45. Vapeur d'eau et anhydride carbonique. — L'air n'est pas uniquement composé d'oxygène et d'azote. Il s'y trouve en outre un grand nombre d'autres substances, mais en quantité si faible que nous avons pu les négliger jusqu'ici.

De ces substances, deux seulement vont nous occuper : la *vapeur d'eau*, cause de la pluie et sans laquelle, par suite, les plantes ne sauraient vivre, et l'*anhydride carbonique*, tout aussi indispensable à la vie des plantes, puisque c'est à ce gaz qu'elles empruntent le charbon nécessaire à leur accroissement.

La présence de la vapeur d'eau dans l'air est aisée à mettre en évidence. Un vase rempli d'un *mélange réfrigérant* se recouvre extérieurement d'une buée provenant de l'humidité atmosphérique ; les substances avides d'eau (*potasse caustique, chlorure de calcium*) se liquéfient quand on les abandonne à l'air, dont elles absorbent l'humidité.

La présence de l'anhydride carbonique se montre en abandonnant à l'air une assiette pleine d'*eau de chaux* limpide. L'eau de chaux absorbe l'anhydride carbonique de l'air, pour donner naissance à du *carbonate de calcium*, qui forme une croûte blanche à la surface du liquide.

Quant aux quantités elles sont toujours faibles.

La quantité de vapeur d'eau est extrêmement variable. Par les grands froids, il peut y avoir moins de 5 décigrammes de vapeur d'eau dans un mètre cube d'air ; dans les régions très chaudes et très humides, il peut y avoir plus de 60 grammes, soit le quart du poids de l'oxygène.

La proportion d'anhydride carbonique est beaucoup plus faible, et beaucoup moins variable. Elle est toujours voisine de 7 centigrammes par mètre cube.

III. — COMBUSTION, FLAMME

46. Combustions dans l'oxygène et dans l'air. — Un grand nombre de corps, simples ou composés, sont capables de se combiner à l'oxygène de l'air (**12**), avec production de chaleur et de lumière. On dit que ces corps sont *combustibles*, et quand ils brûlent, on dit qu'il se produit une *combustion*.

Ce sont ces combustions qui nous fournissent la chaleur et la lumière artificielles dont nous avons besoin en maintes circonstances.

Nous allons entrer dans quelques développements relativement aux conditions dans lesquelles une combustion produit plus de lumière ou une plus forte élévation de température.

47. Élévation de température résultant des combustions. — La quantité de chaleur développée dans une combustion est indépendante des conditions dans lesquelles elle se produit. Mais il n'en est pas de même de l'élévation de la température.

Ainsi le charbon des aliments est lentement brûlé dans le corps des animaux ; la chaleur de combustion se répand dans la masse entière du corps. Elle se perd à l'extérieur par rayonnement, et la température ne s'élève beaucoup en aucun point.

Que la même quantité de charbon soit, au contraire, enflammée dans l'oxygène, la combustion sera complète au bout de quelques instants, la chaleur se portera presque entièrement sur l'élément en ignition, et le rayonnement ne suffira pas à la faire dissiper à l'extérieur. La température s'élèvera beaucoup plus.

On comprend tout aussi bien pourquoi la combustion dans l'oxygène doit produire une température plus élevée que la combustion dans l'air. Dans ce second cas, en effet, la chaleur de combinaison est employée à échauffer non seulement le charbon et l'oxygène qui s'unissent, mais encore tout l'azote mélangé avec l'oxygène.

Quand on veut obtenir une température aussi élevée que possible, on doit donc produire une combustion très rapide, alimentée par l'oxygène plutôt que par l'air, et déterminer cette combustion dans un espace aussi restreint que possible.

48. Chalumeau oxhydrique. — La chaleur de combustion de l'hydrogène est considérable ; sa flamme est très chaude, quoiqu'elle soit à peine visible.

La température s'élève encore quand on remplace l'air par l'oxygène. Supposons qu'un tube, muni d'un bec à dégagement, reçoive de l'hydrogène par un tuyau et de l'oxygène par un autre ; si les deux gaz arrivent dans les proportions de deux volumes d'hydrogène pour un volume d'oxygène, et qu'on allume leur mélange, on aura une flamme capable de fondre immédiatement le platine.

Deville a donné à ce chalumeau à gaz oxhydrique une disposition commode, qui le rend d'un usage facile. L'hydrogène arrive par un tuyau assez gros, et l'oxygène par un tuyau beaucoup plus petit, placé dans l'axe du premier. Ce chalumeau, suivant l'usage qu'on en veut faire, est, ou tenu à la main, ou porté par un support. Les gaz servant à l'alimenter sont contenus dans des *gazomètres*.

Si on remplace l'hydrogène par le gaz d'éclairage, on obtient une température un peu moins élevée, mais fondant encore bien le platine. L'oxygène même peut être remplacé par l'air, que l'on injecte au centre de la flamme à l'aide d'un soufflet manœuvré avec le pied.

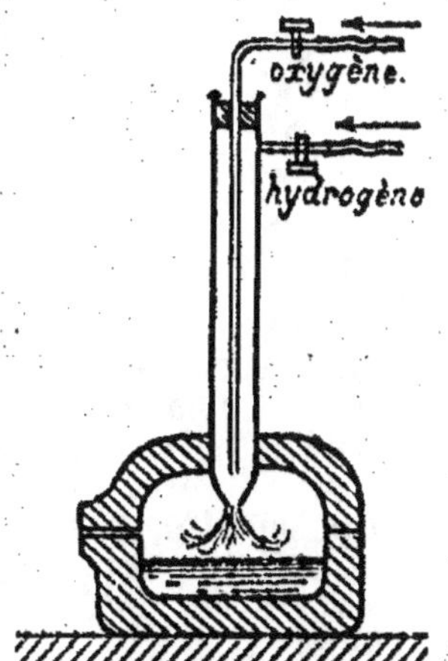

CHALUMEAU OXHYDRI-QUE. — *L'hydrogène* arrive par le gros tube, *l'oxygène* par le tube central. La flamme est assez chaude pour fondre le platine.

49. Bec de Bunsen. Fourneau à gaz. — Le chalumeau de Deville a l'inconvénient d'exiger la présence de l'opérateur, qui doit régler l'arrivée de l'oxygène ou de l'air. Bunsen a imaginé une disposition ingénieuse qui permet à l'appareil de fonctionner seul.

Prenons un tube de verre d'un centimètre de diamètre intérieur, percé, sur les côtés, de deux petites ouvertures. A son extrémité inférieure fixons, au moyen d'un bouchon, un tube plus étroit, communiquant avec une conduite à gaz d'éclairage, et réglons ce tube étroit de manière que son bout supérieur soit juste à la hauteur des ouvertures du gros tube.

Faisons arriver le gaz. Le jet qui s'élance par l'extrémité effilée du tube étroit, à une pression un peu supérieure à la pression atmosphérique, produit sur l'air extérieur une sorte d'aspiration et détermine son entrée par les ouvertures latérales. Nous avons donc, dans tout le gros tube, un mélange intime de gaz et d'air, qu'on peut enflammer à la sortie.

Le chalumeau fonctionne ainsi de lui-même, et fournit une flamme à température très élevée.

Le *bec de Bunsen* ne diffère de cette disposition théorique que par l'adjonction d'une virole, qui permet de régler l'ouverture des trous inférieurs, suivant la force du courant de gaz d'éclairage. Les ouvertures étant fermées, et le bec allumé, on tourne la virole jusqu'à ce que la flamme cesse d'être éclairante : si on l'ouvrait davantage, on aurait un excès d'air qui abaisserait la température.

CHALUMEAU AUTOMATIQUE A GAZ ET A AIR. — Le *gas d'éclairage* arrive par le tube inférieur ; l'*air* pénètre, par aspiration, par les ouvertures latérales.

Tous les *fourneaux à gaz* ne sont autre chose que des becs de Bunsen. Une ouverture pratiquée près du manche permet à l'air aspiré de se mélanger au gaz avant sa sortie par les petits trous du fourneau.

50. Lumière produite dans les combustions. — Lorsque la température développée dans une combustion est assez élevée, il y a production de lumière.

Tantôt cette lumière est due à l'incandescence d'un corps solide, tantôt elle est envoyée par une *flamme* plus ou moins brillante.

Le *charbon de bois* brûle d'un vif éclat, quand il brûle. Cependant aucune flamme n'accompagne le phénomène : il y a seulement incandescence du solide. La combustion du *fer* présente les mêmes caractères.

Le *soufre*, le *phosphore*, le *magnésium*, le *zinc* brûlent, au contraire, avec flamme.

Or, le charbon et le fer sont des solides non volatils, tandis que le soufre, le phosphore, le magnésium, le zinc sont volatils. Nous en pouvons conclure que la flamme est due à la vapeur de soufre, de phosphore, de magnésium ou de zinc, portée à l'incandescence par la chaleur de combustion.

Les liquides volatils, comme le *pétrole* et l'*alcool*, les gaz, comme l'*hydrogène* et le *gaz d'éclairage*, brûlent aussi avec flamme.

Ces nouveaux exemples, joints aux premiers, permettent d'affirmer que la *flamme est toujours un gaz ou une vapeur portés à l'incandescence par la combustion*.

Il est des solides et des liquides non volatils, tels que le suif et l'huile à quinquet, qui brûlent avec flamme. Mais il est facile de montrer que ces corps sont décomposables par la chaleur ; les gaz résultant de leur décomposition brûlent autour de la mèche et produisent la flamme.

51. Éclat des flammes. — Les solides, quand ils sont très chauds, envoient autour d'eux beaucoup de lumière. Au contraire, les gaz, même très chauds, ne sont jamais très lumineux.

Ces faits nous fournissent l'explication des différences d'éclat que présentent les diverses flammes. *Les flammes qui ne renferment que des gaz sont peu lumineuses ; celles qui renferment des solides incandescents ont plus d'éclat.*

Ainsi la flamme du *soufre* qui ne renferme que des gaz, [soufre vaporisé, et anhydride sulfureux (**12**)] n'est pas éclairante. Celle du *phosphore* est très éclairante ; c'est qu'elle contient, outre la vapeur du phosphore, l'anhydride phosphorique solide (**12**) qui résulte de la combustion. Les magnifiques flammes du *magnésium* et du *zinc* doivent aussi leur éclat à l'oxyde de magnésium solide, et à l'oxyde de zinc solide qu'elles renferment.

La flamme d'une bougie est éclairante pour la même raison. L'acide stéarique, fondu par la chaleur, monte dans la mèche ; là il est décomposé et produit des gaz riches en charbon et en hydrogène. L'air extérieur ne pouvant pénétrer jusqu'au centre, ces gaz ne prennent pas feu immédiatement, aussi peut-on voir, au centre de la flamme, un espace sombre à peine chaud ;

dans lequel il ne s'effectue aucune combustion. Un peu plus loin arrive l'air, mais en quantité insuffisante pour tout brûler; l'hydrogène se combine seul avec l'oxygène, tandis que le charbon reste en suspension sous forme de particules solides extrêmement petites. Il y a donc, dans cette région de la

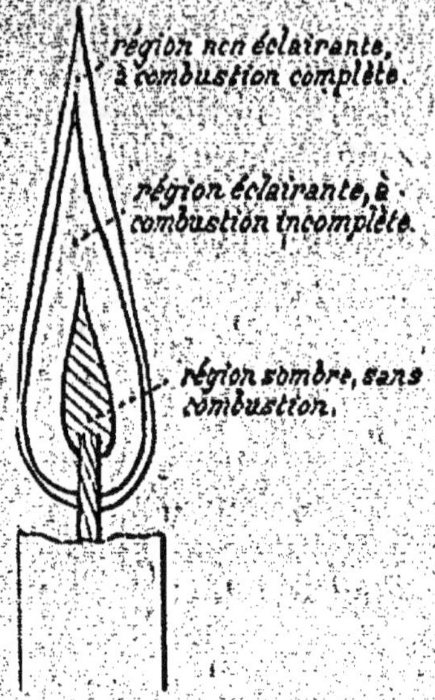

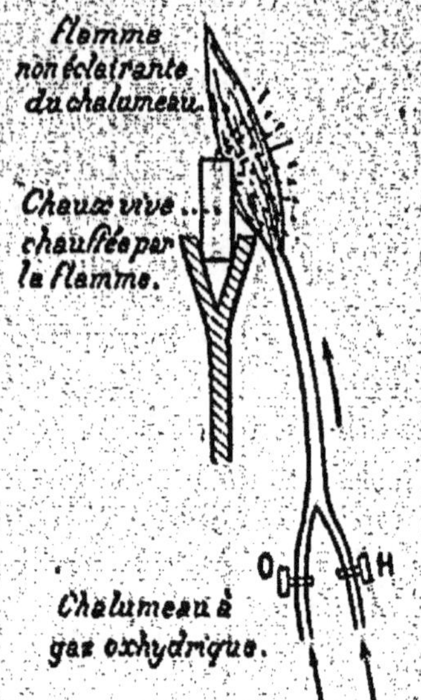

FLAMME D'UNE BOUGIE. — Dans la flamme d'une bougie on distingue aisément trois régions d'éclat différent.

LUMIÈRE DRUMMOND. — La flamme très chaude du chalumeau porte à l'incandescence un morceau de chaux vive.

flamme, en même temps qu'un gaz en ignition, un solide porté à une haute température : de là l'éclat de cette partie de la flamme.

On montre aisément la présence du charbon non brûlé dans la flamme, en y plongeant une soucoupe de porcelaine ; il s'y dépose du noir de fumée. Si ce noir de fumée ne se voit pas dans les conditions ordinaires, c'est que, arrivé sur les bords de la flamme, il trouve assez d'air pour être brûlé complètement ; sur les bords de la flamme, il n'y a donc pas de corps solide incandescent, aussi n'y a-t-il plus d'éclat.

Le gaz d'éclairage se comporte de la même manière. Quand le gaz brûle à l'extrémité d'un bec de Bunsen dont la virole est fermée, il brûle avec sa flamme éclairante habituelle. Mais si on ouvre la virole, l'air aspiré se mélange au gaz, assure la combustion complète du charbon à l'intérieur même de la flamme. Dès lors il n'y a plus de particules de charbon solide en suspension dans la flamme, et il n'y a plus d'éclat ; la flamme n'est pas éclairante. Mais, par contre, elle est p.us chaude qu'avant, car la combustion est plus complète dans la partie centrale.

52. Lumière Drummond. — La flamme la plus pâle peut acquérir un vif éclat toutes les fois qu'elle est très chaude ; il suffit de la faire arriver sur un corps solide non volatil.

Un fil de platine enroulé en spirale devient très éclairant quand on le chauffe dans un bec de Bunsen. Un morceau de chaux vive sur lequel on fait arriver la flamme du chalumeau oxhydrique devient presque aussi éblouissante que la lumière électrique : on a ce qu'on nomme la *lumière Drummond*.

Le *bec Auer*, qui donne à la lumière du gaz de la houille un si grand éclat, est constitué par un bec de Bunsen dont la flamme, *non éclairante par elle-même*, chauffe fortement un manchon infusible, qui la recouvre. Ce manchon est fait d'un fin tissu, constitué par divers oxydes de métaux rares, dans lesquels domine l'*oxyde de thorium*.

En résumé : *les flammes qui renferment des corps solides sont toujours éclairantes ; celles qui renferment seulement des gaz n'ont pas d'éclat.*

RÉSUMÉ

1. — L'air est un *mélange* renfermant principalement de l'*azote* et de l'*oxygène*, avec de très faibles proportions de *gaz carbonique* et de *vapeur d'eau*.

2. — L'*azote*, contenu dans l'air, entre également dans la constitution d'un grand nombre de matières organiques animales et végétales.

On le retire de l'eau par combustion du phosphore, qui se combine à l'oxygène, et laisse l'azote.

3. — L'*azote* est un gaz incolore, inodore, insipide ; il est très peu soluble dans l'eau, très difficilement liquéfiable.

Sa densité est 0,971.

Il ne se combine directement qu'à un très petit nombre d'éléments.

Il n'est pas combustible, et il éteint les corps en combustion.

4. — On peut doser l'azote et l'oxygène de l'air en absorbant l'oxygène par le phosphore (à froid ou à chaud).

Il y a, dans l'air :

En volumes : 79 p. 100 d'azote et 21 p. 100 d'oxygène.

En poids : 77 p. 100 d'azote et 23 p. 100 d'oxygène.

5. La quantité de vapeur d'eau contenue dans l'air est très variable : un mètre cube d'air peut renfermer de 8 décigrammes à 80 grammes de vapeur d'eau.

Le poids du gaz carbonique est toujours voisin de 7 centigrammes par mètre cube.

La vapeur d'eau et le gaz carbonique jouent dans l'air un rôle aussi important que celui de l'oxygène lui-même.

6. — Le *chalumeau oxhydrique*, dans lequel brûle de l'hydrogène ou du gaz d'éclairage, sous l'influence d'un courant d'oxygène ou d'un courant d'air, permet d'obtenir des températures élevées.

Le *bec de Bunsen* est un chalumeau à gaz d'éclairage, dans lequel le courant d'air se produit automatiquement. Tous les *fourneaux à gaz* sont des becs de Bunsen à flammes multiples.

7. — Une *flamme* est constituée par un gaz ou une vapeur portés à l'incandescence par la combustion.

Les flammes qui ne renferment que des gaz sont peu lumineuses ; celles qui renferment des solides incandescents ont plus d'éclat.

La flamme d'une bougie doit son éclat aux parcelles infiniment petites de charbon non encore brûlé qu'elle tient en suspension.

L'éclat de la *lumière Drummond* est dû à un morceau de chaux vive fortement chauffé dans la flamme non éclairante d'un chalumeau.

Le *bec Auer* est constitué par un bec de Bunsen dont la flamme, non éclairante par elle-même, chauffe fortement un manchon infusible qui la recouvre.

III

CHARBON. GAZ CARBONIQUE. OXYDE DE CARBONE

I. — CARBONE

53. — Le *charbon*, appelé *carbone* en chimie, se présente à nous sous un grand nombre de formes diverses, différant même beaucoup les unes des autres.

C'est ainsi que le *diamant*, le *graphite* ou *mine de plomb*, le *noir de fumée* sont constitués par une seule et même substance, le *carbone*.

Mais plusieurs propriétés communes à toutes les variétés servent à caractériser le carbone, sous quelque forme qu'il se présente.

Nous allons d'abord passer en revue ces caractères généraux.

54. Propriétés physiques. — Toutes les variétés de carbone sont remarquables par leur fixité et leur insolubilité dans la plupart des liquides.

On n'a, en effet, jamais fondu aucune variété de carbone. On l'a seulement un peu volatilisé dans le *four électrique*, qui donne une température évaluée à 3 500°.

Les métaux en fusion sont les seuls dissolvants du carbone. L'*acier* et la *fonte* sont constitués par du fer dans lequel s'est dissout une certaine quantité de carbone.

55. Propriétés chimiques. — Tous les carbones sont *combustibles*. Si on les fait brûler dans un excès d'air, la combustion donne naissance à du *gaz anhydride carbonique* ; si au contraire l'air est en quantité insuffisante, il se forme de l'*oxyde de carbone*, combinaison de carbone et d'oxygène moins riche en oxygène que le gaz carbonique.

On reconnaît qu'une substance est du carbone pur lorsque 12 grammes de cette substance produisent, par leur combustion dans un excès d'air ou d'oxygène, 44 grammes d'anhydride carbonique.

DÉCOMPOSITION DE L'EAU PAR LE CHARBON

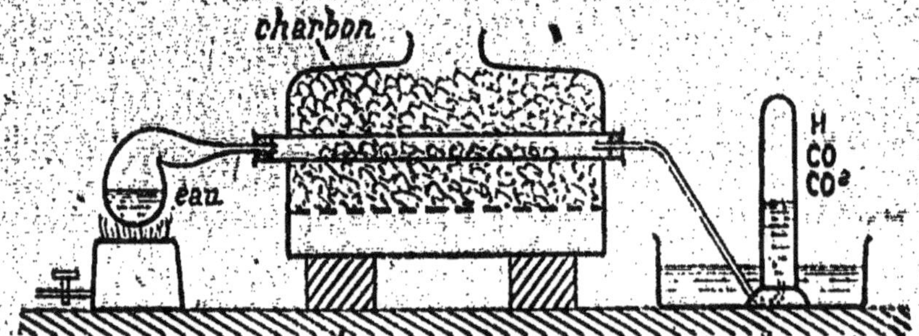

DÉCOMPOSITION DE L'EAU PAR LE CHARBON. — La *vapeur d'eau* passe sur du *charbon* contenu dans un tube de porcelaine chauffé au rouge. On obtient un mélange d'hydrogène, d'oxyde de carbone et d'anhydride carbonique.

La combustion du carbone est d'autant plus facile que la variété considérée est moins dense et moins compacte.

Le même fait se produit pour toutes les réactions que nous allons passer en revue.

L'affinité du carbone pour l'oxygène en fait un *réducteur* puissant (20).

C'est ainsi qu'il réduit aisément l'*acide azotique*, composé très riche en oxygène. Un charbon allumé brûle dans la vapeur d'acide azotique. L'acide azotique très concentré, versé sur du noir de fumée bien sec, en détermine l'inflammation.

Les *azotates*, et particulièrement l'*azotate de potassium* (ou *salpêtre*) sont également des composés très riches en oxygène. Ils sont facilement réduits par le charbon. Un mélange intime d'*azotate de potassium* et de *charbon de bois*, fixement pulvérisés, brûle vivement à l'approche d'une allumette enflammée. L'oxygène de l'air n'intervient pas dans cette combustion ; le carbone se combine à l'oxygène qu'il enlève à l'azotate de potassium, et se transforme en anhydride carbonique.

Le charbon décompose l'*eau* au rouge (**25**). Quand la vapeur d'eau est en excès, et que la température n'est pas très élevée, il se forme de l'*anhydride carbonique* ; c'est surtout de l'*oxyde de carbone* qu'on obtient au rouge vif. Ordinairement on recueille un mélange de trois gaz, riche surtout en hydrogène et en oxyde de carbone.

La décomposition de l'eau par le charbon explique comment il se fait que les forgerons puissent activer leur feu en l'arrosant de quelques gouttes d'eau. Une trop grande quantité de liquide produirait l'effet inverse, en refroidissant trop le combustible.

Les composés oxygénés de l'azote, du soufre, du phosphore..., sont également réduits par le charbon à une température suffisamment élevée.

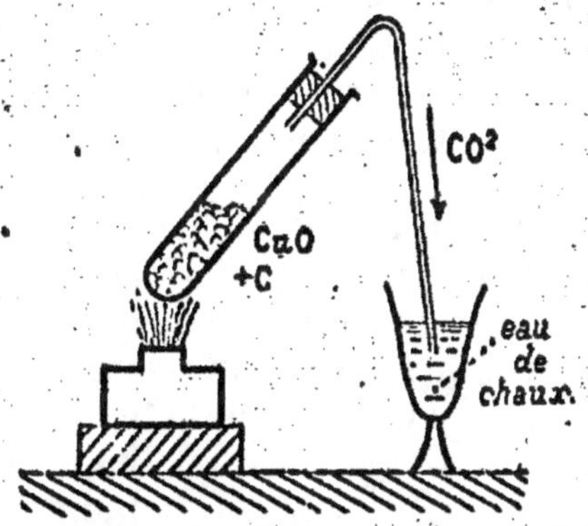

DÉCOMPOSITION DE L'OXYDE DE CUIVRE PAR LE CHARBON. — Un mélange d'*oxyde de cuivre* et de *charbon*, chauffé dans un petit tube à essai, fournit un dégagement d'anhydride carbonique, qui trouble l'eau de chaux.

Enfin la plupart des oxydes métalliques sont décomposés par le charbon. Si l'oxyde est aisément réductible, au rouge sombre, on a de l'anhydride carbonique ; c'est ce qui arrive avec l'*oxyde de cuivre*. Si l'on est obligé de chauffer au rouge vif, comme avec l'*oxyde de zinc*, il se dégage de l'oxyde de carbone.

C'est en utilisant la propriété réductrice du charbon que l'industrie retire le phosphore des os et la plupart des métaux de leurs oxydes et de leur carbonate.

Le *carbone* se combine aussi directement avec le soufre. Des vapeurs de soufre, passant sur du charbon chauffé au rouge, donnent naissance à du *sulfure de carbone*.

Le carbone ne se combine pas *directement* à l'*hydrogène*. Il existe cependant d'innombrables *carbures d'hydrogène*, mais toujours obtenus par des réactions indirectes.

56. Diverses variétés de carbone. — On nomme *charbon* non seulement le carbone pur, qui ne donne en brûlant que de l'anhydride carbonique et de l'oxyde de carbone, mais encore un grand nombre de corps de composition complexe, renfermant une forte proportion de carbone libre.

Les *charbons naturels* sont ceux qu'on rencontre tout formés dans la nature (diamant, graphite, anthracite, houille, lignite, tourbe).

Les *charbons artificiels*, beaucoup plus nombreux (charbon de cornue, coke, charbon de bois, noir de fumée, noir animal), proviennent de la combustion incomplète des matières organiques ou de leur décomposition par la chaleur.

Nous allons passer rapidement en revue ceux de ces charbons qui ont le plus d'importance par leurs applications.

57. Diamant. — Le *diamant* est du carbone presque absolument pur. Chauffé dans un courant d'oxygène il brûle en produisant de l'anhydride carbonique.

Il se présente ordinairement sous forme de *cristaux* transparents, parfois complètement incolores, mais plus souvent colorés en jaune, en rose, en vert et même en noir. Les faces et les arêtes sont presque toujours arrondies.

Le diamant est le plus dur de tous les corps ; il n'est rayé par aucun autre. Mais il est cassant.

Sa densité est voisine de 3,5.

Ce corps est très rare. On le trouve dans les sables d'alluvions (Inde, île de Bornéo, monts Ourals, Brésil, cap de Bonne-Espérance).

Le *diamant* taillé a un incomparable éclat, qui le fait employer pour la parure.

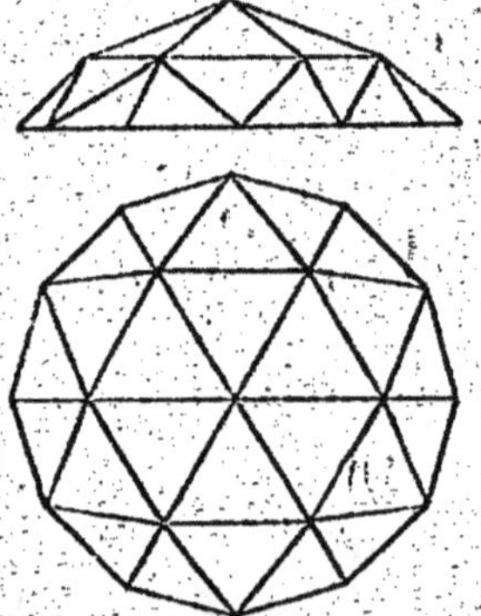

DIAMANT TAILLÉ EN ROSE.

On taille le diamant à facettes, par frottement contre une meule d'acier horizontale, douée d'un mouvement de rotation très rapide, sur laquelle est étendue de la poudre de diamant (*égrisée*) humectée d'huile.

Les diamants plats sont taillés en *rose* ; à ceux de plus grande épaisseur on donne la forme plus avantageuse de *brillants*.

L'unité de poids employé dans le commerce des diamants est le *carat*, qui pèse 0ᵍʳ212. Le prix du premier carat varie de 200 à 300 francs, suivant la beauté ; à partir de là, l' valeur

croît, selon une règle ancienne aujourd'hui peu observée, proportionnellement au carré du poids.

Le plus gros diamant connu est celui du rajah de Bornéo (300 carats); un des plus brillants est le *Régent* de France (136 carats). Chacun de ces deux diamants avait un poids plus que double avant l'opération de la taille. Leur valeur est de plusieurs millions.

Grâce à sa dureté, le diamant est employé à faire des pivots pour certaines pièces d'horlogerie; il constitue la pointe des outils avec lesquels on taille les pierres précieuses. On se sert même de diamants, enchâssés à l'extrémité de pics de fer, pour creuser les trous de mine dans les roches très dures. Les vitriers coupent le verre avec un petit diamant brut adapté à l'extrémité d'un manche.

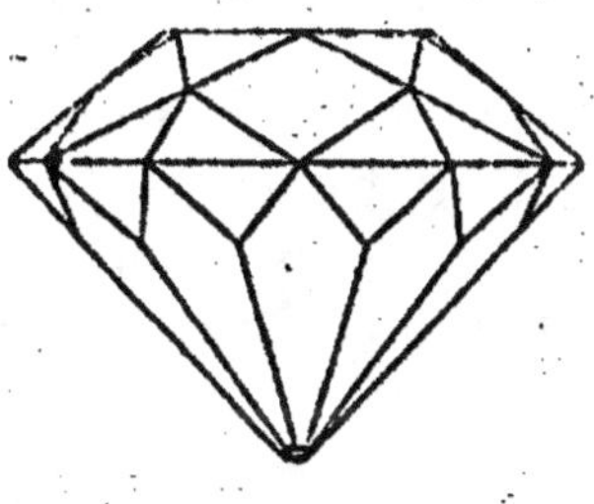

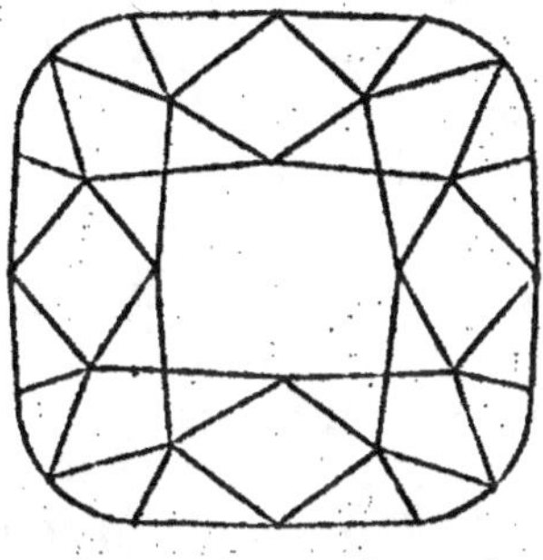

DIAMANT TAILLÉ EN BRIL-
LANT (le Régent, en
forme et vraie gran-
deur).

58. Graphite. — Le *graphite* (*plombagine* ou *mine de plomb*) est encore du carbone à peu près pur. Il est formé de paillettes ou de masses feuilletées cristallines, d'un gris d'acier, opaques, douces au toucher, assez tendres pour tacher les doigts.

La densité du graphite est 2,3. Il est bon conducteur de la chaleur et de l'électricité. Il n'est pas beaucoup plus facilement combustible que le diamant; comme celui-ci, il ne brûle pas dans l'air, mais il brûle quand on le chauffe au rouge vif dans un courant d'oxygène.

Il se rencontre en assez grande quantité dans les terrains primitifs, en France, en Angleterre, en Espagne, à Ceylan et surtout en Sibérie.

Les usages du graphite sont nombreux. Découpé en petites baguettes et protégé par des cylindres de bois, il constitue les crayons à la *mine de plomb*.

Les *crayons Conté* sont formés par un mélange d'argile et de plombagine pulvérisée. Le *cambouis*, avec lequel on graisse les roues de voitures et les engrenages, est un mélange d'huile et de graphite pulvérisé.

Avec la poussière de plombagine on noircit les objets en fer ou en fonte pour leur donner plus d'éclat et les préserver de la rouille.

Enfin, on utilise la plombagine en galvanoplastie pour métalliser les moules et les rendre conducteurs de l'électricité.

59. Anthracite et houille. — Ces variétés ont beaucoup plus d'importance, car elles constituent, surtout la dernière, l'un des plus employés de nos combustibles usuels.

L'une et l'autre variété proviennent de la décomposition partielle des végétaux enfouis dans le sol aux anciens âges géologiques. Le bois est principalement constitué par une combinaison de carbone, d'oxygène et d'hydrogène. Lorsque le bois se putréfie à l'air, l'oxygène de l'air, s'ajoutant à celui du bois lui-même, finit à la longue par transformer tout le carbone en anhydride carbonique, et tout l'hydrogène en eau. Mais sous la terre, ou sous l'eau, l'oxygène ne pouvant intervenir, cette combustion lente ne peut plus se produire ; le bois perd seulement une partie de son carbone et une partie de son hydrogène, grâce à l'oxygène qu'il renferme ; et le résidu constitue l'*anthracite* ou la *houille*.

Il n'y a pas de différence essentielle à établir entre l'anthracite et la houille ; l'origine est la même, mais l'anthracite est de formation plus ancienne. Dans l'anthracite il y a de 85 à 92 p. 100 de carbone pur ; dans la houille il y en a seulement de 80 à 90 p. 100. Le reste est constitué par diverses impuretés dont la principale est l'hydrogène, également combustible, et les matières qui constitueront les *cendres*.

L'anthracite a une densité un peu plus forte ; il brûle plus difficilement, mais avec moins de flamme, moins de fumée, et une plus grande production de chaleur. On le trouve principalement en Angleterre, aux États-Unis.

La houille, plus abondamment répandue, se rencontre en grandes masses en Belgique, en Angleterre, en Allemagne. Elle est moins abondante en France (Nord, Loire, Aveyron, Allier). Il y a aussi de très importants gisements en Asie.

La quantité de chaleur développée par la combustion d'un kilogramme de houille ou d'anthracite varie de 7 000 à 8 600 *calories* ; tandis qu'un kilogramme de bois sec ne dégage pas en brûlant plus de 3 000 calories. Nous voyons donc que, à égalité de prix, la houille serait un combustible presque trois fois plus économique que le bois.

60. Lignite, tourbe. — Le *lignite*, la *tourbe* ont la même origine que l'anthracite et que la houille, mais sont de formation plus récente, et conservent par suite plus exactement la forme des végétaux primitifs.

Le *lignite* renferme rarement plus de 70 p. 100 de carbone. C'est un combustible inférieur à la houille, d'ailleurs moins abondant dans le sol. On en consomme cependant d'importantes quantités en Allemagne, en Autriche, aux États-Unis. Il y en a peu en France (environs de Soissons, puis entre Aix et Toulon).

Une variété de lignite, susceptible d'un beau poli, est employée sous le nom de *jais*, comme l'objet d'ornement et de parure.

La *tourbe* est plus impure encore, avec la moitié à peine de son poids de charbon quand elle est bien sèche. C'est un combustible de qualité inférieure, cependant très important en Hollande, et dans l'Europe centrale, où les *tourbières* couvrent des espaces immenses. On trouve aussi de nombreuses tourbières en France, principalement dans la vallée de la Somme, puis en Normandie et en Bretagne.

61. Coke, charbon de cornue. — Les charbons qui vont suivre ne se rencontrent pas dans la nature ; l'industrie les prépare.

Le *coke* est le résidu de la calcination de la houille en vase clos. Dans cette calcination, la houille laisse dégager une foule de produits volatils qui constituent le gaz d'éclairage brut, c'est-à-dire non encore purifié. Et il reste dans les cornues un charbon léger, brillant, boursouflé, qui est le *coke*.

Le *coke* est un bon combustible, brûlant sans flamme, sans fumée, et produisant beaucoup de chaleur. La chaleur de combustion d'un kilogramme de coke, un peu inférieure à celle d'un kilogramme de charbon, est comprise entre 6800 et 7900 calories.

Dans les cornues des usines à gaz on trouve encore, collé à la partie supérieure des cornues, en une couche uniforme, un charbon presque pur, dur, lourd, d'un gris d'acier, nommé le *charbon de cornue*. Il provient de la décomposition par la chaleur des carbures d'hydrogène qui se forment dans la calcination de la houille. Ce charbon, qui brûle difficilement, n'est guère employé comme combustible. Mais, bon conducteur de l'électricité, il est utilisé dans la construction des *piles électriques*.

62. Charbon de bois. — Le bois réputé sec renferme à peu près 36 p. 100 de son poids de charbon, uni à de l'oxygène, de l'hydrogène, et des sels minéraux qui, après la combustion du bois, restent à l'état de *cendres*. Chauffé en vase clos, le bois se décompose; il laisse échapper des substances nombreuses (oxyde de carbone, anhydride carbonique, carbures d'hydrogène, vinaigre de bois, esprit de bois, goudron,...) qui sont susceptibles

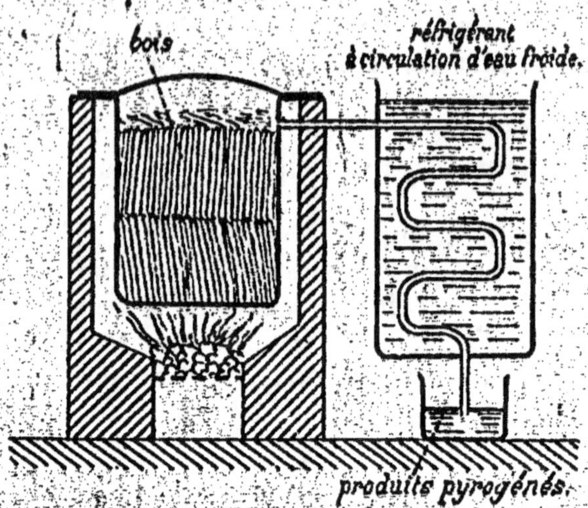

PRÉPARATION DU CHARBON DE BOIS PAR CALCINATION DU BOIS EN VASE CLOS. — Le *bois*, chauffé en vase clos, dégage divers composés volatils, et il reste du charbon de bois dans la cornue.

d'être recueillies et utilisées. Quand ces matières ont cessé de se dégager, il reste dans la cornue un charbon renfermant 1 p. 100 de cendres, c'est le *charbon de bois*.

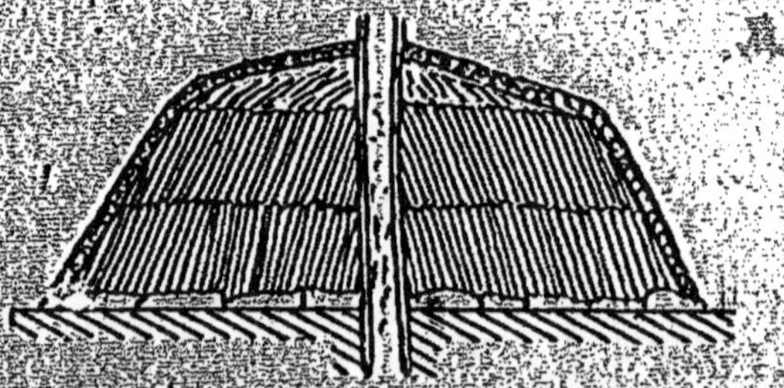

PRÉPARATION DU CHARBON DE BOIS PAR LE PROCÉDÉ DES MEULES. — La combustion incomplète du *bois* dans la meule laisse du charbon de bois comme résidu.

Ce procédé de préparation par distillation en vase clos, quoique donnant un bon rendement (27 p. 100) et permettant d'utiliser les produits de la décomposition, est peu employé, car il nécessite le transport coûteux du bois à l'usine.

On préfère le procédé des *meules*, qui donne un moindre rendement, qui n'utilise pas les produits étrangers, mais qui se fait sur place, et évite les frais de transport du bois.

Le bois, coupé en rondins d'un mètre de longueur, est empilé sur le sol. La *meule* ainsi obtenue est recouverte avec de la terre, qui ne laisse passer que peu d'air. Par une cheminée ménagée au milieu, on introduit de la braise; le feu se propage de proche en proche, très lentement, et, après quelques heures, toute la masse brûle. Quand on juge que la combustion est assez avancée (au bout de quelques jours), on augmente l'épaisseur de la couche de terre et on bouche toutes les ouvertures. L'air n'arrive plus du tout, le feu s'éteint : on a le charbon. Le rendement est de 18 p. 100.

Le *charbon de bois* est un combustible un peu coûteux, mais qui a l'avantage de brûler sans flamme, sans fumée, sans mauvaise odeur. Nous avons vu (**36**) qu'on utilise à la purification des eaux croupies la propriété qu'il possède d'absorber les gaz, et particulièrement l'ammoniaque et l'acide sulfhydrique.

68. Noir de fumée. — La combustion incomplète de cer-

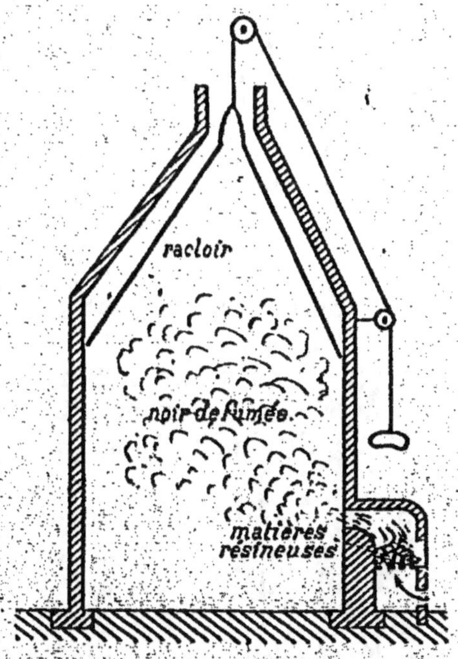

FABRICATION DU NOIR DE FUMÉE. — La combustion incomplète des *matières résineuses* produit du *noir de fumée*, qui se dépose sur les murs d'une chambre de condensation.

tains corps donne une épaisse fumée, qui, recueillie, constitue le *noir de fumée*, charbon pur.

Pour le préparer on brûle des matières résineuses dans un foyer, disposé de manière à produire une combustion incomplète. La fumée passe dans une chambre, où le noir se dépose.

Il est utilisé dans la peinture en noir, dans la fabrication de l'encre de Chine et de l'encre d'imprimerie.

64. Noir animal, ou charbon d'os. — Les os des animaux vertébrés ont une composition complexe.

Ils sont formés d'un mélange de deux matières minérales (le *carbonate de calcium* et le *phosphate de calcium*), et d'une matière organique, l'*osséine*, qui est une combinaison de carbone, d'oxygène et d'hydrogène.

Lorsqu'on chauffe les os en vase clos, à l'abri de l'air, l'*osséine*, qui est cependant une matière combustible, ne peut brûler. Elle est seulement décomposée par la chaleur ; l'oxygène et l'hydrogène s'en vont, et il reste le charbon, mélangé avec les matières minérales.

Ce produit, appelé *noir animal*, renferme à peine 10 p. 100 de son poids de charbon.

Il absorbe les *matières colorantes*, comme le charbon de bois absorbe les gaz. Versons du vin sur du noir animal en poudre, puis filtrons. Nous obtiendrons du vin incolore.

On emploie le noir animal dans les raffineries de sucre, pour décolorer les jus et obtenir un produit bien blanc.

II. — OXYDE DE CARBONE

65. — Nous avons vu (55) que la combustion du carbone peut donner naissance à deux composés oxygénés : l'oxyde de carbone et le gaz carbonique. Étudions d'abord le premier.

66. Préparation. — Un grand nombre de réactions chimiques peuvent donner naissance à l'*oxyde de carbone*, outre celle qui résulte de la combustion incomplète du carbone.

On peut, en particulier, le préparer en décomposant l'*anhydride carbonique par le charbon*, à la température du rouge vif.

Pour cela on fait passer un courant de gaz *anhydride carbonique*, obtenu comme nous le verrons bientôt, dans un tube de porcelaine renfermant du charbon chauffé au rouge vif. On recueille l'oxyde de carbone sur la cuve à eau.

La flamme bleue qui s'élève au-dessus du dôme d'un fourneau à réverbère en activité provient de la combustion de l'oxyde de carbone; l'anhydride carbonique, produit près du

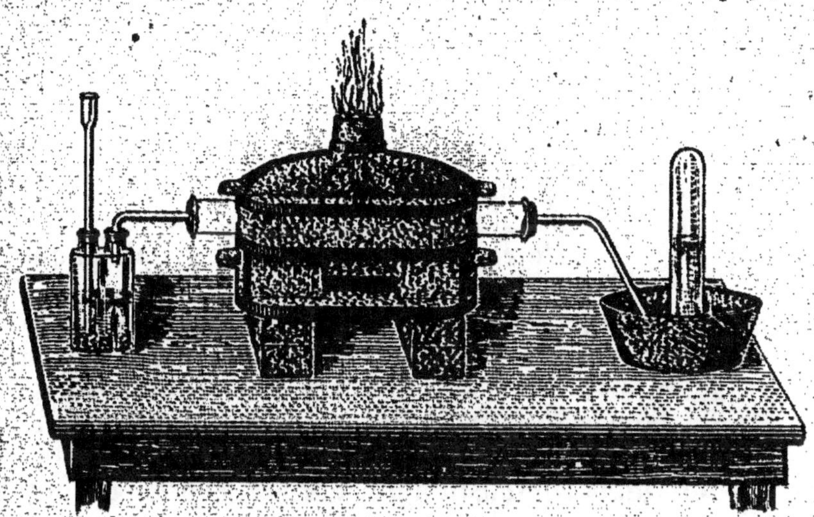

PRÉPARATION DE L'OXYDE DE CARBONE

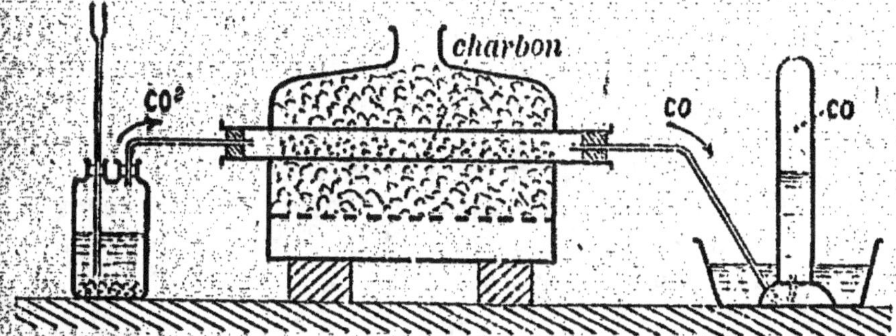

PRÉPARATION DE L'OXYDE DE CARBONE. — Un courant *d'anhydride carbonique*, passant sur du charbon chauffé au rouge, produit de *l'oxyde de carbone* par décomposition.

cendrier, là où l'air est en excès, a été réduit par les couches de combustible placées à la partie supérieure de la colonne.

67. Propriétés physiques. — L'*oxyde de carbone* est un gaz incolore, inodore, insipide. Sa densité est 0,973. Il est très peu soluble dans l'eau.

Il est très difficilement liquéfiable.

68. Propriétés chimiques. — L'*oxyde de carbone* n'est décomposé par la chaleur que dans des conditions spéciales, comme l'eau.

Il brûle avec une flamme bleue caractéristique, très chaude, peu éclairante, en produisant de l'anhydride carbonique. Le mélange d'*oxygène* et d'*oxyde de carbone* détone quand on l'enflamme.

La facile combustibilité de l'oxyde de carbone en fait un *réducteur* énergique. A une température assez élevée, il réduit à l'état métallique beaucoup d'oxydes, tels que l'*oxyde de cuivre* et l'*oxyde de fer*.

69. Propriétés toxiques. — Ce gaz est un poison violent ; il forme avec les globules du sang un composé assez stable, qui empêche l'oxygène d'être absorbé et détermine rapidement la mort.

L'exposition au grand air est le seul remède efficace contre un commencement d'asphyxie par l'oxyde de carbone.

Ce gaz, qui rend l'air mortel à la dose d'un centième, est d'autant plus dangereux qu'il n'annonce sa présence par aucune odeur. Il accompagne toujours l'anhydride carbonique dans les produits de la combustion du charbon, et est beaucoup plus à craindre que ce dernier gaz.

On devra donc éviter de fermer les portes et les fenêtres des appartements dans lesquels on brûle du charbon sur un fourneau découvert. On évitera aussi de chauffer trop fortement les poêles de fonte qui, au rouge sombre, se laissent traverser par l'oxyde de carbone.

Les *poêles à combustion lente* (dits aussi *poêles mobiles*) produisent toujours de l'*oxyde de carbone*, provenant d'une combustion incomplète. Donc, tout contre tirage, qui ramène dans l'appartement les produits de la combustion, y amène un poison très violent.

De là les accidents si fréquents constatés dans l'usage des poêles mobiles. De là une foule de santés ruinées, sans cause apparente, par le séjour prolongé, pendant des hivers entiers, dans une atmosphère renfermant des traces d'oxyde de carbone.

Les poêles à combustion lente, quelles que soient les prétendues garanties d'innocuité fournies par les fabricants, doivent être impitoyablement rejetés.

70. Composition de l'oxyde de carbone. — La composition de l'oxyde de carbone se déduit de celle de l'anhydride carbonique, supposée connue.

Aussi l'indiquerons-nous en même temps que celle de ce dernier gaz (76).

III. — ANHYDRIDE CARBONIQUE

71. — L'*anhydride carbonique*, plus souvent, mais à tort, appelé *acide carbonique*, existe à l'état libre dans l'air et dans l'eau.

Diverses combinaisons dans lesquelles entre l'anhydride carbonique, et surtout le *carbonate de calcium*, constituent dans la terre des couches puissantes.

72. Préparation. — L'*anhydride carbonique* se forme dans la combustion du charbon.

Pour le préparer à l'état de pureté, on le retire du *carbonate*

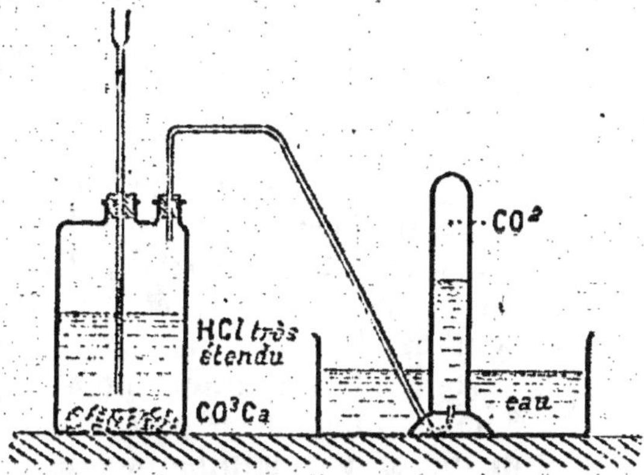

PRÉPARATION DE L'ANHYDRIDE CARBONIQUE. — Dans un flacon, renfermant de l'eau et du carbonate de calcium, on verse progressivement de l'acide chlorhydrique. Le gaz qui se dégage est recueilli sur l'eau ou sur le mercure.

de calcium (*craie*, ou *marbre concassé*), qu'on décompose par l'*acide chlorhydrique* ou l'*acide sulfurique*.

L'appareil est le même que celui qui sert à la préparation de l'hydrogène ; la manière d'opérer est aussi la même.

L'*acide chlorhydrique*, agissant sur le *carbonate de calcium*, produit un dégagement de gaz carbonique ; il reste dans l'appareil une dissolution de *chlorure de calcium*.

Si on emploie l'*acide sulfurique*, il reste dans le flacon du *sulfate de calcium*.

73. Propriétés physiques. — L'anhydride carbonique est un gaz incolore, d'une odeur faible, piquante, d'une saveur aigrelette. Sa densité est 1,520.

La grandeur relative de cette densité joue un rôle assez important dans la nature. Partout où se trouve un dégagement naturel d'anhydride carbonique, ce gaz tend à s'accumuler à la surface du sol. C'est ce qui arrive dans certaines caves, dans la grotte dite du chien (près de Naples), et dans celle de Royat (Puy-de-Dôme).

Dans les laboratoires, on montre que l'anhydride carbonique est plus lourd que l'air en versant sur une bougie ce composé contenu dans une éprouvette. Le gaz tombe, invisible, comme tomberait de l'eau, et éteint la bougie.

L'eau dissout à peu près son volume de gaz carbonique, à la température de 15°.

Il est facilement liquéfiable. L'industrie le prépare liquide en le comprimant, à l'aide de puissantes machines à compression, dans des récipients en acier qui en contiennent 7 à 8 kilogrammes.

L'évaporation rapide de ce liquide produit un abaissement de température considérable.

74. Propriétés chimiques. — L'*anhydride carbonique* résiste à l'action de la chaleur aussi bien que l'eau.

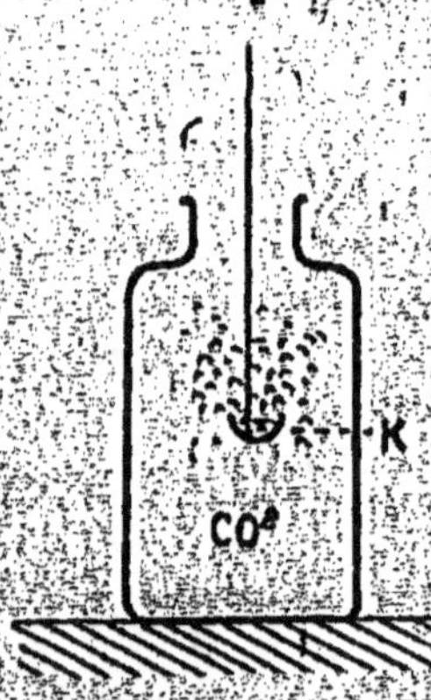

COMBUSTION DU POTASSIUM DANS L'ANHYDRIDE CARBONIQUE. — Un fragment de *potassium* préalablement bien enflammé, continue à brûler dans l'anhydride carbonique, en donnant de la potasse caustique et du charbon.

Il n'est pas *combustible*. Il n'est pas non plus *comburant* : il éteint les corps en combustion.

Toutefois un grand nombre de corps combustibles le *réduisent* partiellement, quand on les maintient à une température assez élevée. Quand le corps combustible n'enlève au gaz carbonique qu'une partie de son oxygène, ce gaz est ramené à l'état d'oxyde de carbone. Si au contraire la réduction est complète, c'est-à-dire l'oxygène totalement enlevé, il reste du carbone.

Si l'on fait passer, par exemple, un mélange d'hydrogène et de gaz carbonique dans un tube de porcelaine chauffé au rouge vif, l'hydrogène prend la moitié de l'oxygène, et donne naissance à de l'eau, tandis que le gaz carbonique est ramené à l'état d'oxyde de carbone.

On obtient aussi de l'oxyde de carbone en réduisant partiellement le gaz carbonique par le charbon fortement chauffé (66).

Les métaux ont une action plus facile encore à mettre en évidence.

Le *potassium*, le *magnésium* préalablement enflammés, continuent à brûler très vivement quand on les introduit dans un flacon d'anhydride carbonique. Il se forme du carbonate de potassium ou de magnésium, et un dépôt de charbon.

Le gaz carbonique se combine aisément avec un grand nombre de composés tels que la chaux vive et la potasse caustique, et donne ainsi des corps qu'on nomme le carbonate de calcium, le carbonate de potassium.

Ainsi si l'on verse un peu d'*eau de chaux* dans une éprouvette contenant du gaz carbonique, celui-ci est absorbé par l'eau de chaux, et donne naissance à du *carbonate de calcium*, qui est insoluble, et qui, par suite, trouble et blanchit l'eau. Cette propriété de *troubler l'eau de chaux* est un des caractères grâce auxquels on distingue le gaz carbonique des autres gaz.

75. Propriétés toxiques. — L'anhydride carbonique est beaucoup moins toxique que l'oxyde de carbone. Une atmosphère qui renferme la proportion normale d'oxygène devient mortelle seulement lorsqu'elle contient de 20 à 30 p. 100 d'anhydride carbonique.

On doit cependant se tenir en garde quand on pénètre dans des endroits où s'accumule le gaz carbonique, tels que les caves qui renferment des cuves de vendange en fermentation. On y pénétrera avec une bougie allumée, à la main ; la bougie cesse de brûler avant que la proportion du gaz soit dangereuse. Lorsque la bougie s'éteint, il est prudent de sortir, et de ne rentrer qu'après avoir établi une ventilation puissante, ou, si la ventilation n'est pas possible, après avoir neutralisé l'anhydride carbonique par un arrosage effectué avec une dissolution d'ammoniaque.

76. Composition. — Pour déterminer la composition du gaz carbonique, on a produit d'abord celui-ci en faisant passer un courant d'oxygène pur et sec sur du charbon pur renfermé dans des nacelles, et chauffé au rouge dans un tube de porcelaine.

Le charbon brûlé avait été précédemment pesé.

On avait, d'autre part, absorbé le gaz carbonique par la potasse caustique, et déterminé l'augmentation de poids de cette potasse.

Il résulte de ces mesures que 44 grammes de gaz carbonique renferment 12 grammes de charbon, et par suite 32 grammes d'oxygène.

De cette composition, maintenant connue, du gaz carbonique, on peut tirer celle de l'oxyde de carbone. En faisant passer

44 grammes de gaz carbonique sur 12 grammes de charbon chauffé au rouge vif **(66)**, on obtient 56 grammes d'oxyde de carbone. Donc 56 grammes d'oxyde de carbone renferment 24 grammes de charbon et 32 grammes d'oxygène.

77. Rôle du gaz carbonique contenu dans l'air. — Le *gaz carbonique* a, dans la nature, une importance comparable à celle de l'oxygène lui-même.

Nous avons vu **(45)** qu'il s'en trouve toujours une petite quantité dans l'air ; les origines en sont très nombreuses.

Tout d'abord, ce gaz se dégage du sol en maints endroits ; les éruptions volcaniques, en particulier, en déversent de grandes quantités dans l'atmosphère.

Toutes les matières organiques en décomposition ou en fermentation en dégagent de façon constante.

Presque toutes les combustions vives que nous produisons pour nos besoins de chauffage et d'éclairage sont accompagnées d'une abondante production d'anhydride carbonique. Tous nos combustibles usuels (bois, houille, pétrole, huile), renferment en effet du charbon qui, en brûlant, produit du gaz carbonique.

La respiration des plantes, celle des animaux donnent naissance à de l'anhydride carbonique. On le montre de la façon suivante. Deux verres renferment chacun de *l'eau de chaux* **(74)**. Dans le premier on fait passer un courant d'air à l'aide d'un soufflet ; l'eau de chaux se trouble, ce qui indique la présence du gaz carbonique dans l'air. Dans l'autre on fait passer un courant d'air venant des poumons en soufflant dans un tube de verre ; l'eau de chaux se trouble beaucoup plus vite, et bien davantage ; il y a donc plus d'anhydride carbonique dans l'air venant des poumons que dans l'air atmosphérique.

Le gaz carbonique provenant de ces diverses sources se répand dans l'air où il joue un rôle essentiel. Il est absorbé par les parties vertes des végétaux, et principalement par les feuilles ; là, sous l'influence combinée de la *matière verte* de la plante, et de la lumière solaire, il est décomposé en *charbon* qui reste incorporé à la sève, et *oxygène*, qui fait retour à l'atmosphère. Tout le charbon contenu dans les plantes a été emprunté au gaz carbonique de l'air par les parties vertes. La disparition de ce gaz de l'air serait suivie, à brève échéance, de la disparition de toute végétalité.

78. Rôle du gaz carbonique en dissolution dans l'eau. —

Il y a toujours une quantité plus ou moins grande de gaz carbonique en dissolution dans les eaux naturelles (32).

Ce fait a d'importantes conséquences.

L'eau de pluie, en tombant, dissout les gaz contenus dans l'air. Elle arrive donc sur le sol avec une faible proportion d'anhydride carbonique. La présence de ce gaz lui donne la propriété de dissoudre la *pierre calcaire* ou *carbonate de calcium* qui devient soluble en se transformant en *bicarbonate de calcium*. Quand cette transformation a eu lieu, l'eau contient en dissolution du bicarbonate de calcium, mais ne contient plus de gaz carbonique libre. Elle est donc redevenue capable d'en dissoudre une quantité nouvelle, empruntée à l'air, ou aux sources souterraines de ce gaz qu'elle trouve sur son passage. Cette quantité nouvelle agit sur une quantité nouvelle de pierre calcaire, qu'elle transforme en bicarbonate de calcium soluble. Et ainsi de suite.

De sorte que l'eau, en errant à la surface ou dans les profondeurs du sol, se charge d'une quantité croissante de bicarbonate de calcium, quantité d'ailleurs très variable, et souvent considérable.

Que l'on porte cette eau à l'ébullition, et son bicarbonate de calcium se décompose. Il se dégage du *gaz carbonique*, et il se précipite du *carbonate de calcium*, de là ce fait déjà signalé : les eaux naturelles se troublent par l'ébullition. De là cet autre fait : les vases dans lesquels on fait souvent bouillir de l'eau s'incrustent intérieurement d'une couche de calcaire qui peut devenir très épaisse.

Si la proportion de bicarbonate de calcium contenue dans l'eau est assez forte, ce sel se décompose à la température ordinaire, sans ébullition, quand l'eau arrive à l'air libre. Il se dégage du gaz carbonique, et il se forme un dépôt de calcaire. Ainsi se trouve expliquée la propriété incrustante (ou pétrifiante) des eaux si connues d'Auvergne ; ainsi se trouve expliquée la formation des *stalactites* et des *stalagmites* des grottes souterraines.

Les énormes couches de calcaire desquelles on extrait notre principale pierre à bâtir n'ont pas une autre origine.

79. Usages. — Outre son rôle considérable dans la nature, l'anhydride carbonique a des usages assez importants.

Il sert à la préparation de l'*eau de Seltz* artificielle, dissolution faite sous pression, de 5 à 6 litres de gaz carbonique dans un litre d'eau. L'appareil Briet, employé dans les familles, est connu de tous : on y prépare le gaz par la réaction de deux

APPAREIL BRIET POUR LA PRÉPARATION DE L'EAU DE SELTZ

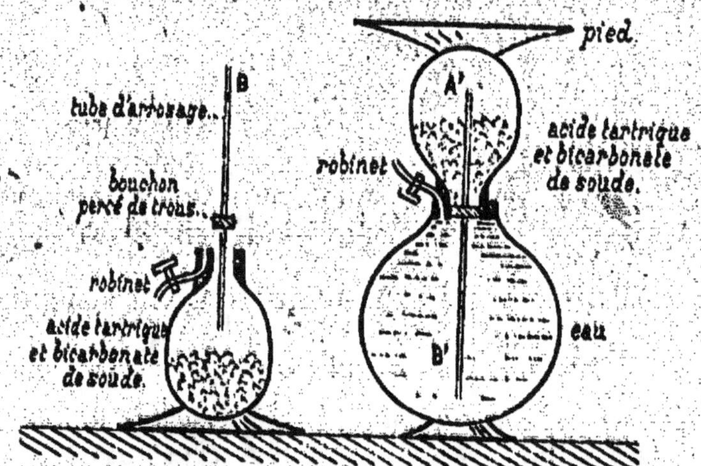

APPAREIL BRIET POUR LA PRÉPARATION DE L'EAU DE SELTZ. — Il se compose de deux réservoirs de verre qui peuvent être mis en communication par un tube métallique ouvert aux deux bouts, et muni, en son milieu, d'un bouchon percé d'un grand nombre de petits trous. L'appareil étant démonté, le petit réservoir reçoit un mélange d'acide tartrique et de *bicarbonate de sodium*; puis on le ferme avec le bouchon troué, muni du tube de communication. Retournant alors ce petit réservoir, on le visse sur le grand, préalablement rempli d'eau, comme le montre la partie de droite de la figure. Si alors on retourne tout l'appareil, de façon à mettre le pied en bas, un peu d'eau tombe, par le tube, sur le mélange solide du petit réservoir; l'anhydride carbonique se dégage, passe à travers les petits trous du bouchon, et va se dissoudre dans l'eau sous une forte pression.

solides, l'*acide tartrique* et le *bicarbonate de sodium*, qui réagissent lorsque l'eau de l'appareil vient arroser leur mélange.

On utilise en outre l'anhydride carbonique : 1° dans la préparation du pain pour supprimer le levain et le pétrissage à la main ; 2° dans la fabrication du sucre ; 3° dans la préparation du carbonate de plomb (*céruse*) et des bicarbonates alcalins, de l'acide salicylique ; 4° pour la production des basses températures, par évaporation de l'anhydride à l'état liquide ; 5° pour exercer les fortes pressions, par évaporation du liquide en vase clos, pressions utilisées dans la fabrication de l'acier fondu, et pour faire monter, dans les cafés et brasseries, la bière de la cave aux étages où elle doit être consommée.

RÉSUMÉ

1. — Le *carbone* se présente à nous sous un grand nombre de formes diverses : diamant, graphite, anthracite, houille, lignite, tourbe, coke, charbon de cornue, charbon de bois, noir de fumée, noir animal.

2. — Toutes les variétés de carbone sont *infusibles* et *insolubles* dans la plupart des liquides.

Elles sont *combustibles* ; elles brûlent avec production d'*anhydride carbonique* ou d'*oxyde de carbone*. Le carbone est un réducteur puissant : il réduit l'acide azotique, l'azotate de potassium, l'eau, les oxydes métalliques.

3. — Le *diamant* est du carbone pur cristallisé ; taillé en *rose*, ou en *brillant*, il a un grand éclat. Il sert à la parure ; on l'emploie pour couper le verre et tailler les pierres précieuses.

Le *graphite* (*plombagine, mine de plomb*) est aussi du carbone pur. Il sert à faire les crayons ; il entre dans la composition du *cambouis* ; on l'utilise pour prévenir de la rouille les objets en fer ; il sert en galvanoplastie.

L'*anthracite* et la *houille* sont des charbons impurs, d'origine végétale, qui servent au chauffage. Il en est de même du *lignite* et de la *tourbe*.

Le *coke* est le résidu de la calcination de la houille en vase clos ; il est employé comme combustible.

Le *charbon de cornue* provient de la décomposition par la chaleur des carbures d'hydrogène qui se forment dans la calcination de la houille. On l'utilise dans la construction des piles électriques.

Le *charbon de bois* provient de la combustion incomplète du bois, ou de sa calcination en vase clos. C'est un excellent combustible. Réduit en poudre, il sert à la purification des eaux croupies.

Le *noir de fumée* provient de la combustion incomplète de diverses matières résineuses. Il est utilisé dans la peinture en noir, dans la fabrication de l'encre de Chine et de l'encre d'imprimerie.

Le *noir animal* provient de la calcination des os en vase clos ;

c'est un mélange de charbon, de carbonate de calcium et de phosphate de calcium. On l'emploie dans les raffineries de sucre, pour décolorer les jus et obtenir un produit bien blanc.

4. — *L'oxyde de carbone* provient de la combustion du charbon dans une quantité insuffisante d'oxygène.

On le prépare en décomposant l'anhydride carbonique par le charbon, à la température du rouge vif.

5. — C'est un gaz incolore, inodore, insipide.

Il brûle avec une flamme bleue pâle, en donnant naissance à du gaz carbonique.

Il est extrêmement toxique.

5. — L'anhydride carbonique existe à l'état libre dans l'air et dans l'eau.

Il se forme dans la combustion du charbon.

On le prépare en décomposant le carbonate de calcium par l'acide sulfurique ou l'acide chlorhydrique.

6. — C'est un gaz incolore, d'odeur piquante, de saveur aigrelette. Il est notablement plus lourd que l'air.

Il est facilement liquéfiable.

Il n'est ni combustible, ni comburant. Il éteint les corps en combustion; trouble l'eau de chaux.

Un grand nombre de corps combustibles le réduisent quand on les maintient à une température assez élevée : *hydrogène, charbon, potassium, magnésium.*

Il se combine aisément à la chaux vive, à la potasse caustique.

Il est toxique, mais beaucoup moins que l'oxyde de carbone.

7. — 44 grammes de gaz carbonique renferment 12 grammes de charbon et 32 grammes d'oxygène.

56 grammes d'oxyde de carbone renferment 24 grammes de charbon et 32 grammes d'oxygène.

8. — Le gaz carbonique a une très grande importance dans la nature. Celui qu'on rencontre constamment dans l'air provient des sources du sol, des émanations volcaniques, de la putréfaction et de la fermentation des matières organiques, des combustions vives, de la respiration des plantes et des animaux.

Il est absorbé par les parties vertes des plantes, qui le décomposent, retiennent le charbon et restituent l'oxygène à l'air.

9. — Le gaz carbonique en dissolution dans les eaux naturelles donne à celles-ci la propriété de dissoudre la *pierre calcaire,* en la transformant en *bicarbonate de calcium* soluble.

Ce bicarbonate se décompose ensuite soit à l'ébullition, soit au contact de l'air, pour fournir un dégagement de gaz carbonique et un dépôt insoluble de pierre calcaire.

10. — Le gaz carbonique a divers usages : préparation de l'eau de Seltz, préparation du pain, de la céruse, du bicarbonate de soude, de l'acide salicylique ; production du froid ; obtention de fortes pressions.

IV

LOIS FONDAMENTALES

I. — Lois des combinaisons

80. — Les notions de chimie que nous avons pu acquérir nous mettent en état d'énoncer et de comprendre un certain nombre des lois qui régissent les combinaisons.

Après avoir énoncé ces lois, nous en tirerons certaines conséquences fort utiles pour l'intelligence des faits que nous aurons à étudier par la suite.

81. Loi des poids ou loi de Lavoisier (1789). — *Le poids d'un composé est égal à la somme des poids de ses composants.*

Lavoisier, en pesant les corps mis en présence dans ses diverses expériences, démontra que les réactions chimiques sont impuissantes *à rien créer ni à rien détruire.* Nous n'observons jamais que des transformations, des changements de propriétés, sans que le poids de la matière agissante puisse être augmenté ni diminué. Ainsi le poids de l'eau est égal à la somme des poids de l'oxygène et de l'hydrogène qui s'y trouvent contenus.

Cette loi signifie que la *quantité de matière* qui se trouve dans le monde est invariable ; c'est pour cela qu'on peut l'appeler aussi : *principe de la conservation de la matière.*

82. Loi des proportions définies, ou loi de Proust (1800). — *Deux ou plusieurs corps, pour former un même composé, se combinent toujours dans les mêmes proportions.*

Si l'on chauffe un mélange de soufre pulvérisé et de limaille de fer, il se forme du *sulfure de fer.* On a du sulfure de fer pur si l'on met les deux corps dans les proportions pondérales de 7 parties de fer pour 4 de soufre. Mais si les proportions sont différentes de celle-là, on obtient du sulfure de fer *mélangé* avec un excès de celui des deux corps dont on a augmenté la proportion.

De même l'eau renferme toujours des poids d'*oxygène* et d'*hydrogène* qui sont dans le rapport do 8 à 1.

83. Loi des proportions multiples ou loi de Dalton (1808). — *Lorsque deux ou plusieurs corps se combinent en plusieurs proportions, les poids de l'un de ces corps qui s'unissent à un même poids de l'autre sont entre eux dans des rapports simples.*

Il arrive en effet souvent que deux corps simples peuvent s'unir l'un à l'autre en plusieurs proportions différentes pour former plusieurs composés différents.

Ainsi nous avons dit (42) que l'azote ne se combine pas directement à l'oxygène, mais que l'on peut obtenir cette combinaison par des procédés détournés. Il est possible alors d'obtenir *six* composés différents de l'azote et de l'oxygène. Dans ces composés, les poids d'oxygène qui sont unis à un même poids d'azote sont entre eux comme les nombres simples 1, 2, 3, 4, 5, 6. Pour un même poids d'azote, égal à 7 gr., il y a 4 gr. d'oxygène dans le premier de ces composés ; 2 fois 4 gr. dans le second ; 3 fois 4 gr. dans le troisième ; 4 fois 4 gr. dans le quatrième ; 5 fois 4 gr. dans le cinquième ; et enfin 6 fois 4 gr. dans le sixième.

84. — Ces trois lois, relatives *aux poids* selon lesquels les corps simples se combinent les uns avec les autres, sont absolument fondamentales ; nous en ferons une application constante, de tous les instants, dans l'étude de la chimie.

Il en est d'autres, tout aussi importantes, mais moins générales qui s'appliquent *aux volumes* au lieu de s'appliquer aux poids. Elles sont moins générales, parce que les lois qui s'appliquent aux volumes sont relatives seulement aux gaz et aux vapeurs, c'est-à-dire que les volumes dont il est question dans ces lois doivent être mesurés à l'état gazeux. Les lois relatives aux poids, que nous venons d'énoncer, s'appliquent au contraire à tous les corps, qu'ils soient à l'état solide, à l'état liquide ou à l'état gazeux.

85. Lois des combinaisons en volumes des gaz, ou lois de Gay-Lussac (1808). — Ces lois sont au nombre de deux et s'énoncent dans les termes suivants :

1° *Lorsque deux gaz se combinent, les volumes des composants sont entre eux dans un rapport simple.*

2° *Le volume du composé formé, mesuré à l'état gazeux, est dans un rapport simple avec la somme des volumes des composants.*

Si nous comparons ces deux énoncés à l'énoncé de la *loi des poids* et à celui de la *loi des proportions définies*, nous sommes amenés à faire deux constatations importantes.

Et tout d'abord le *poids* du composé est égal à la somme des poids des composants, tandis que le *volume* du composé, à l'état gazeux, peut être différent et est même généralement différent de la somme des volumes des gaz composants.

La seconde remarque, c'est que les *rapports de poids* suivant lesquels les corps se combinent sont invariables, mais ne présentent aucune simplicité; tandis que les *rapports des volumes* sont simples, quand les corps considérés sont à l'état gazeux.

Nous allons expliquer plus nettement encore ces lois par quelques exemples.

Occupons-nous d'abord de l'eau, dont nous avons étudié la composition par l'analyse et par la synthèse (**27, 28, 29**).

Nous avons vu que 1 gr. d'hydrogène se combine à 8 gr. d'oxygène pour former 9 gr. d'eau, c'est-à-dire un poids d'eau égal à la somme des poids de l'hydrogène et de l'oxygène. Et que 50 cc. d'hydrogène se combinent à 25 cc. d'oxygène pour former 50 cc. de vapeur d'eau, c'est-à-dire un volume de vapeur d'eau inférieur à la somme des volumes de l'hydrogène et de l'oxygène.

D'autre part les rapports de volumes sont extrêmement simples : le volume d'hydrogène est double de celui de l'oxygène; le volume de la vapeur d'eau est égal au volume de l'hydrogène. Pour les poids, au contraire, on ne trouve pas cette simplicité; le poids de l'oxygène est 8 fois plus grand que celui de l'hydrogène; sans doute il s'agit là d'un rapport qui n'est pas encore bien compliqué; mais nous en trouverons d'autres qui le seront beaucoup plus.

Ainsi quand nous étudierons l'*acide chlorhydrique*, nous verrons que c'est un composé de deux gaz, le *chlore* et l'*hydrogène*. Le *poids* du chlore y est 35 fois et demie plus grand que celui de l'hydrogène; mais si nous considérons les volumes, nous verrons que le *volume* du chlore y est *égal* à celui de l'hydrogène. Quant au volume du gaz acide chlorhydrique formé, il est ici égal à la somme des volumes des gaz simples constituants.

Dans le *gaz ammoniac*, qui est une combinaison de l'*azote* et de l'*hydrogène*, les *poids* d'hydrogène et d'azote sont dans le rapport de 3 à 14, qui n'est pas simple, tandis que les *volumes* de ces gaz sont dans le rapport de 3 à 1, qui est simple. Le *poids* du gaz ammoniac est égal à la somme des poids de l'hydrogène et de l'azote; son *volume* est égal à la moitié de la somme des volumes de l'hydrogène et de l'azote.

Nous aurons à remarquer, dans la pratique, que le volume du gaz composé est ordinairement égal à la somme des volumes des gaz composants, quand ces gaz composants se combinent à volumes égaux, comme cela a lieu dans l'acide chlorhydrique; et que le volume du gaz composé est plus petit que la somme des volumes des gaz composants, quand ces gaz composants se combinent à volumes inégaux, comme cela a lieu dans la vapeur d'eau et dans le gaz ammoniac. Le volume du gaz composé n'est jamais supérieur à la somme des volumes des composants.

II. — POIDS ET VOLUMES ATOMIQUES

86. Notations symboliques. — Nous avons vu que les *corps simples* sont en nombre restreint : on en connaît actuellement 74. Ces corps simples s'unissent les uns aux autres, en diverses proportions, pour former un nombre considérable de corps composés.

Pour abréger l'écriture, on convient de désigner chacun de ces corps simples par la première lettre de son nom. Ainsi, quand on veut écrire le nom de l'oxygène, on écrit simplement la lettre O; de même l'hydrogène s'écrit H, le charbon C. Quand plusieurs corps simples ont des noms commençant par la même lettre, on fait intervenir, à la suite de la première, une autre des lettres du nom; ainsi l'azote s'écrit Az, l'argent Ag, l'aluminium Al; de même le chlore s'écrit Cl, le cuivre Cu. Enfin, pour un petit nombre de corps simples, on emploie une lettre provenant de quelque appellation ancienne; ainsi le potassium s'écrira K, et le sodium Na.

Ces lettres par lesquelles on convient de désigner brièvement les noms des corps simples se nomment les *notations symboliques* de ces corps simples. On les apprend, sans aucun effort de mémoire, par la pratique courante.

87. Poids atomiques. — Mais les *notations symboliques* ont un autre avantage que celui d'abréger l'écriture.

Nous avons vu que les corps simples s'unissent les uns aux autres dans des *proportions définies*. Ainsi 1 gr. d'hydrogène se combine avec 8 gr. d'oxygène pour former de l'eau : 1 gr. d'hydrogène se combine avec 35^{gr},5 de chlore pour former de l'acide chlorhydrique ; 1 gr. d'hydrogène se combine avec 16 gr. de soufre pour former de l'acide sulfhydrique.

Pour cela, on attribue à chaque symbole une valeur numérique pondérale qu'on nomme son poids atomique.

De telle sorte que, lorsqu'on écrit la lettre symbolique de l'oxygène O, on n'entend pas seulement dire qu'on a de l'oxygène, mais qu'on en a une quantité précisément égale à la valeur numérique qui a été attribuée à ce symbole.

La liste ci-dessous, qui renferme seulement le nom des corps simples les plus importants, indique, pour chacun d'eux la *notation symbolique*, et la *valeur du poids atomique*, c'est-à-dire la valeur numérique, pondérale, qui est attribuée à ce symbole.

Dans les calculs numériques, ces *poids atomiques* représentent ordinairement des grammes, mais il va de soi qu'ils peuvent représenter tout aussi bien des centigrammes, des kilogrammes, pourvu que l'unité adoptée soit la même pour tous les corps simples qui interviennent dans le calcul.

Aluminium	Al	= 27,5	Iode	I	= 127
Antimoine	Sb	= 120	Iridium	Ir	= 193,2
Argent	Ag	= 108	Magnésium	Mg	= 24
Arsenic	As	= 75	Manganèse	Mn	= 55
Azote	Az	= 14	Mercure	Hg	= 200
Baryum	Ba	= 137	Nickel	Ni	= 59
Bismuth	Bi	= 210	Or	Au	= 197
Bore	Bo	= 11	Oxygène	O	= 16
Brome	Br	= 80	Phosphore	P	= 31
Calcium	Ca	= 40	Platine	Pt	= 197
Carbone	C	= 12	Plomb	Pb	= 207
Chlore	Cl	= 35,5	Potassium	K	= 39
Chrome	Cr	= 52,5	Sélénium	Se	= 79
Cobalt	Co	= 59	Silicium	Si	= 28
Cuivre	Cu	= 63,5	Sodium	Na	= 23
Étain	Sn	= 118	Soufre	S	= 32
Fer	Fe	= 56	Strontium	Sr	= 87,5
Fluor	F	= 19	Tellure	Te	= 128
Hydrogène	H	= 1	Zinc	Zn	= 65

Remarquons d'ailleurs que la valeur numérique attribuée à chaque symbole n'est pas arbitraire. Elle résulte des proportions mêmes dans lesquels les corps simples se combinent entre eux, conformément à la *loi des proportions définies*.

Ainsi nous avons vu que l'acide chlorhydrique résulte de la combinaison de l'hydrogène avec le chlore, et que, dans cet acide, le poids du chlore est 35 fois et demie plus grand que celui de l'hydrogène. Il est donc naturel d'attribuer au symbole Cl du chlore une signification pondérale 35 fois et demie plus grande que la signification pondérale attribuée au symbole H de l'hydrogène.

Comme l'hydrogène est le plus léger des corps connus, que, dans tous les composés connus, le poids de l'hydrogène est toujours plus petit que le poids des autres corps simples avec lesquels on le combine, on est convenu de représenter le symbole de l'hydrogène par le plus petit poids, c'est-à-dire par l'unité de poids. On a donc posé H = 1. Et alors les symboles des autres corps simples sont les poids de ces corps simples qui se combinent à un gramme d'hydrogène, ou à un multiple simple d'un gramme d'hydrogène, conformément à la *loi des proportions multiples* (**82**).

Nous pouvons donc donner des poids atomiques des corps simples la définition suivante :

Les poids atomiques des corps simples sont les poids proportionnellement auxquels ces corps simples se combinent entre eux, conformément à la loi des proportions définies et à la loi des proportions multiples. Ces poids ont été fixés en partant du poids de l'hydrogène pris pour unité, et ils sont représentés chacun, dans l'écriture, par la notation symbolique du corps correspondant.

88. Notations symboliques des corps composés. — La notation symbolique des corps composés se fait à l'aide des symboles attribués aux corps simples constituants.

Nous venons de dire que l'acide chlorhydrique renferme un poids de chlore 35 fois et demie plus grand que celui de l'hydrogène. Or, notre tableau des poids atomiques nous montre que l'on a H = 1 et Cl = 35,5 ; on écrira donc la *formule* de l'acide chlorhydrique ClH, indiquant ainsi que 35^{gr},5 de chlore (représentés par le symbole Cl), se combinent à 1 gr. d'hydrogène (représenté par le symbole H), pour donner 36^{gr},5 d'acide chlorhydrique (représenté par la formule ClH).

De même nous savons que l'eau renferme un poids d'oxygène 8 fois plus grand que celui de l'hydrogène. Or notre tableau des poids atomiques nous montre que l'on a H = 1 et O = 16 ; il y a donc dans l'eau, pour un poids d'hydrogène correspondant à son symbole H, un poids d'oxygène correspondant à la moitié de son symbole O ; ou, en prenant une quantité d'eau deux fois plus grande, nous avons, pour deux symboles d'hydrogène 2 H, un symbole d'oxygène O. On va donc écrire la formule (2H) O, ou, plus simplement H^{2}O, cet exposant 2, placé au-dessus du symbole de l'hydrogène, indiquant qu'il y à un poids d'hydrogène égal à 2 fois son poids atomique.

De là la règle très simple suivante : *On écrit la formule d'un corps composé en écrivant, les uns à la suite des autres, les symboles des corps simples constituants. On accompagne ces symboles d'exposants numériques indiquant combien il entre, dans le corps composé, de poids atomiques de chacun des éléments constituants.*

89. Poids moléculaires des corps composés. — La première loi des combinaisons en poids, ou loi de Lavoisier, nous apprend que le poids d'un composé est égal à la somme des poids de ses composants.

Il en résulte que la formule symbolique d'un composé représente un poids déterminé de ce composé, de même que le symbole d'un élément représente un poids déterminé de cet élément.

Ainsi la formule de l'eau H^2O indique que l'eau renferme 2 unités de poids (par exemple 2 gr.) d'hydrogène, et 16 unités de poids (16 gr.) d'oxygène. Et, d'après la loi de Lavoisier, le poids d'eau correspondant à cette formule est de $2 + 16 = 18$ unités de poids (18 gr.).

Donc, quand on connaît la formule d'un corps composé, on obtient *le poids du composé correspondant à cette formule en faisant la somme des poids des corps simples constituants.* Ce poids du composé, correspondant à sa formule, se nomme son *poids moléculaire.*

Nous pouvons donc donner la définition pratique suivante : *le poids moléculaire d'un composé est le poids de ce composé qui correspond à sa formule symbolique.*

90. Applications numériques. — 1° *Sachant que la formule de l'acide sulfurique est SO^4H^2, calculer le poids moléculaire de ce composé.*

Le tableau des poids atomiques nous montre que l'on a $S = 32$; $O = 16$; $H = 1$. Dans l'acide sulfurique il y a un poids atomique de soufre, pesant 32; plus 4 poids atomiques d'oxygène, pesant $4 \times 16 = 64$; et 2 poids atomiques d'hydrogène, pesant $2 \times 1 = 2$. Le poids moléculaire de l'acide sulfurique est $32 + 64 + 2 = 98$ unités de poids (par exemple 98 gr.).

2° *Combien y a-t-il d'azote dans 63 gr. de gaz ammoniac dont la formule est AzH^3 ?*

Le tableau des poids atomiques nous montre que le poids moléculaire du gaz ammoniac est $14 + 3 = 17$. Il faut donc prendre 17 gr. de ce gaz pour qu'il s'y trouve 14 gr. d'azote ;

dans 1 gr. d'ammoniac, il y a $\frac{14}{17}$ gr. d'azote, et dans 63 gr. il y en a $\frac{14 \times 63}{17} = 52^{gr},4$. Il y a $52^{gr},4$ d'azote dans 63 gr. de gaz ammoniac.

3° *On fait brûler 15 litres d'hydrogène ; combien se forme-t-il d'eau ?*

Cinq litres d'hydrogène pèsent (11) $0,0695 \times 1^{gr},293 \times 15 = 1^{gr},348$. Le poids de l'eau est 9 fois plus grand que celui de l'hydrogène ; il est donc de $9 \times 1^{gr},348 = 12^{gr},132$.

4° *Quel volume d'hydrogène faut-il faire brûler pour obtenir 25 gr. d'eau ?*

Le poids de l'hydrogène est 9 fois moins grand que celui de l'eau. Il faut donc brûler un poids d'hydrogène égal à $\frac{25}{9}$ grammes. D'autre part 1 litre d'hydrogène pèse $0,0695 \times 1^{gr},293$; le volume d'hydrogène à brûler est donc

$$\frac{25}{9} : 0,0695 \times 1,293 = 31 \text{ litres.}$$

91. Notations symboliques des réactions chimiques. — On dit qu'il se produit une réaction chimique quand des corps simples se combinent pour former un corps composé, ou qu'un corps composé se transforme de façon à donner naissance à d'autres corps, simples ou composés.

Ainsi le *chlorate de potassium*, chauffé, fournit un dégagement d'*oxygène*, et laisse un résidu de *chlorure de potassium* (10). Cette décomposition du chlorate de potassium sous l'influence de la chaleur est une *réaction chimique*.

Nous allons indiquer comment on peut l'écrire rapidement, en employant les notations symboliques.

Le *chlorate de potassium* est un composé de chlore Cl, d'oxygène O, et de potassium K, dont la formule est ClO^3K ; le *chlorure de potassium* est un composé de chlore Cl, et de potassium K dont la formule est ClK. On écrit alors la réaction de la façon suivante :

$$ClO^3K = ClK + O,$$

ce qui signifie : le *chlorate de potassium*, en se décomposant, a donné du chlorure de potassium et de l'oxygène. On a ainsi une égalité chimique analogue à une égalité algébrique.

Mais, telle que nous l'avons écrite, cette égalité n'est pas complète ; il y manque d'abord l'indication des circonstances expérimentales dans lesquelles elle est vraie. En effet, le chlorate de potassium ne se décompose pas de lui-même en chlorure de potassium et oxygène. Il ne se décompose que dans certaines circonstances : *il faut le chauffer.* Si on le chauffe, l'égalité que nous avons écrite est vraie ; si on ne le chauffe pas, elle n'est pas vraie.

De là la règle suivante : *on ne doit jamais écrire une égalité chimique sans indiquer dans quelles circonstances expérimentales se produit la réaction qu'elle symbolise.*

Il y a une autre condition. La loi des poids, ou loi de Lavoisier, nous indique que le poids d'un composé est toujours égal à la somme des poids des composants ; ou bien que nous ne pouvons que transformer la matière, sans en créer ni en détruire jamais la plus petite parcelle. Nous devons donc, dans toute égalité chimique, trouver dans chacun des deux membres la même quantité de chacun des corps simples constituants.

Dans le premier membre nous avons un poids atomique de chlore : nous devons le retrouver dans le second ; nous avons un poids atomique de potassium : nous devons le retrouver dans le second ; nous avons trois poids atomiques d'oxygène : nous devons les retrouver dans le second.

Et dès lors notre formule, définitivement rectifiée, et dorénavant exacte, doit s'écrire :

$$ClO^5K = ClK + 3O,$$

et être suivie de l'indication suivante : *quand on chauffe un peu fortement.*

La préparation de l'hydrogène peut également être symbolisée par une équation chimique. *L'acide sulfurique* SO^4H^2, agissant sur le *zinc*, par simple contact à la température ordinaire, fournit un dégagement d'*hydrogène*, et laisse un résidu de *sulfate de zinc* qui a pour formule SO^4Zn. Nous écrirons donc

$$SO^4H^2 + Zn = SO^4Zn + 2H,$$

en ajoutant que la réaction a lieu à froid, par simple contact.

De même encore pour les diverses combustions que nous avons indiquées. La combustion du phosphore, par exemple, donne naissance à de l'anhydride phosphorique, dont la formule est P^2O^5. On a donc

$$2P + 5O = P^2O^5,$$

en ajoutant que la réaction a lieu quand on enflamme le phosphore au contact de l'air ou de l'oxygène.

92. Applications numériques. — *1° Quel volume d'oxygène se dégage quand on décompose par la chaleur 100 gr. de chlorate de potassium ?*

En consultant le tableau des poids atomiques, et appliquant la règle du § 89, nous voyons que le poids moléculaire du chlorate de potassium est $35,5 + 3 \times 16 + 39 = 122,5$ et, dès lors l'équation

$$ClO^3K = ClK + 3O,$$

nous indique que $122^{gr},5$ de chlorate de potassium fournissent, quand on les décompose par la chaleur, 48 gr. d'oxygène. Un gramme en fournirait $\dfrac{48}{122,5}$ et 100 gr. en fourniraient $\dfrac{48}{122,5} \times 100$. D'autre part le poids d'un litre d'oxygène est $1,105 \times 1^{gr},293$. Le volume d'oxygène obtenu est donc

$$\frac{48}{122,5} \times 100 : [1,105 \times 1,293] = 27 \text{ litres.}$$

2° Quel poids de zinc faut-il traiter par l'acide sulfurique pour obtenir 16 litres d'hydrogène ?

La réaction de préparation de l'hydrogène est

$$SO^4H^2 + Zn = SO^4Zn + 2H.$$

Elle nous montre qu'un poids atomique de zinc, pesant 65 gr. donne 2 gr. d'hydrogène.

Nous voulons obtenir 16 litres d'hydrogène, qui pèsent $0,0695 \times 1^{gr},293 \times 16$. Une simple règle de trois nous indique que le poids de zinc à prendre est

$$\frac{65}{2} \times 0,0695 \times 1,293 \times 16 = 46^{gr},8.$$

93. Révision de quelques réactions. — Nous allons appliquer les principes précédents à la révision des principales réactions chimiques étudiées dans la première partie de ces Leçons de Chimie.

1. — Sous l'action de la chaleur, le *soufre* se combine au *fer* pour donner le *sulfure de fer*.

$$S + Fe = SFe.$$

2. — Sous l'influence du courant électrique, l'eau est décomposée en *oxygène* et *hydrogène*

$$H^2O = 2H + O.$$

3. — Le *soufre*, le *phosphore*, le *charbon* brûlent dans l'oxygène pour donner l'anhydride *sulfureux* SO^2, l'anhydride *phosphorique* P^2O^5, l'anhydride *carbonique* CO^2

$$S + 2O + SO^2,$$
$$2P + 5O = P^2O^5,$$
$$C + 2O = CO^2.$$

4. — L'*hydrogène*, passant sur l'*oxyde de cuivre* chauffé au rouge, le réduit, avec production d'*eau* et de *cuivre*

$$CuO + 2H = Cu + H^2O.$$

5. — L'*eau* renfermant en dissolution du carbonate *acide de calcium* $(CO^3)^2H^2Ca$, se trouble par l'ébullition, par suite de la décomposition du carbonate acide en *carbonate neutre* CO^3Ca insoluble, en *eau* et *anhydride carbonique*

$$(CO^3)^2H^2Ca = CO^3Ca + H^2O + CO^2.$$

6. — Une eau renfermant un sulfate, tel que le *sulfate de calcium* SO^4Ca, se trouble sous l'action du *chlorure de baryum* Cl^2Ba, par suite de la formation de *chlorure de calcium* Cl^2Ca, soluble, et de *sulfate de baryum* SO^4Ba, insoluble,

$$SO^4Ca + Cl^2Ba = SO^4Ba + Cl^2Ca.$$

7. — Une eau renfermant un chlorure, tel que le *chlorure de calcium*, se trouble sous l'action de l'*azotate d'argent* AzO^3Ag, par suite de la formation d'*azotate de calcium* soluble et de *chlorure d'argent* insoluble,

$$Cl^2Ca + 2AzO^3Ag = 2Cl\,Ag + (Az\,O^3)^2\,Ca.$$

8. — Au rouge, la vapeur d'*eau* est décomposée par le *charbon*, avec production d'*hydrogène*, d'*oxyde de carbone* et de *gaz carbonique*,

$$2H^2O + C = 4H + CO^2$$
$$H^2O + C = 2H + CO.$$

9. — Divers oxydes métalliques sont décomposés par le *charbon*, avec production d'oxyde de carbone ou de gaz carbonique,

$$2CuO + C = 2Cu + CO^2$$
$$ZnO + C = Zn + CO.$$

10. — On prépare l'*oxyde de carbone* en décomposant le *gaz carbonique* par le *charbon*, au rouge

$$CO^2 + C = 2CO.$$

11. — On prépare le gaz carbonique en décomposant le carbonate de calcium CO^3Ca, par l'acide *sulfurique* SO^4H^2, ou l'acide *chlorhydrique* $Cl\,H$; il se forme du sulfate de *calcium* SO^4Ca ou du chlorure de calcium Cl^2Ca.

$$CO^3Ca + SO^4H^2 = SO^4Ca + H^2O + CO^2,$$
$$CO^3Ca + 2ClH = Cl^2Ca + H^2O + CO^2.$$

94. Volume atomique des gaz simples. — Le poids atomique de l'oxygène est 16. Calculons le volume occupé par 16 gr. d'oxygène. Il est égal à

$$\frac{16}{1,105 \times 1,293} = 11^l,19.$$

Le poids atomique de l'hydrogène est 1. Calculons le volume occupé par 1 gr. d'hydrogène. Il est égal à

$$\frac{1}{0,071 \times 1,293} = 11^l,12.$$

Le poids atomique de l'azote est 14. Calculons le volume occupé par 14 gr. d'azote. Il est égal à

$$\frac{14}{0,071 \times 1,293} = 11^l,14.$$

Ces trois volumes sont à peu près exactement égaux entre eux. Si nous connaissions la densité du gaz *chlore*, la densité de la *vapeur d'iode*, la densité de la *vapeur de soufre*, il nous serait facile de calculer de même le volume occupé à l'état *gazeux* pour un poids atomique de chlore, d'iode ou de soufre. Et nous trouverions toujours la même valeur, un peu supérieure à 11 litres. Il n'y aurait d'exception que pour la vapeur de phosphore, pour laquelle nous trouverions un nombre exactement deux fois moindre.

Ceci nous conduit à la règle suivante, extrêmement simple : *pour tous les corps simples considérés à l'état de gaz ou de vapeur, le volume occupé par le poids atomique est le même, égal à* $11^l,14$ *(excepté pour le phosphore, où il est deux fois moindre).*

Ce volume $11^l,14$ correspondant au poids atomique se nomme le *volume atomique : On nomme volume atomique d'un gaz simple, le volume occupé par le poids atomique ; ce volume est toujours égal à* $11^l,14$ *(pour la vapeur de phosphore* $5^l,57$*).*

Cette égalité des volumes atomiques nous fait comprendre pourquoi les gaz se combinent toujours dans des rapports de volumes simples, comme l'indique la première loi de Gay-Lussac.

95. Volumes moléculaires des gaz composés. — La formule du gaz *acide chlorhydrique* est ClH ; son *poids moléculaire* est donc $35,5 + 1 = 36,5$. D'autre part la densité de ce gaz est $1,247$. Calculons le volume occupé par $36^{gr},5$ d'acide chlorhydrique. Il est égal à

$$\frac{36,5}{1,247 \times 1,203} = 22^l,28,$$

volume double de celui occupé par le poids atomique des gaz simples.

Si nous calculions de même le volume occupé par un poids moléculaire de gaz ammoniac, ou de gaz acide sulfhydrique, ou de gaz anhydride sulfureux... nous trouverions toujours le même nombre.

De là une seconde règle à ajouter à celle du paragraphe précédent. *Pour tous les gaz composés, le volume occupé par le poids moléculaire est le même, égal à 22^l28, qui est le double du volume occupé par les poids atomiques des gaz simples.*

96. Applications des règles relatives aux volumes. — Ces règles, une fois bien comprises, vont nous permettre d'obtenir immédiatement, sans aucun effort de mémoire, la composition en volumes, aussi bien qu'en poids, de tous les gaz composés dont on connaît la formule. On n'appliquera ces règles, bien entendu, qu'aux corps composés gazeux, ou volatils, c'est-à-dire susceptibles de prendre l'état gazeux.

Le gaz ammoniac a pour formule AzH^3. Quelle est sa composition en poids, quelle est sa composition en volumes?

En poids : un poids moléculaire de gaz ammoniac renferme 14 gr. d'azote et 3 gr. d'hydrogène, formant 17 gr. du composé.

En volumes : un poids moléculaire de gaz ammoniac renferme $11^l,14$ d'azote, et $3 \times 11,14 = 33^l,42$ d'hydrogène, formant $22^l,28$ du composé.

Nous ferions de même pour tout autre gaz composé.

On peut d'ailleurs obtenir une simplification plus grande encore en remarquant que les rapports que présentent les volumes entre eux sont plus intéressants à considérer que les volumes eux-mêmes.

En effet : $22^l,28$ de gaz ammoniac renferment $11^l,14$ d'azote, et $3 \times 11,14$ d'hydrogène, donc 1 litre de gaz ammoniac renferme $\frac{11,14}{22,28}$ d'azote et $\frac{3 \times 11,14}{22,28}$ d'hydrogène, et 2 litres de gaz ammoniac renferment

$$\frac{11,14 \times 2}{22,28} = 1 \text{ litre d'azote,}$$

et

$$\frac{3 \times 11,14 \times 2}{22,28} = 3 \text{ litres d'hydrogène.}$$

Nous pouvons donc dire que la formule AzH³ représente 1 volume d'azote, et 3 volumes d'hydrogène, formant 2 volumes du composé. Et la règle précédente se simplifie de la façon suivante :

Pour tous les gaz simples on peut prendre pour unité le volume correspondant au symbole du gaz (excepté pour le phosphore, où le volume est 2 fois moindre). Et, dès lors, pour tous les gaz composés, le volume correspondant à la formule est égal à 2.

Ainsi la formule de l'eau est H²O. Elle nous indique que 22¹,28 d'hydrogène se combinent à 11¹,14 d'oxygène pour former 22¹,28 de vapeur d'eau ; elle nous indique plus simplement encore que 2 litres d'hydrogène se combinent à 1 litre d'oxygène pour former deux litres de vapeur d'eau.

Toutes ces règles sont *fondamentales*. Il est indispensable de les comprendre, de les savoir, et de pouvoir les appliquer constamment, sans aucune hésitation.

97. Comment on peut calculer la densité des gaz simples et composés. — Tout ce qui précède montre quel rôle joue la densité à l'état gazeux dans les calculs numériques. Il est donc indispensable de connaître les densités des gaz.

Mais il est inutile de les apprendre par cœur ; on peut les calculer en faisant intervenir les règles précédentes.

1° *Calculer la densité d'un gaz simple.* — 11¹,14 d'hydrogène pèsent 1 gr. ; 11¹,14 d'oxygène pèsent 16 gr. Donc, sous le même volume, l'oxygène est 16 fois plus lourd que l'hydrogène. Par suite, la densité de l'oxygène est 16 fois plus grande que celle de l'hydrogène.

Ce raisonnement s'appliquerait de la même façon à tout autre gaz simple.

Donc : la densité d'un gaz simple est égale au poids atomique de ce gaz simple, multiplié par la densité de l'hydrogène ; pour le phosphore il faut doubler le poids atomique.

2° *Calculer la densité d'un gaz composé :* 22¹,28 d'hydrogène pèsent 2 gr. ; 22¹,28 d'acide chlorhydrique pèsent

36^{gr},5. Donc, sous le même volume, l'acide chlorhydrique est $\frac{36,5}{2}$ fois plus lourd que l'hydrogène. Par suite la densité de l'acide chlorhydrique est $\frac{36,5}{2}$ fois plus grande que celle de l'hydrogène.

Ce raisonnement s'appliquerait de la même façon à tout autre gaz composé.

Donc : *la densité d'un gaz composé est égale à la moitié du poids moléculaire de ce gaz composé, multipliée par la densité de l'hydrogène.*

Nous n'aurons donc à apprendre par cœur que la densité de l'hydrogène ; toutes les autres densités s'en déduisent par des calculs extrêmement simples.

RÉSUMÉ

1. *Loi des poids.* — Le poids d'un composé est égal à la somme des poids de ses composants.

Loi des proportions définies. — Deux ou plusieurs corps, pour former un même composé, se combinent toujours dans les mêmes proportions.

Loi des proportions multiples. — Lorsque deux ou plusieurs corps se combinent en plusieurs proportions, les poids de l'un de ces corps qui s'unissent à un même poids de l'autre sont entre eux dans des rapports simples.

Loi des combinaisons en volume des gaz. — Lorsque deux gaz se combinent, les volumes des composants sont entre eux dans un rapport simple.

Le volume du composé formé, mesuré à l'état gazeux, est dans un rapport simple avec la somme des volumes des composants.

2. — Dans l'écriture chimique, on convient de désigner chaque corps simple par une lettre, qui est ordinairement la première lettre de son nom. Ces lettres se nomment les *notations symboliques* des corps simples.

3. — En outre on attribue à chaque symbole une valeur numérique, pondérale, qu'on nomme son *poids atomique*.

Les poids atomiques des corps simples sont les poids proportionnellement auxquels ces corps simples se combinent entre eux, conformément à la loi des proportions définies et à la loi des proportions multiples. Ces poids ont été fixés en partant du poids de l'hydrogène pris pour unité.

4. — On écrit la formule d'un corps composé en écrivant, les uns à la suite des autres, les symboles des corps simples constituants. On accompagne ces symboles d'exposants numériques indiquant combien il entre, dans le corps composé, de poids atomique de chacun des éléments constituants.

Le poids moléculaire d'un composé est le poids de ce composé qui correspond à sa formule symbolique.

5. — Les notations symboliques des corps simples, les formules symboliques des corps composés permettent d'obtenir rapidement les notations symboliques des *réactions chimiques*.

On ne doit jamais écrire une égalité chimique sans indiquer dans quelles circonstances expérimentales se produit la réaction qu'elle symbolise.

En outre, dans toute égalité chimique, on doit trouver dans les deux membres la même quantité de chacun des corps simples constituants.

6. — On nomme volume atomique d'un gaz simple, le volume occupé par le poids atomique; ce volume est toujours égal à $11^l,14$ (pour la vapeur de phosphore $5^l,57$).

Pour tous les gaz composés, le volume occupé par le poids moléculaire est le même, égal à $22^l,28$, qui est le double du volume occupé par les poids atomiques des gaz simples.

7. — Comme simplification : pour tous les gaz simples, on peut prendre pour unité le volume correspondant au symbole du gaz (excepté pour le phosphore, où le volume est 2 fois moindre). Et, dès lors, pour tous les gaz composés, le volume correspondant à la formule est égale à 2.

8. — La densité d'un gaz simple est égale au poids atomique de ce gaz simple, multiplié par la densité de l'hydrogène; pour le phosphore, il faut doubler le poids atomique.

La densité d'un gaz composé est égale à la moitié du poids moléculaire de ce gaz composé, multiplié par la densité de l'hydrogène.

V

NOMENCLATURE CHIMIQUE

I. — MÉTALLOÏDES ET MÉTAUX

98. Origine de la nomenclature. — Jusqu'à la fin du xviiie siècle, les chimistes désignaient les divers corps par des noms absolument arbitraires, variant d'un pays à l'autre. Il en résultait une extrême confusion du langage. Guyton de Morveau eut, le premier, l'idée d'établir des règles précises pour la formation des noms des composés. Sur sa proposition, l'Académie des sciences nomma une commission de quatre membres : Guyton de Morveau, Lavoisier, Fourcroy et Berthollet, qui établirent, en 1787, la *nomenclature* encore universellement adoptée.

Tout au plus cette nomenclature a-t-elle reçu, depuis son origine, quelques modifications nécessitées par les progrès de la science.

99. Nomenclature des corps simples. — Les noms donnés aux corps simples restent complètement arbitraires. Pour tous ceux qui étaient connus avant 1787, les noms sont restés les noms anciens. Ceux découverts depuis cette époque ont été généralement nommés, sans règle aucune, par les savants qui les ont isolés les premiers.

Très souvent le nom adopté a son origine dans une des propriétés caractéristiques du corps. Ainsi le nom de l'*oxygène* vient de deux mots grecs qui signifient : *j'engendre les acides* ; le nom de l'*azote* vient de deux mots grecs qui signifient : *sans vie*, allusion à ce fait que l'azote ne peut entretenir la respiration, ni par suite la vie de l'homme ; le nom de l'*hydrogène* vient de deux mots grecs qui signifient : *j'engendre l'eau* ; le nom du *chlore* vient d'un mot grec qui signifie *jaune verdâtre*, désignant ainsi la couleur du chlore.

Nous avons donné plus haut la liste des principaux corps simples actuellement connus.

100. Acides, bases. — Les divers composés se distinguent les uns des autres par un grand nombre de propriétés. Mais on peut les rapprocher de telle manière que les composés placés dans un même groupe présentent un ensemble de propriétés communes caractérisant ce qu'on nomme la *fonction chimique* du groupe.

Nous avons à définir d'abord deux groupes importants.

DÉFINITION DES ACIDES. — *On nomme acide un composé hydrogéné dont l'hydrogène peut être, dans des circonstances convenables, remplacé plus ou moins complètement par un métal, pour donner naissance à un composé nouveau, qu'on nomme un sel.*

Au point de vue physique, les acides ont généralement une saveur aigre, analogue à celle du vinaigre.

Ils ont en outre la propriété de rougir une matière colorante bleue nommée la *teinture de tournesol*.

Nous avons déjà eu l'occasion de citer un certain nombre d'acides, et même de donner la formule de quelques-uns : *acide chlorhydrique* CIH, acide sulfhydrique SH^2, *acide sulfurique* SO^4H^2, *acide azotique* AzO^3H.

DÉFINITION DES BASES. — *On nomme base un composé hydrogéné qui a la propriété de réagir sur les acides pour donner naissance à des sels et à de l'eau. Outre l'hydrogène, une base renferme toujours de l'oxygène et un métal.*

Au point de vue physique, les bases sont douées d'une saveur caustique, astringente, très différente de celle des acides.

Elles ont en outre la propriété de ramener au bleu la *teinture tournesol* préalablement rougie par l'action d'un acide.

Nous pouvons donner comme exemple la *potasse caustique* KOH, la *soude caustique* $NaOH$ et la *chaux éteinte* CaO^2H^2. —

101. Métalloïdes, métaux. — La considération des *acides* et des *bases*, ainsi que l'examen des propriétés physiques, ont permis de diviser les corps simples en deux grandes catégories : *métalloïdes* et *métaux*.

Les *métalloïdes*, au nombre de 13, ont en général peu d'éclat ; ils conduisent mal la chaleur et l'électricité. Ils ne sont pas *ductiles*, c'est-à-dire qu'ils ne peuvent pas se réduire en fils en passant à travers les trous d'une filière ; ils ne sont pas *malléables*, c'est-à-dire qu'ils ne peuvent pas se réduire en lames minces ni par l'action du marteau, ni par l'action du laminoir.

Au point de vue chimique, les métalloïdes n'entrent jamais

dans la constitution des bases. Ce dernier caractère est le plus important.

Les *métaux*, au nombre de 59, ont un éclat particulier, appelé éclat métallique ; ils conduisent bien la chaleur et l'électricité ; ils sont généralement ductibles et malléables.

Au point de vue chimique, chaque métal entre toujours dans la constitution d'au moins une base.

Les 15 métalloïdes sont les suivants, rangés par ordre alphabétique :

Arsenic.	Chlore.	Phosphore.
Azote.	Fluor.	Sélénium.
Bore.	Hydrogène.	Silicium.
Brome.	Iode.	Soufre.
Carbone.	Oxygène.	Tellure.

Les principaux métaux, également rangés par ordre alphabétique, sont les suivants :

Aluminium.	Cuivre.	Or.
Antimoine.	Étain.	Platine.
Argent.	Fer.	Plomb.
Baryum.	Iridium.	Potassium.
Bismuth.	Magnésium.	Sodium.
Calcium.	Manganèse.	Strontium.
Chrome.	Mercure.	Zinc.
Cobalt.	Nickel.	

Nous n'aurons à étudier qu'un petit nombre de ces éléments.

102. Sels. — On nomme *sel* un *composé qui résulte du remplacement total ou partiel de l'hydrogène d'un acide par un métal.*

Ainsi, à l'*acide sulfurique* SO^4H^2 correspondent deux *sels de potassium.* L'un résulte de la *substitution totale* du potassium à l'hydrogène : SO^4K^2. Ce sel se nomme le *sulfate neutre de potassium.* Le mot *neutre* signifie que le sel SO^4K^2, *ne renfermant plus d'hydrogène,* ne possède plus, à aucun degré, les propriétés caractéristiques des acides. L'autre sel de potassium résulte de la *substitution partielle* du potassium à l'hydrogène : SO^4KH. Ce sel se nomme le *sulfate acide de potassium.* Ce mot *acide* signifie que le sel SO^4KH, renfermant encore de l'hydrogène, possède encore la propriété caractéristique des acides. En d'autres termes, c'est déjà un sel, puisque de l'hydrogène a été remplacé par un métal, mais c'est encore un acide, puisqu'il reste encore de l'hydrogène susceptible d'être remplacé par un métal.

L'*acide chlorhydrique* ClH donne aussi un sel quand son hydrogène est remplacé par le potassium. Ce sel ClK, se nomme le *chlorure de potassium*. Ici la substitution est nécessairement complète, puisqu'il n'y a dans l'acide chlorhydrique qu'un seul poids atomique d'hydrogène.

Dans les pages suivantes nous emploierons souvent, pour l'abréger, le mot *atome* au lieu du mot *poids atomique*. Nous dirons un atome d'hydrogène, de chlore, au lieu de dire un poids atomique d'hydrogène, de chlore.

103. Circonstances de production des sels. — Un sel peut prendre naissance dans plusieurs réactions diverses. Les deux plus importantes sont les suivantes.

Ou bien un acide réagit directement sur un métal. Alors le métal chasse l'hydrogène de l'acide et prend sa place. C'est ce que nous avons vu, dans la préparation de l'hydrogène (15). Le *zinc*, arrosé d'*acide sulfurique* étendu d'eau, a fourni un dégagement d'hydrogène, et a donné naissance à un sel, le *sulfate de zinc*,

$$SO^4H^2 + Zn = SO^4Zn + 2H,$$

par simple contact, à froid.

L'*acide chlorhydrique* ClH se serait comporté de même; il aurait fourni un dégagement d'hydrogène, et donné naissance à un sel, le *chlorure de zinc*,

$$2ClH + Zn = Cl^2Zn + 2H,$$

par simple contact à froid.

La seconde circonstance de production des sels est la suivante : *Un acide réagit sur une base*. Alors il y a double décomposition, l'acide perdant son hydrogène, la base perdant son métal. On peut dire qu'il y a eu *échange* entre l'*hydrogène* de l'acide et le *métal* de la base. Ainsi l'acide sulfurique SO^4H^2 et la potasse caustique KOH, mis en présence, se décomposent mutuellement : il se forme un sel SO^4K^2, qui est le *sulfate de potassium*, et la potasse se transforme en eau H^2O, par suite du remplacement de son métal par l'hydrogène.

$$SO^4H^2 + 2KOH = SO^4K^2 + 2H^2O,$$

par simple contact, à froid.

104. Valence des métaux. — Dans les substitutions qui se produisent ainsi, le remplacement de l'hydrogène de l'acide a lieu suivant des proportions qui ne sont pas les mêmes pour tous les métaux.

Dans les exemples du paragraphe précédent, partant de l'acide sulfurique SO^4H^2, nous avons attribué au *sulfate de potassium* la formule SO^4K^2, et au *sulfate de zinc* la formule SO^4Zn.

Donc le potassium se substitue à l'hydrogène dans la proportion de 1 poids atomique du métal remplaçant 1 poids atomique d'hydrogène ou 2 poids atomiques du métal remplaçant 2 poids atomiques d'hydrogène.

Le zinc, au contraire, se substitue à l'hydrogène dans la proportion de 1 poids atomique du métal remplaçant 2 poids atomiques d'hydrogène.

On dit qu'un métal est *monovalent* lorsque, dans sa substitution à l'hydrogène, à chaque atome d'hydrogène se substitue un seul atome de métal.

On dit qu'un métal est *bivalent* lorsque, dans sa substitution à l'hydrogène, à deux atomes d'hydrogène se substitue un seul atome du métal.

Trois métaux seulement sont *monovalents*, dont il faut absolument retenir les noms : *potassium* K, *sodium* Na, *argent* Ag. Tous ceux des autres métaux dont nous aurons à nous occuper sont *bivalents*.

D'après cela nous voyons que l'acide sulfurique SO^4H^2 conduit au sulfate de potassium SO^4K^2, au sulfate d'argent SO^4Ag^2 d'une part, au sulfate de cuivre SO^4Cu, au sulfate de zinc SO^4Zn, d'autre part.

L'*acide azotique* a une formule AzO^3H qui ne renferme qu'un seul atome d'hydrogène. Si cet atome d'hydrogène est remplacé par du *potassium* nous avons l'*azotate de potassium* AzO^3K. Si l'hydrogène de l'acide azotique était remplacé par le cuivre pour former l'*azotate de cuivre*, il faudrait remplacer deux atomes d'hydrogène par un atome de cuivre ; nous devons donc doubler la formule de l'acide azotique, pour qu'elle renferme deux atomes d'hydrogène. Ainsi doublée, cette formule devient $(AzO^3)^2H^2$, et l'azotate de cuivre s'écrit $(AzO^3)^2Cu$.

De même l'*acide chlorhydrique* ClH conduit au *chlorure de potassium* ClK ; et, doublée, elle conduit au *chlorure de cuivre* Cl^2Cu.

II. — RÈGLES DE LA NOMENCLATURE

105. Les deux groupes de règles de la nomenclature. — Frappé du rôle considérable que joue l'oxygène dans les combustions et la respiration, Lavoisier crut que ce corps occupait une place à part dans la nature, et qu'il ne se comportait pas comme les autres; aussi établit-il une nomenclature spéciale pour les composés qui renferment de l'oxygène.

En réalité des règles uniformes, s'appliquant à tous les corps seraient préférables. Mais les règles établies par Lavoisier sont encore en vigueur, modifiées seulement en quelques points secondaires.

Nous avons donc à indiquer les règles relatives aux composés qui renferment de l'oxygène, et celles relatives aux composés qui n'en renferment pas.

106. Nomenclature des composés oxygénés binaires. — On nomme *composés oxygénés binaires* les composés renfermant de l'oxygène, uni à un autre corps. Ces composés ont reçu le nom général d'*oxydes*, pour indiquer qu'ils renferment de l'*oxygène*.

Nous distinguerons trois catégories d'oxydes.

107. Oxydes acidifiables, ou anhydrides. — Certains oxydes ont la propriété de se combiner à l'eau pour donner naissance à des *acides*. Ainsi l'oxyde du soufre qui a pour formule SO^3, se combinant à l'eau H^2O, donne le composé $SO^3 + H^2O = SO^4H^2$ dont nous avons déjà si souvent parlé, et qui est l'*acide sulfurique*.

Ces oxydes susceptibles de se combiner à l'eau pour former des acides ont reçu le nom d'*anhydrides*.

Les règles d'après lesquelles on forme le nom des *anhydrides* sont les suivantes.

Le nom d'un anhydride commence toujours par le mot *anhydride*; on fait suivre le mot anhydride de nom de l'élément combiné à l'oxygène, et on ajoute la terminaison *ique*.

Ainsi le nom *anhydride azotique* désigne un composé d'*azote* et d'*oxygène* qui jouit de la propriété de se combiner à l'eau pour former un acide (sa formule est Az^2O^5).

Quand l'oxygène et un corps simple, se combinant en plusieurs proportions différentes, donnent naissance à deux anhydrides différents, on désigne ces composés en attribuant la terminaison *ique* à celui qui renferme la plus forte proportion d'oxygène; et la terminaison *eux* à celui qui renferme la moins forte proportion d'oxygène.

C'est ainsi que nous avons l'anhydride azotique Az^2O^5 et l'anhydride azoteux Az^2O^3; l'anhydride sulfurique SO^3 et l'anhydride sulfureux SO^2; l'anhydride arsénique As^2O^5 et l'anhydride arsénieux As^2O^3.

Si le nombre des *anhydrides* est supérieur à deux, on les

désigne en faisant précéder le nom de l'élément des préfixes *hypo* (qui indique moins d'oxygène) et *per* (qui indique plus d'oxygène).

Ainsi nous avons l'*anhydride hypochloreux* Cl^2O; l'*anhydride chloreux* Cl^2O^3; l'*anhydride chlorique* Cl^2O^5; l'*anhydride perchlorique* Cl^2O^7.

108. OXYDES BASIQUES. — On nomme *oxydes basiques* les oxydes métalliques susceptibles de se combiner à l'eau pour donner naissance à des bases. Ainsi l'oxyde de potassium qui a pour formule K^2O a la propriété de se combiner à l'eau H^2O, pour donner le composé $K^2O + H^2O = 2KOH$, qui est une base, et qu'on nomme la *potasse caustique*.

Les règles d'après lesquelles on forme le nom des *oxydes basiques* sont les suivantes.

Le nom d'un oxyde basique commence toujours par le mot *oxyde*; on fait suivre le mot oxyde du nom du métal combiné à l'oxygène.

Ainsi, le nom *oxyde de cuivre* désigne un composé du cuivre et de l'oxygène qui a pour formule CuO.

Quand un métal forme avec l'oxygène plusieurs oxydes basiques, on les distingue les uns des autres à l'aide des terminaisons qui servent à distinguer les acides. Ainsi nous avons l'*oxyde ferreux* FeO, et l'*oxyde ferrique* Fe^2O^3.

Ou bien on fait précéder le mot *oxyde* des préfixes *proto*, *sesqui*, *bi*, *per*, qui indiquent des quantités croissantes d'oxygène. C'est ainsi que l'*oxyde ferreux* FeO est souvent aussi appelé *protoxyde de fer*, et que l'oxyde ferrique Fe^2O^3 est souvent aussi appelé *sesquioxyde de fer*.

109. OXYDES NEUTRES. — Les métalloïdes et les métaux, en s'unissant à l'oxygène, forment fréquemment des oxydes qui ne sont susceptibles de se combiner à l'eau ni pour donner des acides, ni pour donner des bases.

Ces oxydes se dénomment en employant les mêmes règles que pour les oxydes basiques.

Ainsi nous avons l'*oxyde azoteux*, ou *protoxyde d'azote* Az^2O;
l'*oxyde azotique* ou *bioxyde d'azote* AzO;
le *peroxyde d'azote* AzO^2.

110. Nomenclature des composés oxygénés ternaires. — On nomme composés oxygénés ternaires des composés renfermant de l'oxygène, uni à de l'*hydrogène* et à un *autre élément*, métalloïde ou métal.

On divise ces composés en trois groupes, auxquels correspondent des règles différentes.

111. Acides oxygénés, ou oxacides. — Les *acides oxygénés* peuvent toujours être considérés comme provenant de la combinaison d'un anhydride avec l'eau.

Les *acides oxygénés* se nomment comme les anhydrides correspondants, avec la simple substitution du mot *acide* au mot *anhydride*.

Ainsi l'anhydride *hypochloreux* Cl^2O donne l'*acide hypochloreux* $Cl^2O + H^2O = 2ClOH$; l'*anhydride chloreux* Cl^2O^3, donne l'*acide chloreux* $C^2lO^3 + H^2O = 2ClO^2H$; l'*anhydride phosphorique* P^2O^5, donne l'*acide phosphorique* $P^2O^5 + 3H^2O = 2PO^4H^3$.

112. Bases oxygénées. — Les *bases oxygénées* peuvent toujours être considérées comme provenant de la combinaison d'un oxyde basique avec l'eau.

Les *bases oxygénées* se nomment comme les oxydes basiques correspondants, avec la simple substitution du mot *hydrate* au mot *oxyde*.

Ainsi l'*oxyde de potassium* K^2O donne l'*hydrate de potassium* $K^2O + H^2O = 2KOH$; l'*oxyde de calcium* CaO donne l'*hydrate de calcium* $CaO + H^2O = CaO^2H^2$; l'*oxyde de cuivre* CuO donne l'*hydrate de cuivre* $CuO + H^2O = CuO^2H^2$.

113. Sels oxygénés ou oxysels. — Nous avons vu la définition des sels (**102**) ; nous savons donc qu'un sel peut toujours être considéré comme provenant d'un acide.

On forme le nom d'un *sel oxygéné* en remplaçant, dans le nom de l'acide, la terminaison *ique* par la terminaison *ate* ou la terminaison *eux* par la terminaison *ite*, et faisant suivre le mot ainsi obtenu du nom du métal contenu dans le sel.

Ainsi l'*acide azotique* AzO^3H, donne, par substitution du cuivre à l'hydrogène, un sel qui a pour formule $(AzO^3)^2Cu$; ce sel se nomme *azotate de cuivre*.

De même l'*acide hypochloreux* $ClOH$ donne, par substitution du *potassium* à l'hydrogène, un sel qui a pour formule $ClOK$; ce sel se nomme *hypochlorite de potassium*.

Nous avons vu (**102**) que si la substitution du métal à l'hydrogène est complète on a un *sel neutre*, si elle est incomplète on a un *sel acide*.

114. Nomenclature des composés non oxygénés. — Pour les composés qui ne renferment pas d'oxygène, les règles sont encore plus simples, mais différentes. Là encore nous avons à distinguer quatre groupes de corps, auxquels correspondent des règles spéciales.

115. ACIDES NON OXYGÉNÉS OU HYDRACIDES. — Les acides non oxygénés résultent de l'union de l'*hydrogène* avec un *métalloïde*. On les désigne en faisant suivre le nom du métalloïde de la terminaison *hydrique*.

Ainsi le nom *acide chlorhydrique* désigne un acide renfermant du *chlore* et de l'*hydrogène*; cet acide a pour formule ClH. Au contraire le nom *acide chlorique* désigne, d'après les règles relatives aux composés oxygénés, un acide provenant de l'anhydride chlorique, combiné à l'eau, c'est-à-dire un acide renfermant du chlore, de l'oxygène et de l'hydrogène; cet acide a pour formule ClO^3H.

Dans les acides, la terminaison *hydrique* indique donc l'*absence* de l'oxygène; tandis que les terminaisons *ique* et *eux* indiquent la *présence* de l'oxygène.

116. SELS NON OXYGÉNÉS. — Quand un métal se substitue à l'hydrogène dans un acide non oxygéné, pour donner un sel, on forme le nom de ce sel en remplaçant, dans le nom de l'acide, la terminaison *hydrique* par la terminaison *ure*, et en faisant suivre du nom du métal.

Ainsi l'*acide chlorhydrique* ClH, dans lequel l'hydrogène est remplacé par le potassium, donne naissance à un sel de formule ClK, qui est le *chlorure de potassium*. Au contraire d'*acide chlorique* ClO^3H, dans lequel l'hydrogène est remplacé par le potassium, donne naissance à un sel de formule ClO^3K, qui est le *chlorate de potassium*.

Dans les sels, la terminaison *ure* indique donc l'*absence* de l'oxygène; tandis que les terminaisons *ate* et *ite* indiquent la *présence* de l'oxygène.

117. AUTRES COMPOSÉS BINAIRES NON OXYGÉNÉS. — Le plus souvent deux corps se combinent entre eux pour donner un composé qui ne peut pas être considéré comme un sel, car il n'existe pas d'acide correspondant.

Les composés ainsi formés se nomment comme les sels non oxygénés, c'est-à-dire qu'on donne la terminaison *ure* à l'un des éléments, et qu'on ajoute à la suite le nom de l'autre élément. C'est ainsi que le *soufre* et le *carbone* forment le *sulfure de carbone* S^2C.

Quand le composé renferme un métalloïde et un métal, c'est toujours le nom du métalloïde qu'on met le premier, et auquel on ajoute la terminaison *ure*. C'est ainsi qu'on dira *chlorure de cuivre*, et non pas *cuivrure de chlore*.

Quand ce sont deux métalloïdes qui se combinent, on met le premier celui qui se trouve écrit le premier dans la liste ci-dessous :

Fluor.	Soufre.	Arsenic.
Chlore.	Sélénium.	Carbone.
Brome.	Tellure.	Silicium.
Iode.	Azote.	Bore.
Oxygène.	Phosphore.	Hydrogène.

On dira donc *chlorure de soufre, sulfure de carbone, carbure d'hydrogène.*

Fréquemment l'union se fait en deux ou plusieurs proportions différentes. On distingue, là encore, les divers composés en faisant intervenir les terminaisons *eux* et *ique*, comme dans les oxydes, les acides et les sels.

Ainsi nous aurons le *chlorure cuivreux* ClCu, le moins riche en chlore, et le *chlorure cuivrique* Cl²Cu, le plus riche en chlore. D'autres fois, comme pour les oxydes, on fait précéder le nom du premier élément des préfixes *proto, sesqui, bi, tri, penta, per* qui indiquent des quantités croissantes de cet élément, et, ordinairement le nombre d'atomes de cet élément figurant dans la formule. Ainsi nous aurons le *trichlorure de phosphore* Cl³P, et le *pentachlorure de phosphore* Cl⁵P.

118. Alliages. — Les combinaisons des *métaux* entre eux, encore peu connues et mal définies au point de vue chimique, ne suivent pas les règles de la nomenclature; on les nomme simplement *alliages*.

Ainsi on dit un *alliage de cuivre et d'or*.

Les alliages qui renferment du mercure s'appellent *amalgames* : on dit un *amalgame de potassium*, pour désigner un alliage de mercure et de potassium.

119. Exceptions aux règles de la nomenclature. — L'usage a conservé, par exception aux règles que nous venons de résumer, un certain nombre de dénominations anciennes.

L'*hydrate de potassium* et l'*hydrate de sodium* sont ordinairement appelés *potasse* et *soudes caustique*, les *oxydes de calcium*, de *baryum*, de *strontium* se nomment *chaux, baryte, strontiane*. Les sels de potassium, de sodium, de calcium, de baryum sont dénommés sels de potasse, de soude, de chaux, de baryte.

Ces petites exceptions, et quelques autres, consacrées par l'usage, n'ont pas de graves inconvénients.

RÉSUMÉ

1. — *Définition des acides.* On nomme acide un composé hydrogéné dont l'hydrogène peut être, dans des circonstances convenables, remplacé plus ou moins complètement par un métal, pour donner naissance à un composé nouveau, qu'on nomme un sel.

Définition des bases : On nomme base un composé hydrogéné qui a la propriété de réagir sur les acides pour donner naissance à des sels et à de l'eau. Outre l'hydrogène, une base renferme toujours de l'oxygène et un métal.

2. — Les *métalloïdes* sont des corps simples qui ont en général peu d'éclat ; ils sont mauvais conducteurs de la chaleur et de l'électricité ; ils ne sont ni ductiles, ni malléables. Au point de vue chimique, ils n'entrent jamais dans la constitution des bases.

Les *métaux* ont plus d'éclat ; ils conduisent bien la chaleur et l'électricité ; ils sont généralement ductiles et malléables. Au point de vue chimique, chaque métal entre toujours dans la constitution d'au moins une base.

3. — On nomme *sel* un composé qui résulte du remplacement total ou partiel de l'hydrogène d'un acide par un métal.

On dit qu'un métal est *monovalent* lorsque, dans sa substitution à l'hydrogène, à chaque atome d'hydrogène se substitue un seul atome de métal (potassium, sodium, argent).

On dit qu'un métal est *bivalent* lorsque, dans sa substitution à l'hydrogène, à deux atomes d'hydrogène se substitue un seul atome du métal (la plupart des métaux sont divalents).

4. — *Nomenclature des composés oxygénés binaires.* — On nomme *anhydride* des composés oxygénés qui ont la propriété de se combiner à l'eau pour former des acides.

Le nom d'un *anhydride* commence toujours par le mot anhydride ; on fait suivre ce mot du nom de l'élément combiné à l'oxygène, et on ajoute la terminaison *ique*.

Quand l'oxygène forme plusieurs anhydrides avec un corps simple, on attribue la terminaison *ique* à ceux qui renferment la plus forte proportion d'oxygène, et la terminaison *eux* à ceux qui renferment la moins forte proportion d'oxygène. On fait en outre précéder le nom de l'élément des préfixes *hypo* (qui indique moins d'oxygène) et *per* (qui indique plus d'oxygène).

5. — On nomme *oxydes basiques* les oxydes métalliques susceptibles de se combiner à l'eau pour donner naissance à des bases.

Le nom d'un oxyde basique commence toujours par le mot *oxyde* ; on fait suivre ce mot du nom du métal combiné à l'oxygène.

Quand un même métal forme avec l'oxygène plusieurs oxydes basiques, on les distingue les uns des autres à l'aide des terminaisons qui servent à distinguer les acides. Ou bien on fait précéder le mot *oxyde* des préfixes *proto, sesqui, bi, per* qui indiquent des quantités croissantes d'oxygène.

Les *oxydes neutres* non susceptibles de donner naissance à des bases se dénomment d'après les mêmes règles que les oxydes basiques.

6. — *Nomenclature des composés oxygénés ternaires.* — Les *acides oxygénés* se nomment comme les anhydrides correspondants, avec la simple substitution du mot *acide* au mot *anhydride*.

Les *bases oxygénées* se nomment comme les oxydes basiques correspondants, avec la simple substitution du mot *hydrate* au mot *oxyde*.

On forme le nom d'un *sel oxygéné* en remplaçant, dans le nom de l'acide, la terminaison *ique*, par la terminaison *ale*, ou la terminaison *eux* par la terminaison *ile*, et faisant suivre le mot ainsi obtenu du nom du métal contenu dans le sel.

7. — *Nomenclature des composés non oxygénés.* — Les acides non oxygénés résultent de l'union de l'*hydrogène* avec un *métalloïde*. On les désigne en faisant suivre le nom du métalloïde de la terminaison *hydrique*.

Quand un métal se substitue à l'hydrogène dans un acide non oxygéné, pour donner un sel, on forme le nom de ce sel en remplaçant, dans le nom de l'acide, la terminaison *hydrique* par la terminaison *ure*, et en faisant suivre du nom du métal.

Les composés résultant de l'union de deux corps simples se nomment comme les sels non oxygénés, c'est-à-dire qu'on donne la terminaison *ure* à l'un des éléments, et qu'on ajoute à la suite le nom de l'autre élément.

Les combinaisons des métaux entre eux portent le nom d'*alliages*.

VI

ACIDE AZOTIQUE. GAZ AMMONIAC

120. Composés oxygénés de l'azote. — L'azote ne se combine pas directement à l'oxygène. Mais, par des procédés indirects, on a pu préparer six combinaisons différentes de l'azote et de l'oxygène.

Citons seulement les plus importantes.

Le *peroxyde d'azote* AzO^2 est un gaz rouge, ayant une odeur forte et désagréable ; on lui donne le nom de *vapeurs rutilantes*.

Le *bioxyde d'azote* AzO est un gaz incolore. Dès qu'on le met au contact de l'air, il se combine à l'oxygène, pour donner du peroxyde AzO^2 ; il se colore donc immédiatement en rouge au contact de l'air.

Le peroxyde AzO^2 se décompose immédiatement au contact de l'eau pour donner de l'acide azotique et du bioxyde :

$$2AzO^3 + H^2O = 2AzO^3H + AzO.$$

L'*anhydride azotique* Az^2O^5 n'a aucun intérêt pratique par lui-même ; mais l'*acide azotique* qui en dérive par adjonction d'eau est un des plus importants parmi les acides ($Az^2O^5 + H^2O = 2AzO^3H$).

Tous les composés oxygénés de l'azote sont instables. Ils sont facilement décomposés par la chaleur ; très *oxydants*, c'est-à-dire qu'ils abandonnent aisément leur oxygène aux corps combustibles au contact desquels on les met à une température assez élevée.

Le *peroxyde d'azote* se forme en petite quantité quand on fait passer une longue série d'étincelles électriques dans un mélange d'azote et d'oxygène.

121. Acide azotique. — L'acide azotique est connu depuis le moyen âge. Il a été étudié par Cavendish, puis par Davy, par Gay-Lussac. On le désigne souvent, encore aujourd'hui, sous les noms d'*eau forte*, d'*esprit de nitre*, d'*acide nitrique*.

Il ne se rencontre pas libre dans la nature. Mais l'air renferme un peu d'azotate d'ammonium AzO^3 (AzH^4) ; dans le sol on trouve des azotates de potassium, de sodium, de calcium, de magnésium.

122. Préparation. — Dans les laboratoires, on peut préparer l'acide azotique en décomposant l'*azotate de potassium* AzO^3K par l'*acide sulfurique* concentré.

PRÉPARATION DE L'ACIDE AZOTIQUE

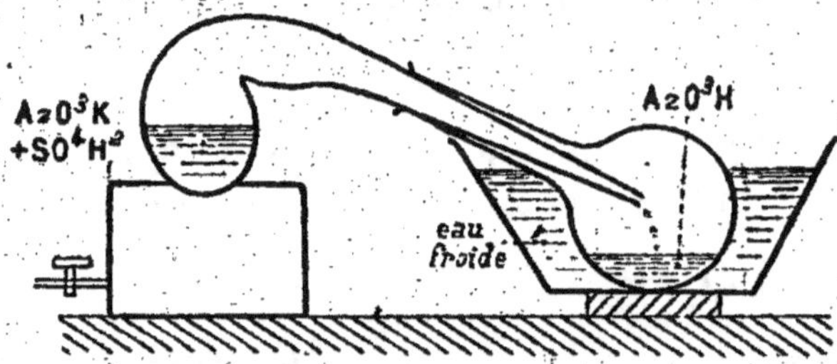

PRÉPARATION DE L'ACIDE AZOTIQUE. — On chauffe dans une cornue un mélange d'*azotate de potassium* et d'*acide sulfurique*. Il se dégage des vapeurs d'acide azotique, qui se condensent dans un ballon refroidi.

On chauffe doucement le mélange dans une cornue de verre ; l'acide distille et va se condenser dans un ballon refroidi ; il reste un résidu de sulfate acide de potassium :

$$AzO^3K + SO^4H^2 = AzO^3H + SO^4HK.$$

Au début de l'opération, il se dégage toujours des *vapeurs rutilantes* (**12**) dues à ce que l'acide azotique, trop concentré, se décompose partiellement sous l'influence de la chaleur.

En réalité cette préparation de laboratoire ne se fait presque jamais. La fabrication de l'acide azotique est essentiellement industrielle.

On opère dans de grandes cornues de fonte. On y chauffe un mélange d'*azotate de sodium* AzO^3Na et d'acide sulfurique. On préfère l'azotate de sodium à l'azotate de potassium parce que son prix est moins élevé, et son *rendement* plus considérable.

123. Propriétés physiques. — A l'état de pureté, l'acide azotique est un liquide incolore, caustique, dont les vapeurs sont dangereuses à respirer.

Au maximum de concentration, il marque 49° à l'aréomètre de Baumé. Il bout à 86°. Il *fume* à l'air : de là le nom d'*acide fumant*, sous lequel on le désigne ordinairement. Cette fumée tient à ce que ses vapeurs, en s'unissant à la vapeur d'eau atmosphérique, produisent un acide moins volatil, qui se condense en très fines gouttelettes.

L'acide commercial, beaucoup plus important, appelé *acide ordinaire*, renferme une certaine quantité d'eau. Il marque seulement 43° à l'aréomètre de Baumé ; il bout à 123°.

124. Propriétés chimiques. — L'acide azotique est facilement décomposable par la chaleur, et d'autant plus facilement qu'il est plus concentré. L'*acide fumant* commence même à se décomposer quand on le distille à la température de 86° ; il se forme alors des vapeurs rutilantes et de l'oxygène,

$$2AzO^3H = H^2O + 2AzO^2 + O.$$

L'acide fumant se décompose aussi de la même façon, mais lentement, sous l'action de la lumière.

Cette facile décomposition sous l'action de la lumière et de la chaleur, nous explique pourquoi l'acide fumant du commerce est toujours rouge ; il renferme en dissolution des vapeurs rutilantes provenant de sa décomposition.

125. *Pouvoir oxydant*. — Comme tous les composés oxygénés de l'azote (120**), l'acide azotique est très *oxydant*.

Il oxyde un grand nombre de *métalloïdes*, presque tous les *métaux*, tous les corps composés *combustibles*, et même une foule de corps composés qui ne sont pas combustibles.

Sauf un petit nombre de circonstances, les actions sont d'autant plus énergiques que l'acide est plus concentré. La présence des vapeurs rutilantes augmente encore l'activité de l'oxydation.

126. *Oxydation des métalloïdes et des métaux.* — L'hydro-

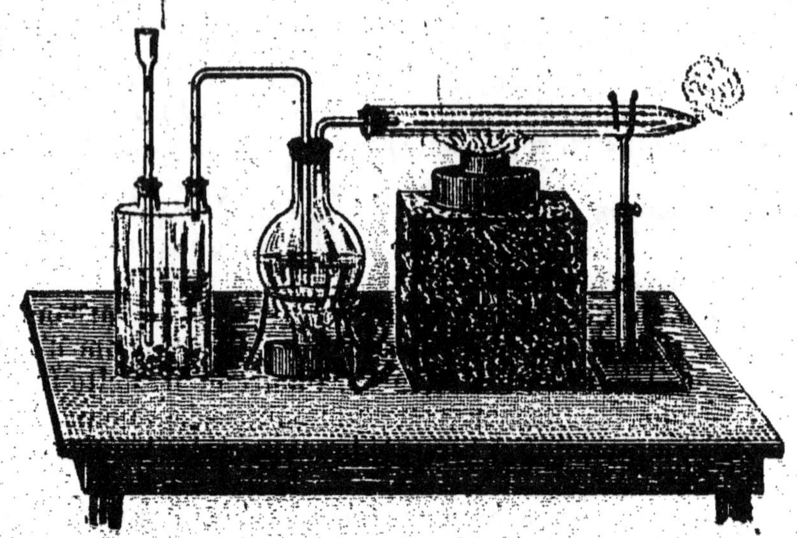

RÉDUCTION DE L'ACIDE AZOTIQUE PAR L'HYDROGÈNE.

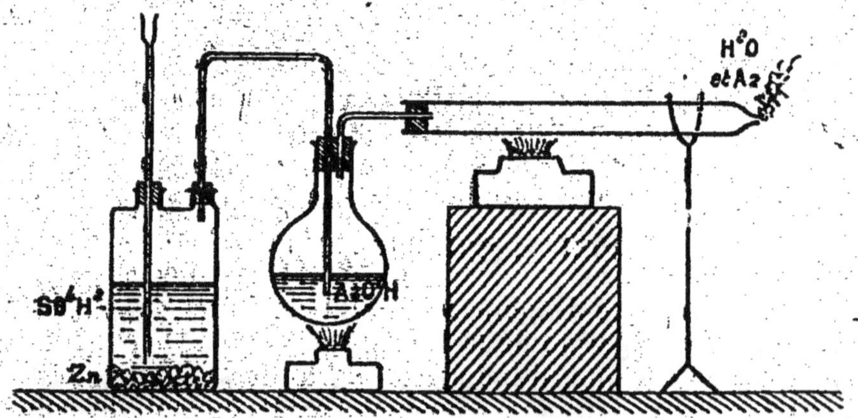

RÉDUCTION DE L'ACIDE AZOTIQUE PAR L'HYDROGÈNE. — *L'hydrogène, passant dans un ballon qui renferme de l'acide azotique légèrement chauffé, entraîne des vapeurs de cet acide. Les deux gaz réagissent dans le tube horizontal, avec formation d'azote et de vapeur d'eau.*

gène est oxydé aisément. Si on fait passer, dans un tube chauffé, un mélange d'hydrogène et de vapeurs d'acide azotique, il y a réaction :

$$AzO^3 + 5H = Az + 3H^2O.$$

En présence de la mousse de platine légèrement chauffée il se forme de l'ammoniaque.

$$AzO^3H + 8H = AzH^3 + 3H^2O.$$

Le *charbon* est aussi oxydé. Un charbon allumé brûle dans la vapeur d'acide azotique. L'acide fumant, versé sur du noir de fumée bien sec, en détermine l'inflammation.

Un morceau de *phosphore*, projeté dans l'acide fumant, s'oxyde si vivement qu'il y a explosion. Avec l'acide étendu, l'action est lente, et ne se produit que sous l'influence de la chaleur (**174**).

Le *soufre*, légèrement chauffé dans l'acide azotique, est transformé en acide sulfurique.

Tous les *métaux*, excepté l'or et le platine, sont oxydés. L'action a lieu, sauf pour l'argent, à la température ordinaire. Le métal disparaît, se dissolvant dans l'acide, à l'état d'*azotate*, et l'acide, ayant perdu une partie de son oxygène, donne ordinairement du bioxyde d'azote, ou même de l'azote

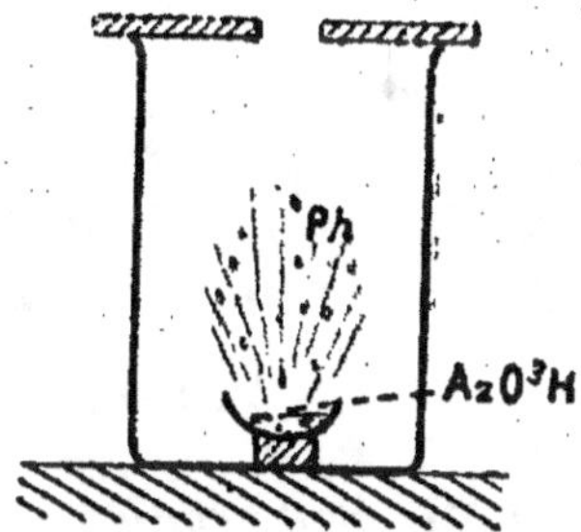

ACTION DE L'ACIDE AZOTIQUE SUR LE PHOSPHORE. — Un morceau de phosphore, tombant dans une capsule qui renferme de l'acide azotique fumant, est oxydé avec explosion.

$$8AzO^3H + 3Cu = 3(AzO^3)^2Cu + 2AzO^2 + 4H^2O.$$

par simple contact, à la température ordinaire.

Avec le *potassium* et le *sodium* la réaction de l'acide fumant est accompagnée d'une explosion. Les autres métaux sont plus vivement attaqués par l'acide ordinaire que par l'acide fumant.

Avec le *fer* il se produit même un phénomène singulier. Un morceau de fer, plongé dans l'acide fumant, n'est pas attaqué, et, de plus, il devient inattaquable par l'acide ordinaire : on dit qu'il a été rendu *passif*. Mais le fer passif reprend la propriété d'être attaqué par l'acide ordinaire quand on le touche avec un morceau de fer non passif, ou un morceau de cuivre.

127. *Oxydation des corps composés.* — Un grand nombre de corps composés sont oxydés par l'acide azotique.

L'acide azotique très concentré, versé dans une éprouvette remplie de gaz *acide sulfhydrique* SH^2, en détermine l'inflammation. Le gaz brûle en prenant l'oxygène de l'acide azotique.

$$5SH^2 + 6AzO^3H = 6Az + 5SO^2 + 8H^2O.$$

Un courant de gaz *anhydride sulfureux* SO^2, passant dans de l'acide azotique concentré, le réduit à l'état de peroxyde d'azote, et se transforme en acide sulfurique

$$SO^2 + 2AzO^3H = SO^4H^2 + 2AzO^2.$$

L'acide azotique oxyde également l'*acide chlorhydrique* ClH. Quand on chauffe doucement un mélange d'acide azotique et d'acide chlorhydrique, l'hydrogène de l'acide chlorhydrique est transformé en eau, et le chlore est mis en liberté,

$$AzO^3H + ClH = H^2O + Cl + AzO^2.$$

128. *Eau régale.* — L'acide *azotique* et l'acide *chlorhydrique*, pris séparément, sont sans action sur l'*or* et sur le *platine*. Mais leur mélange dissout ces deux métaux, en les transformant en *chlorure d'or* et *chlorure de platine*. Ce mélange des deux acides, capable de dissoudre l'or et le platine, a reçu le nom d'*eau régale.*

On explique cette action par ce fait, que le mélange des deux acides fournit du chlore, comme nous venons de le montrer. Et le chlore en dissolution attaque l'or et le platine et les transforme en chlorures.

129. *Action sur les matières organiques.* — L'acide azotique oxyde plus ou moins complètement un grand nombre de matières organiques.

Versé sur l'*essence de térébenthine* $C^{10}H^{16}$, il en détermine l'inflammation immédiate. C'est à la suite d'une oxydation partielle qu'il décolore l'*indigo*, et qu'il colore en jaune la *peau*, la *laine*, la *soie*.

Mais souvent aussi l'action est toute différente. L'acide, surtout l'acide fumant, enlève à la matière organique un certain nombre d'atomes d'hydrogène, et, à chaque atome d'hydrogène enlevé, *se substitue* une molécule de *peroxyde d'azote* AzO^2. On a ce qu'on nomme un composé de *substitution*. C'est ainsi que la *benzine* C^6H^6 est transformée en *nitro-benzine :*

$$C^6H^6 + AzO^3H = C^6H^5(AzO^2) + H^2O;$$

que la *glycérine* est transformée en *nitro-glycérine:*

$$C^3H^5O^3 + 3AzO^3H = C^3H^5(AzO^2)^3O^3 + 3H^2O;$$

et le *coton* en *fulmi-coton* :

$$C^6H^{10}O^5 + 2AzO^3H = C^6H^8(AzO^2)^2O^5 + 2H^2O.$$

La préparation de ces composés de substitution est facile. On la fait en arrosant la matière organique avec un mélange d'*acide azotique* et d'*acide sulfurique* concentrés, puis en lavant à grande eau.

Les composés nitrés ainsi obtenus sont généralement *explosifs*. Ils détonent sous des influences diverses, en produisant beaucoup de chaleur, et un volume gazeux considérable.

$$2[C^3H^5(AzO^2)^3O^3] = 6CO^2 + 5H^2O + 6Az + O.$$

La *dynamite* a pour partie active la *nitro-glycérine* ; la partie active de la *poudre sans fumée* est le *fulmi-coton*.

130. *Action des bases*. — L'acide azotique est un acide puissant. Il rougit fortement la teinture de tournesol. Il agit vivement sur les métaux, sur les bases en donnant naissance à des *azotates* avec un grand dégagement de chaleur.

Quelques-uns de ces azotates ont une grande importance (**132** et *suivants*).

131. Usages. — Il est peu de corps dont les usages industriels soient plus importants. On s'en sert dans le travail ou la préparation d'un grand nombre de métaux (cuivre, or, platine) ; dans la gravure sur acier, sur cuivre (gravure à l'eau-forte) et sur pierre (lithographie) ; dans la fabrication de l'acide sulfurique, de divers azotates.

Enfin de grandes quantités d'acide azotique sont consommées dans la fabrication des matières explosives (*dynamite, poudre sans fumée*).

L'usage le plus important est peut-être la préparation de la *nitro-benzine*, matière première d'un grand nombre de substances colorantes artificielles.

II. — AZOTATES, SALPÊTRE

132. Propriétés des azotates. — Les azotates sont des solides solubles dans l'eau, ordinairement décomposables par la chaleur.

Ils sont, pour la plupart, presque aussi oxydants que l'acide azotique lui-même.

Le *soufre*, mélangé à de l'*azotate de potassium* et chauffé, est oxydé ; il se forme de l'anhydride sulfureux, de l'azote et du sulfure de potassium :

$$2AzO^3K + 4S = 3SO^2 + 2Az + K^2S.$$

Le *charbon*, traité de la même façon, dégage de l'anhydride carbonique, de l'azote ; et il reste du carbonate de potassium.

$$4AzO^3K + 5C = 3CO^2 + 4Az + 2CO^3K^2.$$

Dans l'un comme dans l'autre cas, si le mélange est bien fait, il suffit d'en approcher une allumette : on a de suite une combustion vive dans laquelle intervient, au lieu de l'oxygène de l'air, l'oxygène fourni par l'azotate : aussi cette combustion peut-elle avoir lieu en vase clos, à l'abri de l'air.

133. Poudre noire. — La *poudre noire* (*poudre de chasse*, ancienne *poudre de guerre*) est justement un mélange intime d'*azotate de potassium* (*salpêtre*), de *soufre* et de *charbon*.

Quand on met le feu à ce mélange, l'inflammation se propage dans toute la masse avec une extrême rapidité. La réaction

$$2AzO^3K + S + 3C = SK^2 + 2Az + 3CO^2,$$

détermine la production de deux gaz, azote et anhydride carbonique, qui, surtout à la température élevée qui résulte de l'explosion, ont un volume considérable (1500 fois plus grand que celui de la poudre).

Si donc la combustion se fait en vase clos, la force expansive des gaz produits exercera une pression énorme sur les parois, et déterminera une explosion. Si la combustion se fait dans un fusil ou dans un canon bouché par un projectile, ce projectile sera envoyé au loin avec une grande vitesse.

134. Azotates naturels. — On trouve peu d'azotates dans la nature ; les plus importants sont l'azotate de potassium et l'azotate de sodium.

L'*azotate de potassium* (ou *nitre*, ou *salpêtre*) AzO^3K se rencontre un peu partout. Dans nos climats il se produit dans les lieux humides (caves, écuries, étables), partout où se rencontrent des matières animales azotées. Dans les pays plus chauds (Indes, Égypte), il se forme à la surface du sol, en efflorescences cristallines, après les grandes pluies.

Dans tous les cas il s'est formé de l'*acide azotique* par oxydation de l'ammoniaque résultant de la putréfaction des matières organiques

$$AzH^3 + 4O = AzO^3H + H^2O,$$

puis cet acide azotique s'est combiné à la potasse qui se trouve dans la terre et dans le fumier, pour donner de l'azotate de potassium.

Cette oxydation de l'ammoniac par l'oxygène de l'air est due à l'action de *microbes* qui se trouvent dans le sol.

L'*azotate de sodium*, ou *salpêtre du Chili*, se rencontre en moins d'endroits. Mais on le trouve en bancs très épais au Pérou et au Chili. Ces bancs fournissent chaque année à l'agriculture des quantités énormes d'azotate de sodium, employées comme engrais.

135. Salpêtre artificiel. — Le *salpêtre* naturel n'est pas assez abondant pour les besoins de l'industrie.

Aussi prépare-t-on du salpêtre artificiel, en traitant l'*azotate de sodium* naturel par le *chlorure de potassium*, qu'on trouve aussi dans la nature.

$$AzO^3Na + KCl = AzO^3K + NaCl$$

Pour opérer, on mélange les dissolutions concentrées des deux sels, et on porte à l'ébullition dans une grande marmite de fonte. La réaction a lieu, et le chlorure de sodium, qui n'est pas très soluble dans l'eau chaude, se précipite à l'état solide à mesure qu'il se forme : on l'enlève comme l'indique la figure.

Quand la concentration est suffisante, on laisse refroidir, et le *salpêtre* se dépose en *petits cristaux*.

FABRICATION DU SALPÊTRE. — Dans une marmite de fonte, on chauffe le mélange des dissolutions d'*azotate de sodium* et de *chlorure de potassium*. A mesure que le chlorure de sodium prend naissance, il se dépose (étant peu soluble) dans un chaudron placé au milieu du liquide.

136. Usages du salpêtre. — La fabrication de la *poudre noire* consomme actuellement beaucoup moins de salpêtre qu'autrefois. Mais, par contre, la fabrication de la *dynamite* et de la *poudre sans fumée* en consomme davantage.

Mélangé à du sucre ou à du sel marin, le salpêtre sert à la conservation de la viande.

La médecine et l'art vétérinaire l'utilisent également.

III. — AMMONIAQUE

137. L'ammoniaque, appelée aussi *gaz ammoniac*, est un composé de l'azote et de l'hydrogène répondant à la formule AzH^3 (*azoture d'hydrogène*).

On le trouve en petite quantité dans l'air.

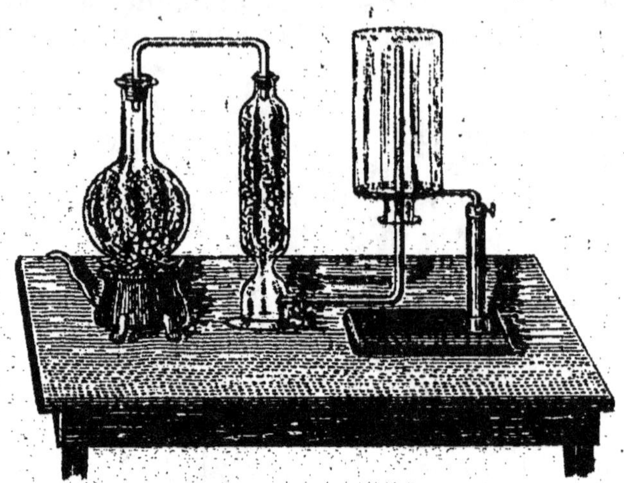

PRÉPARATION DE L'AMMONIAQUE

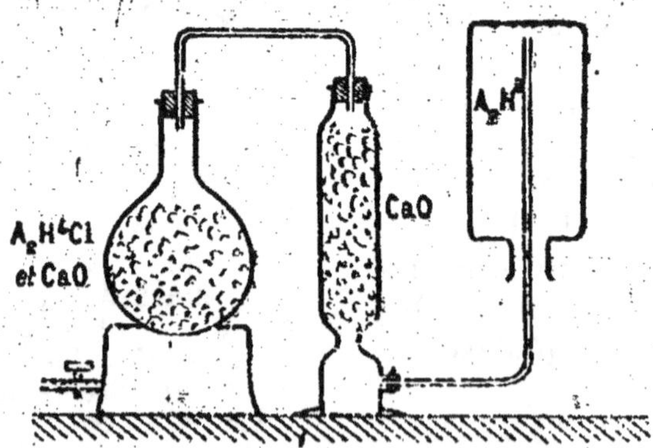

PRÉPARATION DE L'AMMONIAQUE. — L'ammoniaque, résultant de l'action à chaud de la *chaux vive* sur le *chlorure d'ammonium*, se dessèche dans l'éprouvette à pied, et est recueillie *par déplacement* dans un flacon plein d'air.

Ce gaz ne se forme pas par combinaison *directe* de l'azote et de l'hydrogène sous l'influence de la chaleur. Mais une longue série *d'étincelles électriques*, passant dans un mélange d'azote et d'hydrogène, détermine la formation *d'un peu* d'ammoniaque;

la réaction s'arrête bientôt, car les étincelles électriques décomposent le gaz ammoniac. Si on opère en présence d'un acide, qui absorbe le gaz ammoniac à mesure qu'il se forme, la réaction ne s'arrête pas, et la transformation du mélange en ammoniaque est complète.

L'ammoniaque prend constamment naissance dans la nature, dans la putréfaction des matières organiques azotées. La décomposition de ces matières par la chaleur donne aussi de l'ammoniaque.

138. Préparation. — Dans les laboratoires, on prépare l'ammoniaque en décomposant, à chaud, le *chlorure d'ammonium* ClAzH⁴ par la *chaux éteinte* CaO²H².

$$2Cl(AzH^4) + CaO^2H^2 = Cl^2Ca + 2H^2O + 2AzH^3.$$

Les deux substances pulvérisées sont mélangées, puis introduites dans un ballon de verre. On chauffe; le gaz passe dans une éprouvette à pied renfermant des fragments de chaux vive, pour le dessécher. On le recueille sur la cuve à mercure ou bien *par déplacement*, dans un flacon plein d'air. Si on voulait une dissolution, on ferait passer le gaz dans une série de flacons renfermant de l'eau.

139. *Fabrication industrielle.* — La décomposition par la chaleur des substances organiques azotées donne naissance à de l'ammoniaque; il en est de même de la putréfaction de ces matières.

La plus grande partie de l'*ammoniaque est extraite industriellement* des eaux d'épuration des usines à gaz (provenant de la décomposition de la houille par la chaleur), ou des urines putréfiées des grandes villes.

Le liquide, qui renferme de l'*ammoniaque*, du *carbonate* et du *sulfate d'ammonium*, est placé, avec de la chaux éteinte, dans de grandes cuves, puis progressivement chauffé. Le gaz se dégage, et on le condense dans de grandes bonbonnes à moitié remplies d'eau.

140. Propriétés physiques. — Le gaz ammoniac est incolore; son odeur et sa saveur sont caractéristiques. Il provoque la toux et le larmoiement. Sa densité est $\frac{17}{2} \times 0,0695 = 0,500$.

Il est extrêmement soluble dans l'eau; un litre d'eau en dissout 1 000 litres à 0°. Quand la température s'élève, la solubilité diminue rapidement, pour devenir nulle à 70°.

Si l'on débouche dans l'eau une éprouvette pleine de gaz

ammoniac préparé sur la cuve à mercure, l'ascension du liquide est si brusque, que l'éprouvette peut en être brisée.

La dissolution ammoniacale est très caustique ; elle attaque la peau, et surtout les muqueuses des yeux. C'est un poison violent.

La dissolution, abandonnée à l'air, perd rapidement tout son gaz.

Le gaz ammoniac est facilement liquéfiable, en un liquide incolore, très mobile, qui produit un grand froid en s'évaporant rapidement.

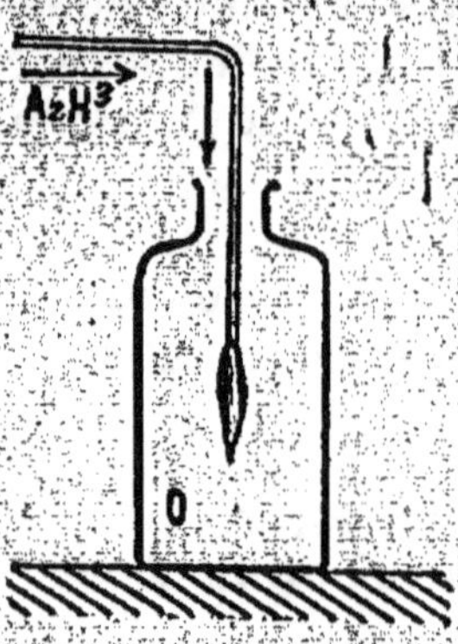

COMBUSTION DE L'AMMONIAQUE. — Le *gaz ammoniac*, qui ne brûle pas dans l'air, brûle très bien dans un flacon rempli d'oxygène.

141. Propriétés chimiques. — Le gaz ammoniac est décomposable par la chaleur. On le montre en le faisant passer à travers un tube de porcelaine rempli de fragments de porcelaine, et chauffé au *rouge blanc*.

Une très longue série d'étincelles électriques le dédouble aussi en ses éléments (**137**).

Les corps avides d'hydrogène décomposent l'ammoniaque.

Ainsi le gaz ammoniac est *combustible*. Il ne brûle pas dans l'air, mais il brûle bien dans l'*oxygène* :

$$2AzH^3 + 3O = 2Az + 3H^2O.$$

Il forme un mélange détonant avec l'oxygène.

Si on fait passer un mélange d'*oxygène* et de *gaz ammoniac* sur de la *mousse de platine* (**126**) légèrement chauffée, l'azote lui-même est oxydé ; il se forme de l'*acide azotique* AzO^3H.

$$AzH^3 + 4O = AzO^3H + H^2O.$$

Un certain nombre d'*oxydes métalliques*, chauffés dans un tube de porcelaine, en présence d'un courant de gaz ammoniac, l'oxydent comme le fait l'oxygène lui-même.

Le *chlore* agit encore plus vivement que l'oxygène ; un courant d'ammoniaque s'enflamme de lui-même dans le chlore.

142. Sels ammoniacaux. — L'ammoniaque en dissolution a toutes les propriétés d'une base puissante. Aussi bien que la potasse caustique, elle ramène au bleu la teinture de tournesol rougie par un acide.

Mis au contact d'un acide, le gaz ammoniac est absorbé, et il forme avec l'acide un composé ayant toutes les propriétés des sels.

Ainsi les composés que l'ammoniaque forme avec l'acide chlorhydrique, avec l'acide sulfurique, avec l'acide azotique.

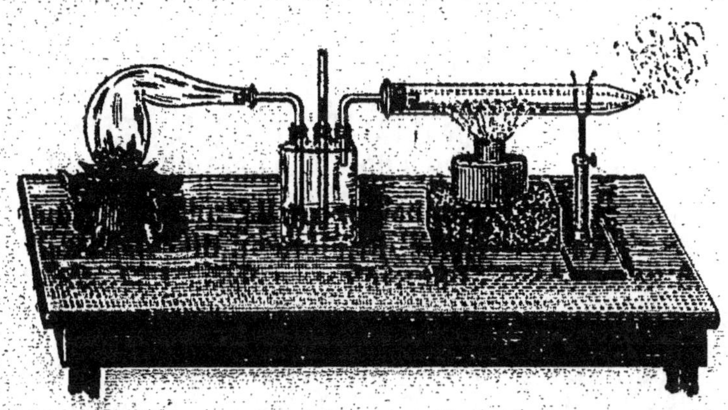

OXYDATION COMPLÈTE DE L'AMMONIAQUE SOUS L'INFLUENCE DE LA MOUSSE DE PLATINE

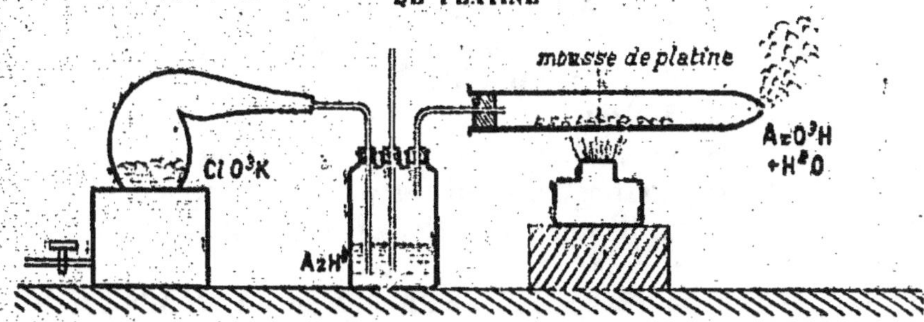

OXYDATION COMPLÈTE DE L'AMMONIAQUE SOUS L'INFLUENCE DE LA MOUSSE DE PLATINE. — De l'oxygène passe dans un flacon laveur contenant une dissolution d'ammoniaque. Le gaz arrive ensuite, entraînant d'abondantes vapeurs ammoniacales, sur de la mousse de platine légèrement chauffée. A la sortie on voit d'abondantes fumées d'acide azotique, capables de rougir le papier de tournesol humide.

sont tout à fait analogues au chlorure de potassium, au sulfate de potassium, à l'azotate de potassium.

Il faut donc admettre que l'ammoniaque est une base, quoique sa composition ne concorde pas du tout avec la définition que nous avons donnée des bases (**100**). Les sels que forme l'ammoniaque en se combinant aux acides s'appellent des *sels ammoniacaux*.

Les combinaisons du gaz ammoniac avec l'acide chlorhydrique, avec l'acide sulfurique, correspondent aux formules

$$ClH + AzH^3 = ClH,AzH^3 = Cl(AzH^4)$$
$$SO^4H^2 + 2AzH^3 = SO^4H^2,2AzH^3 = SO^4(AzH^4)^2.$$

Si on rapproche ces formules Cl (AzH⁴) et SO⁴ (AzH⁴)² des formules du chlorure de potassium ClK, et du sulfate de potassium SO⁴K², on voit qu'elles sont analogues, le groupement AzH⁴ y remplaçant le potassium K. Tout se passe comme s'il existait un corps de formule AzH⁴ qui, quoique corps composé, se comporterait comme un *métal monovalent* (**104**) tel que le potassium.

On a donné le nom d'*ammonium* à ce groupement AzH⁴, qu'on n'a jamais pu isoler. Et alors on dit *chlorure d'ammonium*, *sulfate d'ammonium*, comme on dit *chlorure de potassium*, *sulfate de potassium*.

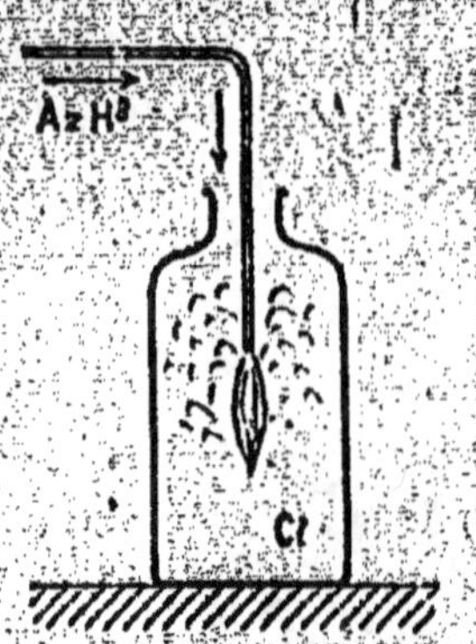

COMBUSTION DE L'AMMONIAQUE DANS LE CHLORE. — Un courant d'*ammoniaque* s'enflamme spontanément dans un flacon rempli de chlore.

Les *sels ammoniacaux* ont une assez grande importance pratique. On les prépare industriellement en faisant arriver le gaz ammoniac, à sa sortie des appareils (**139**), dans des bonbonnes renfermant de l'acide chlorhydrique, de l'acide sulfurique, de l'acide azotique.

Le *chlorure d'ammonium*, appelé aussi *sel ammoniac*, sert dans les laboratoires à la préparation du gaz ammoniac. Il entre dans la constitution d'une *pile électrique* importante, la pile *Leclanché*.

Le *sulfate d'ammonium* constitue un engrais de grande valeur, dont l'agriculture consomme d'importantes quantités.

143. Usages. — La dissolution ammoniacale est employée en médecine et dans l'art vétérinaire comme caustique et comme rubéfiant. On l'administre à l'intérieur pour combattre l'ivresse chez l'homme, ou le météorisme chez les animaux herbivores.

Elle sert dans le dégraissage, dans la teinture, dans la préparation de quelques matières colorantes et des perles fausses. Les laboratoires de chimie en consomment beaucoup.

On utilise le froid produit par l'évaporation rapide du gaz ammoniac, préalablement liquéfié, pour refroidir de grands espaces, de grandes masses liquides et pour fabriquer la glace.

On a même construit sur ce principe des appareils domestiques, pouvant servir à préparer deux ou trois kilogrammes de glace.

L'appareil se compose de deux réservoirs en tôle, à parois

très résistantes, communiquant par un gros tuyau, comme l'indiquent les figures.

APPAREIL CARRÉ POUR LA CONGÉLATION DE L'EAU.

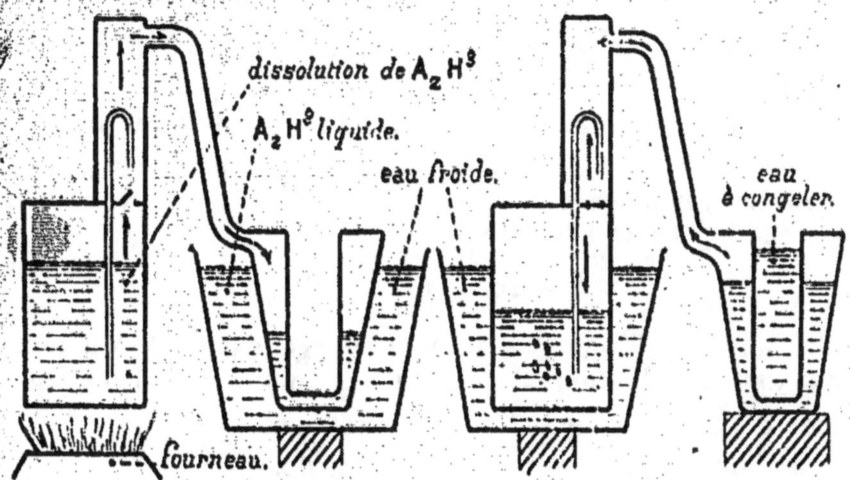

APPAREIL CARRÉ POUR LA CONGÉLATION DE L'EAU.

La *dissolution*, chauffée, laisse dégager son gaz, qui va se condenser, à l'état liquide, dans la partie droite de l'appareil, qui est refroidie par de l'eau fraîche.

L'eau, refroidie, redevient capable de dissoudre le gaz. Celui-ci arrive au fond du liquide, où se trouve la dissolution la moins concentrée. L'évaporation produit un fort refroidissement.

Dans l'un des réservoirs se trouve une dissolution d'ammoniaque dans l'eau. On le chauffe : le gaz se dégage, se comprime fortement dans l'espace très restreint qu'il est obligé d'occuper, et se liquéfie dans le second réservoir. On retire le feu ; l'eau redevient apte à dissoudre le gaz, la pression dans l'appareil diminue rapidement, l'ammoniaque liquide distille en produisant un grand froid capable d'être utilisé, et le gaz revient à l'état de dissolution. Dans une cavité ménagée au centre du second réservoir, on met un ou deux litres d'eau, qui est bientôt prise en un bloc cylindrique de glace.

144. Applications numériques. — 1° *Quelle économie y a-t-il à remplacer, dans la fabrication de l'acide azotique, l'azotate de potassium par l'azotate de sodium, en admettant que le premier soit payé à raison de 50 et le second à raison de 35 francs le quintal ?*

Le poids moléculaire de l'*azotate de potassium* est 101, celui de l'*azotate de sodium* est 85, celui de l'*acide azotique* est 63.

D'après les réactions de la préparation (**155**), on voit que pour préparer 63 kil. d'acide azotique il faut 101 kil. d'azotate de potassium et 85 kil. seulement d'azotate de sodium.

Pour obtenir 100 kil. d'acide azotique, il faut donc :

Azotate de potassium $\frac{101}{63} \times 100$ kilos, valant $\frac{101}{63} \times 100 \times \frac{50}{100}$ = 80,16 fr. ;

Azotate de sodium $\frac{85}{63} \times 100$ kilos, valant $\frac{85}{63} \times 100 \times \frac{35}{100}$ = 47,22 fr.

L'économie est de 32 fr. 94 par quintal d'acide azotique.

2° *Combien faut-il ajouter d'oxygène à 213 cc. de gaz ammoniac pour former un mélange détonant sans résidu ?*

La réaction est la suivante :

$$2AzH^3 + 3O = 2Az + 3H^2O.$$

Elle montre qu'il faut 3 volumes d'oxygène pour 4 volumes de gaz ammoniac. Pour 213 cc. de gaz ammoniac, il faut un volume d'oxygène égal à $\frac{216 \times 3}{4} = 162$ cc.

Après l'explosion, il reste 108 cc. d'azote.

RÉSUMÉ

1. — Il existe plusieurs composés oxygénés de l'azote; dont aucun ne résulte de l'union directe de l'azote et de l'oxygène.

Tous ces composés sont instables, facilement décomposés par la chaleur, très oxydants.

2. — *L'acide azotique* AzO^{3}H, se prépare en décomposant, à chaud, *l'azotate de potassium* AzO^{3}K ou *l'azotate de sodium* AzO^{3}Na, par *l'acide sulfurique* concentré SO^{4}H^2 :

$$AzO^3K + SO^4H^2 = AzO^3H + SO^4HK.$$

3. — *L'acide azotique* est un liquide incolore, toxique, qui bout à 86° quand il est au maximum de concentration; l'acide du commerce bout à 123°.

4. — Il est aisément décomposable par la chaleur

$$2AzO^3H = H^2O + 2AzO^2 + O.$$

Il est *très oxydant.* Il oxyde, dans des circonstances expérimentales convenables, un grand nombre de *métalloïdes*, presque tous les *métaux*, tous les corps composés *combustibles*, et même une foule de corps composés qui ne sont pas combustibles.

Tels sont *l'hydrogène*, le *charbon*, le *phosphore*, le *soufre*, tous les *métaux*, excepté *l'or* et le *platine*, *l'acide sulfhydrique*, *l'anhydride sulfureux*, *l'acide chlorhydrique*, les *matières organiques*.

5. — *L'acide azotique*, mélangé à *l'acide chlorhydrique*, constitue *l'eau régale*, qui dégage du *chlore*, et est par suite capable de dissoudre *l'or* et le *platine*.

6. — Les *matières organiques* peuvent être complètement oxydées par *l'acide azotique*. D'autres fois elle donnent naissance à des composés de substitution. La *benzine* C^{6}H^6 donne la *nitro-benzine* C^{6}H^5(AzO^2); la *glycérine* C^{3}H^{8}O^3 donne la *nitro-glycérine* C^{3}H^5(AzO^2)^{3}O^3; le *coton* C^{6}H^{10}O^5 donne le *fulmi-coton* C^{6}H^7(AzO^2)^{3}O^5.

7. — *L'acide azotique* en réagissant sur les métaux et sur les bases donne des azotates.

8. — *L'acide azotique* est employé dans le travail des métaux, dans la gravure sur acier, sur cuivre (gravure à l'eau-forte), et sur pierre (lithographie). Il est employé dans la fabrication de l'acide sulfurique, de divers azotates, des matières explosives (dynamite, poudre sans fumée), de la nitro-benzine.

9. — Les *azotates* sont oxydants comme l'acide azotique. A chaud : ils oxydent aisément le soufre, le charbon.

La *poudre noire* est un mélange d'*azotate de potassium* (salpêtre), de *soufre* et de *charbon*. Ce mélange brûle en vase clos, avec une grande force expansive

$$2AzO^3K + S + 3C = SK^2 + 2Az + 3CO^2.$$

10. — *L'azotate de potassium* et *l'azotate de sodium* se trouvent dans la nature.

On prépare artificiellement l'azotate de potassium en traitant, à chaud, l'azotate de sodium naturel par le chlorure de potassium.

Cet azotate de potassium est employé dans la fabrication de la poudre noire, de la dynamite, de la poudre sans fumée.

11. — *L'ammoniaque* AzH^3 se trouve en petite quantité dans l'air.

Dans les laboratoires, on le prépare en traitant, à chaud, le *chlorure d'ammonium* par la *chaux éteinte*.

$$2Cl(AzH^4) + CaO^2H^2 = Cl^2Ca + 2H^2O + 2AzH^3.$$

Dans l'industrie, on extrait l'ammoniaque des eaux d'épuration des usines à gaz et des urines putréfiées des grandes villes. Le liquide, qui renferme de l'ammoniaque, du *carbonate* et du *sulfate d'ammonium*, est chauffé avec de la chaux éteinte.

12. — Le *gaz ammoniac* est incolore, odorant, caustique, très soluble dans l'eau, facilement liquéfiable.

Il est décomposable, par la chaleur, par une longue série d'étincelles électriques, combustible dans l'oxygène, mais pas dans l'air. Le chlore le décompose instantanément, avec production de chlorure d'ammonium et d'azote.

13. — La dissolution se comporte comme une base puissante et donne, avec les acides, des sels cristallisables qu'on nomme *sels ammoniacaux*.

On admet l'existence d'un radical non isolé, de formule AzH^4, auquel on a donné le nom d'*ammonium*. Ce radical se comporterait, dans les sels, comme un métal alcalin, potassium ou sodium.

Les sels ammoniacaux ont une grande importance pratique. Le *sulfate d'ammonium*, qu'on prépare en faisant passer un courant de gaz ammoniac dans de l'acide sulfurique, joue un rôle important en agriculture comme engrais.

14. — La *dissolution ammoniacale* (alcali volatil) est employée en médecine et dans l'art vétérinaire, comme caustique et comme rubéfiant.

Elle sert en dégraissage, en teinture, dans la préparation de diverses matières colorantes, des perles fausses.

Le froid produit par l'évaporation rapide de l'ammoniac liquéfié est utilisé dans les *machines frigorifiques*, dont l'importance augmente chaque jour.

VII

SOUFRE. GAZ SULFUREUX
ACIDE SULFURIQUE. ACIDE SULFHYDRIQUE

$$S = 32$$

145. Le *soufre* se trouve souvent à l'*état natif*, simplement mélangé à des matière terreuses (près de Naples, et en Sicile, en particulier).

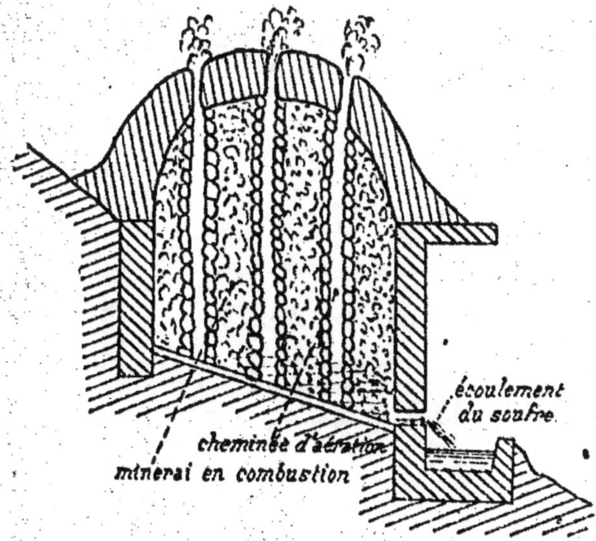

EXTRACTION DU SOUFRE PAR LES CALCARONI. — La chaleur produite par la combustion d'une partie du soufre fait fondre l'autre partie. Le liquide s'écoule par l'ouverture inférieure.

Les composés naturels du soufre sont nombreux : *sulfures de fer*, *de plomb*, *de zinc*, *de cuivre*, *de mercure*; *sulfate de calcium* appelé aussi *gypse* ou *pierre à plâtre*.

146. Extraction du soufre. — L'extraction du soufre est une opération essentiellement industrielle; on le retire des environs de Naples et de Sicile. Il n'y a qu'à séparer le soufre des matières terreuses avec lesquels il est mélangé. Voici l'un des procédés d'extraction. On remplit de minerais des sortes de fours (nommés *calcaroni*) ouverts par le haut. On met le feu à ce minerai, car le soufre est combustible, et on recouvre de terre. La combustion se propage peu à peu, grâce à l'arrivée très lente de l'air, et produit assez de chaleur pour déterminer la fusion des deux tiers du soufre; le liquide s'écoule sur la sole en pente du four et sort par un trou de coulée ménagé à la partie inférieure. On a, en somme, brûlé, et par suite perdu, une partie du soufre, pour fondre et obtenir l'autre partie.

147. Raffinage. — Le soufre brut obtenu par ce procédé

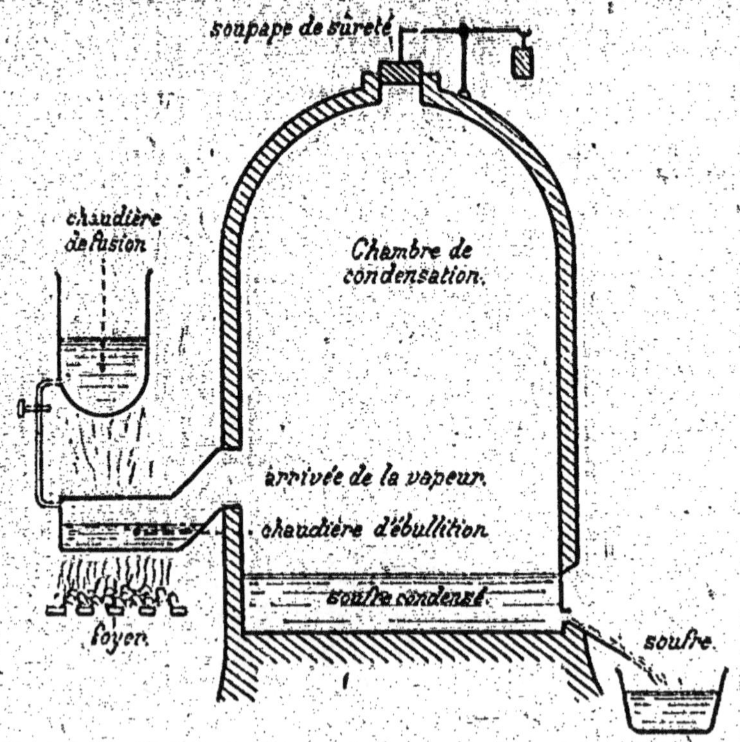

Raffinage du soufre. — Le soufre est fondu dans une première chaudière, et volatilisé dans une seconde. Les vapeurs vont se condenser dans une grande chambre.

renferme encore des matières terreuses; on le raffine par distillation.

Fondu dans une première chaudière, le soufre s'écoule dans

une seconde, où il est volatisé. La vapeur se rend dans une grande chambre en maçonnerie, où elle se condense.

Au début les vapeurs arrivant dans la chambre, qui est froide, s'y condensent en particules solides très fines qui constituent la *fleur de soufre*.

Si on laisse la chambre s'échauffer, le soufre s'y fond ; on le coule alors dans des moules en bois, et on a le *soufre en canons*.

148. Propriétés physiques. — Le soufre est un solide d'un jaune clair, inodore, insipide, très friable, mauvais conducteur de la chaleur et de l'électricité. Sa densité est à peu près 2 ; il fond à 115° et bout à 440°.

Il est insoluble dans l'eau, mais soluble dans le sulfure de carbone. Solide, nous le voyons tantôt en poussière impalpable obtenue dans le raffinage (*fleur de soufre*), tantôt en cylindres constituant le *soufre en canons*.

Fondu à 115°, il donne d'abord un liquide fluide, transparent, d'un jaune clair. Mais à mesure qu'on le chauffe davantage, il devient de plus en plus foncé, puis presque noir. En même temps il s'épaissit tellement qu'il ne coule plus si on renverse le vase qui le renferme ; chauffé encore davantage, il reste noir, mais il reprend sa fluidité.

Un refroidissement lent le fait repasser par les mêmes états primitifs.

A 440°, il bout en donnant des vapeurs brunes, dont la densité est $32 \times 0,0693 = 2,22$.

149. Propriétés chimiques. — Comme l'oxygène, le soufre se combine directement à la plupart des éléments.

Il brûle dans l'*oxygène* et dans l'air avec une flamme bleue, peu éclairante, en produisant de l'*anhydride sulfureux* SO^2.

Avec le *chlore* il y a combinaison dès la température ordinaire, mais sans incandescence, avec formation de *chlorure de soufre* Cl^4S^2.

Le *charbon* brûle dans la vapeur de soufre fortement chauffée, en donnant du *sulfure de carbone* S^2C.

Parmi les métaux, l'*aluminium*, l'*or*, le *platine* sont inattaquables par le soufre, même aux températures élevées. Mais tous les autres, et particulièrement le *potassium*, le *zinc*, le *fer*, le *cuivre*, donnent naissance à des sulfures, quand on les chauffe au contact du soufre.

La tournure du *cuivre*, projetée dans un ballon renfermant du soufre à 400°, s'y combine avec incandescence ; la limaille de *fer* se comporte de même.

La présence de l'eau facilite l'action du soufre sur les *métaux*. Lorsqu'on arrose d'eau tiède un mélange de limaille de *fer*, et de *fleur de soufre*, l'union des deux éléments commence immédiatement. Il se forme du *sulfure de fer* SFe, et la température s'élève jusqu'à 100°.

La tendance du soufre à se combiner avec l'oxygène en fait un corps *réducteur*, comme l'hydrogène et le charbon.

Ainsi, chauffé au contact de l'acide azotique AzO^3H, il lui enlève son oxygène, et se transforme en acide sulfurique SO^4H^2; l'acide azotique est ramené à l'état de *bioxyde d'azote* AzO :

$$2Az\,O^3H + S = SO^4H^2 + 2AzO.$$

Mêlé avec l'*azotate de potassium* AzO^3K, il constitue une poudre capable de brûler en vase clos en donnant naissance à un grand volume gazeux ; l'azotate de potassium fournit l'oxygène nécessaire à la combustion du soufre.

A la température de 400°, le *soufre* décompose l'*acide sulfurique* qu'il réduit à l'état d'anhydride sulfureux

$$2SO^4H^2 + S = 3\,SO^2 + 2H^2O.$$

150. Usages. — Les usages du soufre sont nombreux. Cet élément constitue la matière première de la fabrication de beaucoup de produits chimiques importants : *acide sulfurique, anhydride sulfureux, sulfure de carbone*, etc.

Il entre dans la composition de la *poudre noire* et dans la confection des allumettes. Il sert à blanchir au *soufroir* la paille, les étoffes de laine et de soie, à éteindre les feux de cheminée, à préparer le caoutchouc vulcanisé et le caoutchouc durci.

Il est employé contre les maladies de la peau, contre la maladie de la vigne nommée oïdium, contre les chances d'altération du vin (combustion des mèches soufrées dans les tonneaux).

II. — ANHYDRIDE SULFUREUX

151. — Le soufre se combine à l'oxygène en diverses proportions par des réactions indirectes ; nous nous contenterons de parler de l'*anhydride sulfureux* SO^2, de l'*anhydride sulfurique* SO^3, et de l'*acide sulfurique* SO^4H^2.

L'anhydride sulfureux se rencontre dans presque toutes les émanations volcaniques. Comme il se produit dans la combustion du soufre, il est connu, de même que cet élément, depuis la plus haute antiquité.

152. Préparation. — L'industrie prépare le plus souvent l'anhydride sulfureux en faisant brûler du soufre à l'air ; ou bien en faisant brûler à l'air du *bisulfure de fer* S^2Fe (*pyrite*) :

$$2S^2Fe + 11\,O = Fe^2O^3 + 4SO^2;$$

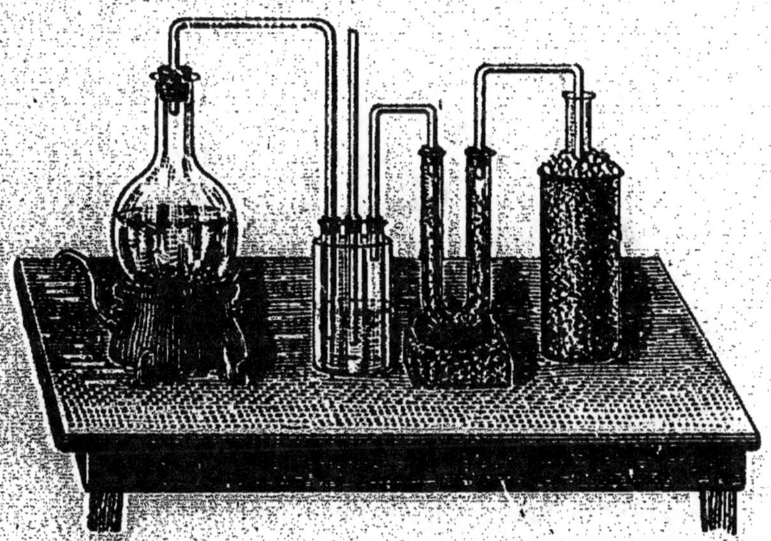

PRÉPARATION DE L'ANHYDRIDE SULFUREUX LIQUIDE.

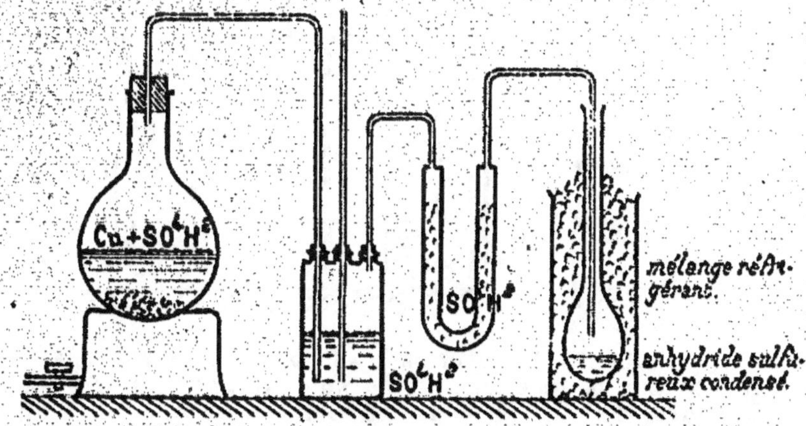

PRÉPARATION DE L'ANHYDRIDE SULFUREUX LIQUIDE. — Le gaz, préparé dans le ballon, desséché dans le flacon et dans le tube en U, arrive dans un matras refroidi, où il se condense.

l'anhydride sulfureux se dégage à l'état gazeux, mêlé à tout l'azote qui était dans l'air ; et il reste le sesquioxyde de fer Fe^2O^3.

Dans les laboratoires, où l'on veut avoir l'anhydride sulfureux pur, on chauffe l'acide sulfurique avec un corps réducteur

(*cuivre, charbon, soufre*), capable de lui enlever une partie de
son oxygène, et de le ramener à l'état d'anhydride sulfureux.

$$Cu + 2SO^4H^2 = SO^4Cu + SO^2 + 2H^2O.$$

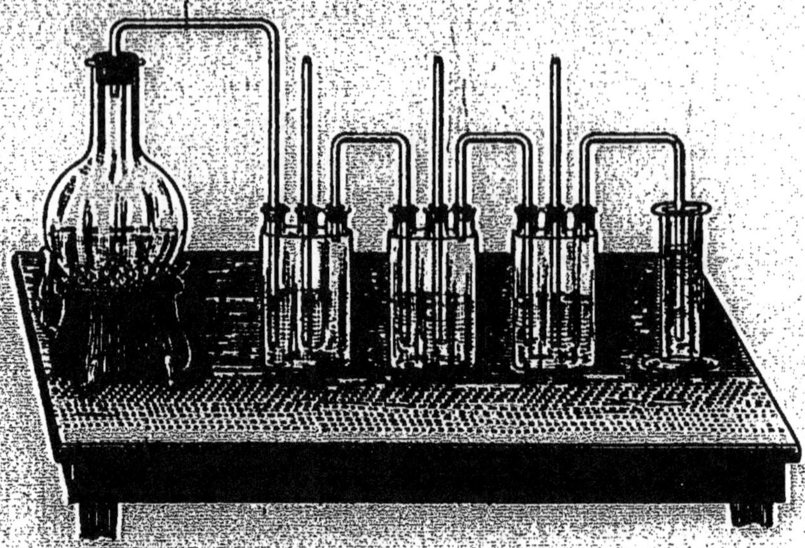

PRÉPARATION DE LA DISSOLUTION D'ANHYDRIDE SULFUREUX.

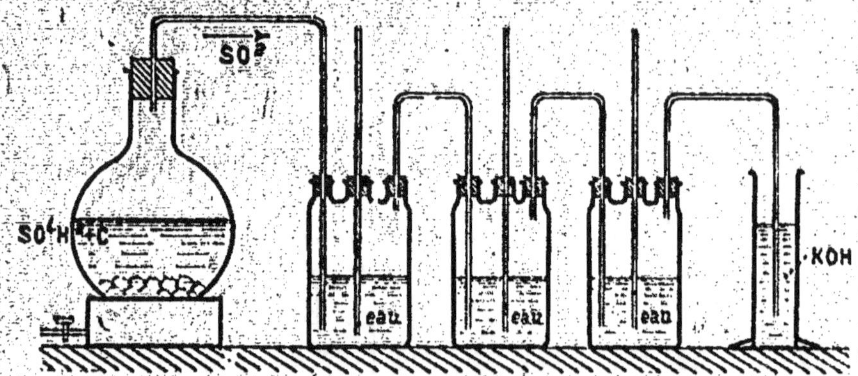

PRÉPARATION DE LA DISSOLUTION D'ANHYDRIDE SULFUREUX. — Le gaz,
préparé par la réaction du *charbon* sur *l'acide sulfurique*, va se
dissoudre dans des flacons de Woolf, renfermant de l'eau froide,
privée d'air par une ébullition préalable. Une éprouvette renfermant une dissolution de potasse absorbe, à la sortie, l'anhydride
carbonique et les dernières traces d'anhydride sulfureux.

On met par exemple de la *tournure* de cuivre dans un ballon,
on ajoute de l'acide sulfurique concentré, et on chauffe. Le gaz
SO² sort par un tube à dégagement; on le recueille sur le mercure, car il est très soluble dans l'eau. Si on veut le liquéfier,
on le dessèche en le faisant passer dans un flacon laveur, puis

dans un tube en U renfermant une matière desséchante (acide sulfurique concentré), et on le fait arriver dans un matras entouré d'un mélange réfrigérant (v. fig. p. 111).

Si on veut l'obtenir à l'état de dissolution, on le fait passer dans une série de flacons renfermant de l'eau (fig. ci-contre).

153. Propriétés physiques. — L'anhydride sulfureux est un gaz incolore, d'une odeur vive, caractéristique. Sa densité est $\frac{64}{2} \times 0,0 \, 695 = 2,221$.

Il est extrêmement soluble dans l'eau, qui en dissout de 50 à 80 fois son volume à la température ordinaire.

Il suffit de le refroidir à — 8° pour le liquéfier. Le liquide obtenu est incolore, très volatil ; lorsqu'on active son évaporation en y faisant passer un rapide courant d'air, il produit un froid de 50° au-dessous de zéro, suffisant pour assurer la solidification du mercure.

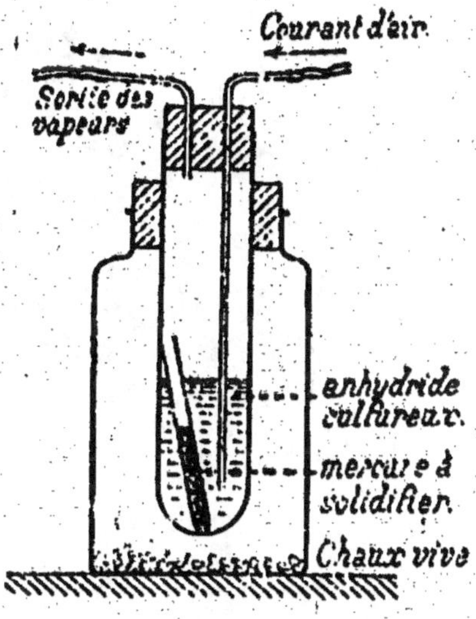

154. Propriétés chimiques. — Comme l'eau, comme l'acide chlorhydrique, l'anhydride sulfureux est très stable ; il est très difficilement décomposable par la chaleur (voir ce que nous avons dit au § 24 sur la décomposition de l'eau par la chaleur). L'anhydride sulfureux n'est pas combustible, mais il est susceptible de se combiner directement avec l'oxygène dans des circonstances convenables.

SOLIDIFICATION DU MERCURE PAR ÉVAPORATION DE L'ANHYDRIDE SULFUREUX. — L'évaporation, activée par un courant d'air, produit un froid de 50 degrés. De la chaux vive, placée dans le flacon qui sert de support à l'éprouvette, dessèche l'air et préserve ainsi l'éprouvette d'un dépôt de givre qui empêcherait de voir à l'intérieur.

Par exemple, le *gaz sulfureux* et l'oxygène se combinent pour donner de l'anhydride sulfurique SO³ quand on les fait passer sur de la *mousse de platine* légèrement chauffée.

$$SO^2 + O = SO^3.$$

Cette *mousse de platine* est constituée par le métal platine, obtenu par un procédé chimique en une masse grise, spongieuse. Il arrive souvent que cette mousse de platine active par sa seule présence les réactions chimiques, sans y prendre part elle-même de façon visible.

L'anhydride sulfureux s'oxyde encore de lui-même, à la

COMBINAISON DE L'ANHYDRIDE SULFUREUX ET DE L'OXYGÈNE.

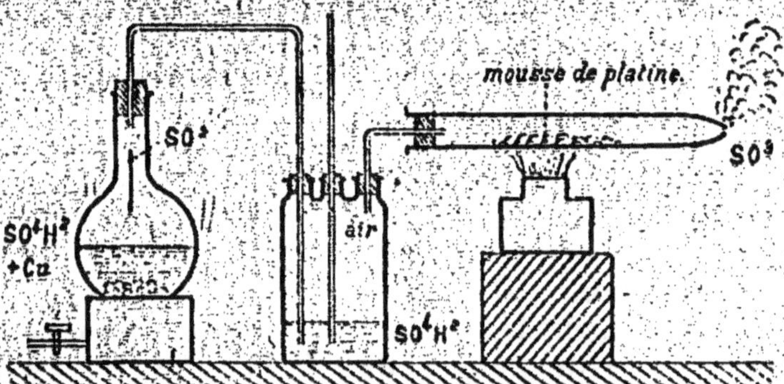

COMBINAISON DE L'ANHYDRIDE SULFUREUX ET DE L'OXYGÈNE. — L'anhydride sulfureux passe dans un flacon laveur contenant de l'acide sulfurique, où il se dessèche. Il en sort, entraînant l'air du flacon, et le mélange arrive sur la mousse de platine légèrement chauffée. D'abondantes fumées blanches montrent la formation de l'anhydride sulfurique.

température ordinaire, au contact de l'air humide, pour donner de l'acide sulfurique

$$SO^2 + O + H^2O = SO^4H^2.$$

Cette tendance du gaz sulfureux à s'oxyder lui permet de réduire un grand nombre de composés riches en oxygène. Ainsi l'acide azotique AzO³H, versé dans une éprouvette rempile de gaz sulfureux, est immédiatement *réduit* à l'état de *peroxyde d'azote* AzO^2, qui est un gaz rouge; et l'anhydride sulfureux est transformé en acide sulfurique :

$$SO^3 + 2AzO^3H = SO^4H^2 + 2AzO^2.$$

De même, si on verse une dissolution de gaz sulfureux dans une dissolution rouge de *permanganate de potassium*, la décoloration en est immédiate, par suite de la réduction de l'acide permanganique.

155. *Pouvoir décolorant.* — Un certain nombre de matières colorantes sont détruites par le gaz sulfureux, sans doute par suite d'une réduction analogue à celles que nous venons de citer.

Une *rose*, une *violette*, une *tache de vin* imprégnée d'eau, perdent leur coloration quand on les place au-dessus d'une allumette enflammée. Des *écheveaux* de *laine* ou de *soie* trempés dans l'eau, puis abandonnés dans une chambre close où brûle du soufre, perdent leur coloration bise; un lessivage complète le blanchiment.

156. *Réduction de l'anhydride sulfureux.* — L'anhydride sulfureux, ordinairement *réducteur*, peut également être réduit quand on le chauffe au contact de corps très avides d'oxygène. Il est décomposé quand on le fait passer sur du charbon chauffé au rouge; il se forme de l'anhydride carbonique CO^2 et du sulfure de carbone S^2C.

Au rouge également, il est réduit par l'hydrogène, qui donne de l'eau.

157. *Acide sulfureux* SO^3H^2. — La dissolution de l'anhydride sulfureux rougit la teinture de tournesol, et elle a toutes les propriétés d'un acide. Traitée, en particulier, par la potasse caustique, elle donne naissance à un sel qui répond à la formule SO^3K^2.

On admet donc l'existence d'un acide sulfureux, qui aurait pour formule SO^3H^2. Mais on n'a jamais pu obtenir cet acide; on ne connaît que ses sels, qui sont les *sulfites*.

158. Composition. — Un morceau de soufre, enflammé à l'aide de rayons solaires dans un ballon plein d'oxygène, y brûle en produisant de l'anhydride sulfureux. Après refroidissement on constate que le volume n'a pas changé.

Le gaz sulfureux renferme donc un volume d'oxygène égal au sien.

Il nous faut calculer le volume de *vapeur de soufre* contenu dans ce gaz. Pour cela nous allons utiliser la *loi de Lavoisier.*

Supposons qu'on ait opéré sur 20 centimètres cubes d'oxygène. Ces 20 centimètres cubes pèsent $1,1056 \times 1^{gr},293 \times 0,020 = 0^{gr},0286$. Il s'est produit 20 centimètres cubes de gaz sulfureux, qui pèsent $2,224 \times 1^{gr},293 \times 0^{gr},020 = 0^{gr},0575$. Le poids de vapeur de soufre qui est entré en combinaison est donc égal à la différence $0^{gr},0281$.

D'autre part 1 litre de vapeur de soufre pèse $2,22 \times 1^{gr},293 = 2^{gr},870$. Autant de fois le poids $0^{gr},0281$ sera renfermé dans le poids $2^{gr},870$, autant nous aurons de litres de vapeur de soufre. La division donne à peu près exactement $0^l,010$. Il y a donc 10 centimètres cubes de vapeur de soufre.

Donc le volume d'oxygène est double du volume de vapeur de soufre et le volume de gaz sulfureux est égal au volume de l'oxygène.

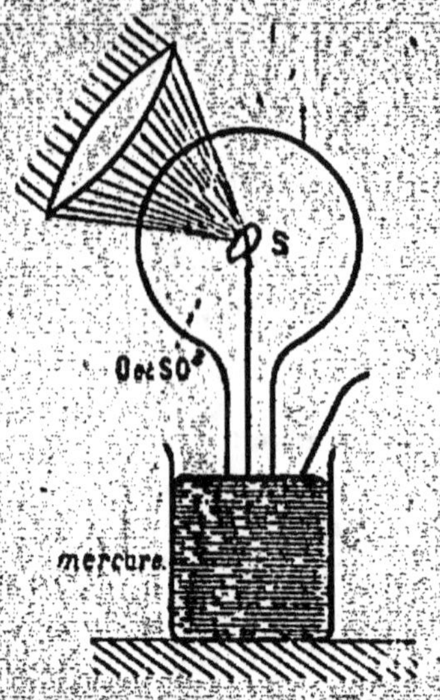

SYNTHÈSE DE L'ANHYDRIDE SULFUREUX. — Le *soufre* brûle dans l'oxygène, en produisant un volume d'anhydride sulfureux égal au sien.

159. Usages. — L'anhydride sulfureux, préparé par la combustion du soufre, sert à blanchir la laine, la soie, les éponges. Il est employé dans la fabrication de l'acide sulfurique, de l'hyposulfite de sodium. On s'en sert pour combattre les feux de cheminée; le soufre, jeté dans le feu, produit le gaz sulfureux, qui monte dans la cheminée, et y arrête la combustion de la suie.

III. — ACIDE SULFURIQUE

160. Anhydride sulfurique. — L'*anhydride sulfurique* SO^3 se forme quand on fait passer un mélange d'anhydride sulfureux et d'oxygène secs sur de la mousse de platine légèrement chauffée (154).

On obtient ainsi un solide blanc, ayant l'apparence de longues aiguilles cristallisées soyeuses. Il fond aisément, et est très volatil. Ce corps est tellement avide d'eau, pour se transformer en acide sulfurique, qu'on ne peut le conserver que dans des matras fermés à la lampe.

On le prépare dans l'industrie pour le transformer en un acide très concentré nommé l'*acide fumant* ou *acide de Nordhausen* (167).

161. Acide sulfurique. — L'acide sulfurique SO^4H^2 se trouve en petite quantité dans certaines sources de l'Amérique du sud.

On rencontre dans la nature plusieurs sulfates ; le sulfate de calcium est très abondant.

L'acide sulfurique prend naissance dans l'action de l'eau sur l'anhydride sulfurique. Mais on le fabrique toujours industriellement par *synthèse*, c'est-à-dire en partant de ses éléments.

On ne le prépare jamais dans les laboratoires.

162. Fabrication industrielle de l'acide sulfurique. — La *fabrication industrielle* consiste à oxyder le soufre.

On commence par faire brûler du *soufre* ou de la *pyrite de fer*, ce qui donne de l'*anhydride sulfureux* mêlé d'air.

Puis on fait agir, sur cet anhydride sulfureux, un corps très oxydant, l'*acide azotique* AzO^3H, qui le transforme en acide sulfurique :

$$SO^3 + 2AzO^3H = SO^4H^2 + 2AzO^2.$$

Le composé AzO^2 qui prend ici naissance, en même temps que l'acide sulfurique, est un gaz rouge nommé *peroxyde d'azote*. Il a la propriété de se combiner instantanément, à froid, avec l'oxygène et la vapeur d'eau, pour régénérer totalement l'acide azotique qui lui a donné naissance :

$$2AzO^2 + O + H^2O = 2AzO^3H.$$

Il en résulte qu'une quantité limitée d'acide azotique peut servir à l'oxydation d'une quantité illimitée d'anhydride sulfureux, pourvu qu'on fournisse constamment de l'air et de la vapeur d'eau. C'est, en définitive, l'oxygène de l'air et la vapeur d'eau qui se fixent sur l'anhydride sulfureux, par l'intermédiaire de l'acide azotique.

L'opération se fait dans d'immenses appareils, appelés *chambres de plomb*, parce que les parois en sont en plomb ; leur contenance totale dépasse parfois 5 000 mètres cubes. On y fait arriver constamment de l'anhydride sulfureux, de l'air et de la vapeur d'eau ; on y ajoute de temps en temps un petit supplément d'acide azotique, pour compenser les pertes, qui ne peuvent être complètement évitées.

L'acide qui sort des *chambres* n'est pas assez concentré. On le concentre davantage en le chauffant doucement dans des bassines, d'abord en plomb, puis en platine, parce que l'acide concentré attaque le plomb. L'excès d'eau s'en va, et on arrive à l'acide concentré, dans lequel l'*aréomètre de Baumé* s'enfonce jusqu'à la division 66 ; on dit qu'on a de l'acide à 66° Baumé.

163. Propriétés physiques. — L'acide concentré, de formule SO^4H^2 est un liquide incolore, inodore, très caustique, détruisant rapidement la peau ; il ne doit être manié qu'avec quelques précautions. Sa densité est 1,84. Il se solidifie à — 30° ; il bout à 338°.

164. Propriétés chimiques. — Les vapeurs d'acide sulfurique, passant dans un tube de porcelaine chauffé au rouge vif, sont complètement décomposées,

$$SO^4H^2 = SO^3 + O + H^2O.$$

Les corps *réducteurs*, c'est-à-dire avides d'oxygène, tels que l'hydrogène, le charbon, le soufre, décomposent l'acide sulfurique.

L'*hydrogène*, passant, avec des vapeurs d'acide sulfurique, dans un tube de porcelaine chauffé au rouge, donne de l'eau et du soufre,

$$SO^4H^2 + 6H = S + 4H^2O ;$$

ou de l'eau et de l'acide sulfhydrique, si l'hydrogène est en excès et si la température n'est pas assez élevée pour décomposer ce gaz,

$$SO^4H^2 + 8H = SH^2 + 4H^2O.$$

Quand on chauffe de l'acide sulfurique dans lequel on a mis des morceaux de charbon de bois, il se dégage un mélange d'anhydride sulfureux et d'anhydride carbonique,

$$2SO^4H^2 + C = 2SO^2 + CO^2 + 2H^2O.$$

Si on verse goutte à goutte de l'acide sulfurique sur du soufre chauffé à sa température d'ébullition, il se produit de l'anhydride sulfureux,

$$2SO^4H^2 + S = 3SO^2 + 2H^2O.$$

Quant aux *métaux*, ceux qui sont attaqués à froid (zinc, fer) fournissent un dégagement d'hydrogène (16); ceux qui sont attaqués à chaud fournissent un dégagement d'anhydride sulfureux (152).

165. *Action de l'eau*. — L'acide sulfurique se combine instantanément à l'eau, avec un grand dégagement de chaleur.

La grande avidité de l'acide sulfurique pour l'eau le fait employer pour dessécher les gaz. C'est aussi cette grande affinité pour l'eau qui le rend si caustique; les matières organiques, privées par l'acide sulfurique de l'eau qui est indispensable à leur constitution, se carbonisent instantanément. On le constate en versant de l'acide sulfurique concentré sur du sucre en poudre, ou, plus simplement encore, en trempant dans l'acide sulfurique un petit morceau de bois blanc. On comprend dès lors l'effet que peut produire l'acide sulfurique sur la peau des mains, du visage, et plus encore sur la membrane intérieure de la bouche et de l'estomac.

166. *Action des bases, sulfates*. — L'acide sulfurique est un acide puissant qui rougit fortement la teinture de tournesol. En agissant sur les métaux, il donne des *sulfates*. De même il réagit sur les *bases* ou sur les *oxydes métalliques* avec un grand dégagement de chaleur ; versé sur de la baryte caustique il en détermine l'incandescence.

Il décompose les *carbonates*, les *chlorures*, les *sulfures*, les *azotates* (156), pour donner un dégagement d'anhydride carbonique, d'acide chlorhydrique, d'acide sulfhydrique, d'acide azotique.

Renfermant deux atomes d'hydrogène, l'acide sulfurique peut donner naissance à deux classes de sels : les *sels neutres* tels que le sulfate neutre de potassium SO^4K^2, et les *sels acides*, tels que le *sulfate acide de potassium* SO^4HK. On exprime ce fait en disant qu'il est *bibasique* : un acide bibasique est un acide renfermant deux atomes d'hydrogène qui peuvent être remplacés, en totalité ou en partie, par des atomes métalliques.

Les *sulfates* sont des solides ordinairement solubles (le *sulfate de baryum* est insoluble).

167. **Acide sulfurique de Nordhausen.** — On prépare dans l'industrie, sous les noms d'*acide de Nordhausen*, d'*acide de Saxe*, d'*acide fumant*, un liquide de consistance oléagineuse qui peut être considéré comme un mélange d'acide SO^4H^2 et d'anhydride SO^3.

Et, en effet, le procédé le plus simple pour l'obtenir consiste à verser de l'acide sulfurique ordinaire sur de l'anhydride sulfurique.

C'est un liquide de consistance oléagineuse, souvent un peu brun, qui se solidifie de lui-même quand la température s'abaisse. Légèrement chauffé, il laisse dégager d'abondantes vapeurs d'anhydride sulfurique. Même à la température ordinaire, ces vapeurs se dégagent un peu ; arrivées dans l'air, elles se combinent à l'humidité atmosphérique pour donner de l'acide ordinaire, qui se condense en une *fumée blanche*, parce qu'il n'est pas volatil. Voilà pourquoi l'acide de Nordhausen *fume à l'air*.

168. Usages. — Aucun acide n'a des usages aussi nombreux et aussi importants que ceux de l'acide sulfurique. Sa production totale annuelle dépasse un milliard de kilogrammes.

Il sert à la préparation des acides azotique, chlorhydrique, citrique, tartrique, stéarique, oléique, de l'anhydride carbonique, des sulfates de sodium, de potassium, d'ammonium, d'aluminium, de fer, de zinc, de cuivre. Il est employé dans la fabrication des superphosphates, des couleurs artificielles, du verre, du phosphore, du savon, de la dynamite, de la poudre sans fumée.

L'acide de Nordhausen est presque exclusivement employé dans la teinture en indigo, et dans la fabrication de quelques matières colorantes.

IV. — ACIDE SULFHYDRIQUE

169. — L'*acide sulfhydrique* SH^2 ou *hydrogène sulfuré* se rencontre assez souvent à l'état libre dans la nature. Il s'en dégage de certaines eaux minérales (Barèges, Cauterets, Luchon). L'air en renferme de petites quantités, provenant de la putréfaction des matières organiques qui contiennent du soufre.

170. Préparation. — De même que l'oxygène, le soufre se combine directement à l'hydrogène ; mais l'union n'a lieu que difficilement, dans des circonstances particulières, lorsque, par exemple, on fait passer un courant d'hydrogène sur du soufre en ébullition.

Pratiquement, on le prépare toujours en décomposant un de ses sels, c'est-à-dire un sulfure, par l'*acide chlorhydrique* ou par l'*acide sulfurique* étendu d'eau. Le *sulfure de fer* SFe est celui qui convient le mieux, il se forme du sulfate ou du chlorure de fer.

$$SFe + SO^4H^2 = SO^4Fe + SH^2,$$

ou

$$SFe + 2ClH = Cl^2Fe + SH^2$$

On opère à froid, dans un flacon à deux tubulures, en procédant exactement comme on le fait dans la préparation de l'hydrogène.

171. Propriétés physiques. — L'acide sulfhydrique est un gaz incolore, ayant l'odeur des œufs pourris. Sa densité est $\frac{34}{2} \times 0,0693 = 1,181$.

L'eau en dissout à peu près 4 fois son volume.

Il est assez aisément liquéfiable.

172. Propriétés chimiques. — Passant dans un tube de

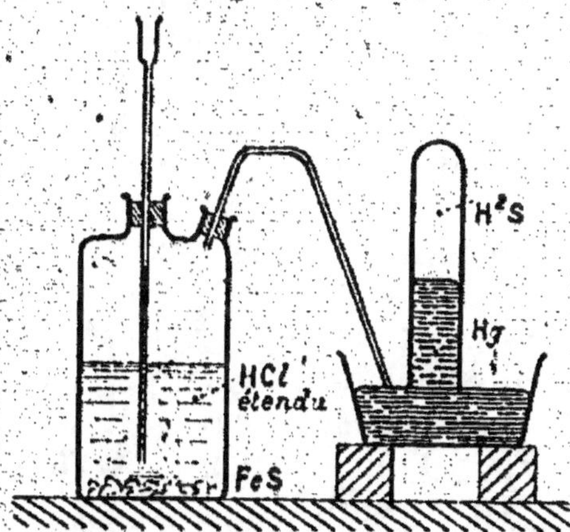

PRÉPARATION DE L'ACIDE SULFHYDRIQUE PAR LE SULFURE DE FER. — Dans un flacon contenant de l'eau et du *sulfure de fer*, on introduit progressivement l'*acide chlorhydrique*. On recueille sur le mercure le gaz étant notablement soluble dans l'eau.

porcelaine très fortement chauffé, l'acide sulfhydrique se dédouble en soufre et hydrogène.

Un grand nombre de corps simples le décomposent, en s'unissant soit au soufre, soit à l'hydrogène, soit aux deux éléments à la fois.

Et d'abord l'acide sulfhydrique est *combustible*. Quand on l'enflamme il brûle avec une flamme bleu pâle, en donnant de l'eau et de l'*anhydride sulfureux* SO_2 :

$$SH_2 + 3O = SO_2 + H_2O.$$

Avec l'oxygène il forme un mélange détonant. Quand il n'y a pas assez d'oxygène, ou d'air, c'est l'hydrogène qui brûle d'abord, et le soufre se dépose sur les parois du vase.

Au contact de l'air humide, l'acide sulfhydrique s'oxyde spontanément, sans qu'il soit nécessaire de chauffer, avec production d'eau, et dépôt de soufre.

Ainsi avide d'oxygène, l'acide sulfhydrique doit être *réducteur*, comme le soufre, comme l'hydrogène. En effet, l'acide azotique très concentré, versé dans une éprouvette remplie d'acide sulfhydrique, en détermine l'inflammation; le gaz brûle en prenant l'oxygène de l'acide azotique.

Le chlore décompose l'acide sulfhydrique en lui prenant son hydrogène.

La plupart des métaux, chauffés dans l'acide sulfhydrique, absorbent le soufre, et mettent l'hydrogène en liberté.

173. Propriétés toxiques. — L'acide sulfhydrique est un poison violent. Lorsqu'il s'accumule dans les fosses d'aisances, par suite de la putréfaction des matières fécales, il peut causer la mort des ouvriers vidangeurs.

Le chlore qui se dégage d'un mouchoir trempé dans l'*eau de Javel*, et arrosé de vinaigre, est un contrepoison quelquefois efficace. Mais on doit le faire respirer avec une extrême prudence, car il est lui-même très vénéneux.

174. Composition. — On fait l'*analyse* en chauffant un morceau d'étain dans l'acide sulfhydrique contenu dans une cloche courbe. Il se forme du sulfure d'étain, et l'hydrogène reste seul.

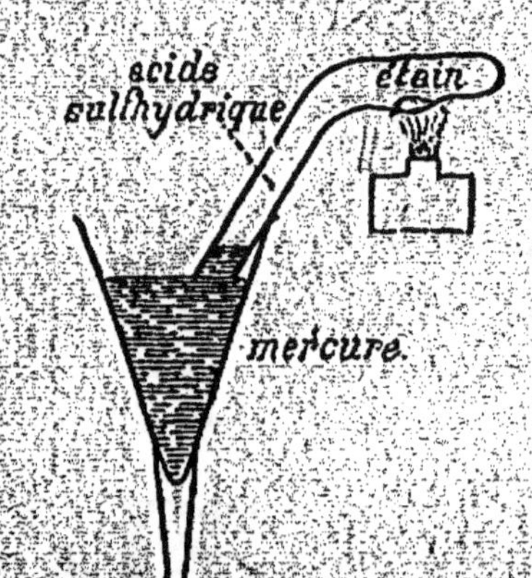

ANALYSE DE L'ACIDE SULFHYDRIQUE. — On chauffe de l'acide sulfhydrique dans une cloche courbe, au contact d'un morceau d'*étain*. Il se forme du sulfure d'étain et l'hydrogène reste seul.

Après refroidissement, on constate que le volume n'a pas changé. L'acide sulfhydrique renferme donc un volume d'hydrogène égal au sien. Il nous faut calculer le volume de *vapeur de soufre* en utilisant la loi de Lavoisier.

Le calcul est analogue à celui fait pour l'anhydride sulfureux. Supposons qu'on ait opéré sur 20 centimètres cubes d'acide sulfhydrique. Ces 20 centimètres cubes pèsent $1,181 \times 1^{gr},293 \times 0,020 = 0^{gr},0305$; il est resté 20 centimètres cubes d'hydrogène qui pèsent $0,0695 \times 1^{gr},293 \times 0,020 = 0^{gr},0018$. Le poids de soufre absorbé par l'étain est donc égal à la différence $0^{gr},0287$.

D'autre part 1 litre de vapeur de soufre pèse $2,22 \times 1^{gr},293 = 2^{gr},870$. Autant de fois le poids $0^{gr},0287$ sera renfermé dans le poids $2^{gr},870$, autant nous aurons de litres de vapeur de soufre. La division donne $0^l,010$. Il y a donc 10 centimètres cubes de vapeur de soufre.

Donc le volume d'hydrogène est double du volume de vapeur de soufre, et le volume de l'acide sulfhydrique formé est égal au volume de l'hydrogène.

175. Applications numériques. — 1° *Quel volume d'oxygène faut-il ajouter à 130 cc. d'acide sulfhydrique, pour faire un mélange détonant qui brûle sans résidu?*

La réaction de combustion est la suivante :

$$SH^2 + 3O = SO^2 + H^2O.$$

Elle montre que pour deux volumes d'acide sulhydrique, il faudrait 3 volumes d'oxygène. Le volume d'oxygène à ajouter est donc $\frac{130 \times 3}{2} = 195$ cc. Après la détonation il reste 130 cc. d'anhydride sulfureux ; la vapeur d'eau se condense.

2° *Combien peut-on obtenir d'acide sulfurique avec 100 kilos de pyrite de fer?*

La *pyrite de fer* S^2Fe **(128)** a pour poids moléculaire $2 \times 32 + 56 = 120$. Donc 120 kil. de pyrite contiennent 64 kil. de soufre ; 100 kil. renferment $\frac{64 \times 100}{120}$.

Ce poids de soufre sera entièrement transformé en acide sulfurique SO^4H^2 dans la fabrication.

Or le poids moléculaire de l'acide sulfurique est 98. Il y a donc 32 kil. de soufre dans 98 kil. d'acide sulfurique. Avec un poids de soufre égal à $\frac{64 \times 100}{120}$, on fabriquera donc un poids d'acide sulfurique égal à $\frac{98}{32} \times \frac{64 \times 100}{120} = 163$ kil.

On obtiendra 163 kil. d'acide sulfurique avec le soufre contenu dans 100 kil. de pyrite de fer.

RÉSUMÉ

1. — Le *soufre* se trouve dans la nature à l'*état natif*, ou à l'état de *sulfure*, de *sulfate*.

On le retire des minerais de *soufre natif*. Pour le séparer des matières terreuses avec lesquelles il est mélangé on emploie le procédé des *calcaroni*, qui consiste à brûler une partie du soufre pour déterminer la fusion et la séparation de l'autre partie.

Puis le *soufre brut* est raffiné par distillation.

2. — Le *soufre* est un solide jaune inodore, insipide ; sa densité est 2 ; il fond à 115° et bout à 440°. Sa densité de vapeur est **2,22.**

Il est soluble dans le sulfure de carbone.

Dans le commerce on le trouve sous forme de *fleur de soufre*, et de *soufre en canons*.

3. — Il se combine directement à la plupart des éléments.

Il brûle dans l'*oxygène* ou dans l'air, en donnant du gaz sulfureux.

Il se combine au *chlore* à froid, au *charbon* avec l'aide de la chaleur.

Le *potassium*, le *zinc*, le *fer*, le *cuivre*… donnent naissance à des sulfures quand on les chauffe au contact du soufre.

Le soufre est *réducteur*, comme l'*hydrogène*. A chaud, il réduit l'*acide azotique*, l'*azotate de potassium*, l'*acide sulfurique*.

4. — Le *soufre* constitue la matière première de la fabrication de l'acide sulfurique, de l'anhydride sulfureux, du sulfure de carbone… Il entre dans la composition de la poudre noire et dans la confection des allumettes. Il est employé contre les maladies de la peau, contre la maladie de la vigne nommée *oïdium*, contre les chances d'altération du vin.

5. — On obtient industriellement l'*anhydride sulfureux* en faisant brûler à l'air le bisulfure de fer (pyrite),

$$2\,S^2Fe + 11\,O = Fe^2O^3 + 4\,SO^2.$$

Pour l'avoir pur, dans les laboratoires, on décompose, à chaud, l'acide sulfurique par le cuivre,

$$Cu + 3\,SO^4H^2 = SO^4Cu + SO^2 + 2\,H^2O.$$

6. — L'*anhydride sulfureux* est un gaz incolore, d'une odeur vive, de densité 2,221. Il est très soluble dans l'eau, aisément liquéfiable.

Il est très difficilement décomposable par la chaleur.

Il n'est pas combustible, mais se combine aisément à l'oxygène, soit à chaud, soit à froid, en présence de l'humidité.

Par suite, il est réducteur. Il réduit l'*acide azotique*, le *permanganate de potassium*, en leur prenant leur oxygène.

Ce pouvoir réducteur lui permet de décolorer un certain nombre de matières colorantes (les violettes, les roses, une tache de vin…)

Il est réduit quand on le chauffe au contact d'un corps très avide d'oxygène, comme l'hydrogène et le charbon.

Sa dissolution a toutes les propriétés d'un acide ; elle réagit sur les bases pour donner des sulfates.

7. — On détermine la composition du gaz sulfureux par synthèse, en faisant brûler du soufre dans de l'oxygène.

8. — L'*anhydride sulfureux* sert à blanchir la laine, la soie, les éponges. Il est employé dans la fabrication de l'acide sulfurique, de l'hyposulfite de sodium.

9. — L'*anhydride sulfurique* SO^3 se forme quand on fait passer un mélange d'anhydride sulfureux et d'oxygène secs sur de la mousse de platine légèrement chauffée.

C'est un solide blanc, en aiguilles soyeuses, aisément fusible, avide d'eau.

10. — On fabrique l'acide sulfurique SO^4H^2 par synthèse.

On fait brûler du soufre ou des pyrites, ce qui donne du *gaz sulfureux* SO^2. Ce gaz est ensuite oxydé par l'oxygène de l'air, en présence de l'eau

$$SO^2 + O + H^2O = SO^4H^2 ;$$

cette oxydation est obtenue rapidement par l'action de l'acide azotique, qui est tour à tour réduit et régénéré.

$$SO^2 + 2 AzO^3H = SO^4H^2 + 2 AzO^2 ;$$
$$2 AzO^2 + O + H^2O = 2 AzO^3H.$$

L'opération se fait dans d'immenses appareils, appelés *chambres de plomb*.

11. — Cet acide est un liquide incolore, inodore, très caustique. Il bout à 338°.

Il est décomposé par la température du rouge.

$$SO^4H^2 = SO^2 + O + H^2O$$

Les *corps réducteurs* (C,S,H) le décomposent à chaud pour lui enlever une partie de son oxygène.

Les *métaux* agissent également. Ceux qui sont attaqués à froid (*zinc, fer*) fournissent un dégagement d'hydrogène, ceux qui sont attaqués à chaud fournissent un dégagement d'anhydride sulfureux.

L'acide sulfurique se combine instantanément à l'eau, avec un grand dégagement de chaleur. Il se combine également aux bases, pour donner naissance à des sulfates.

12. — L'*acide de Nordhausen* SO^4H^2,SO^3 est un liquide oléagineux, qu'on obtient en arrosant l'anhydride sulfurique avec de l'acide sulfurique.

Il fume à l'air, en dégageant des vapeurs d'anhydride sulfurique, qui forment une fumée visible en se combinant avec la vapeur d'eau atmosphérique.

13. — L'acide sulfurique sert à la préparation d'un nombre considérable d'acides, de sulfates. Il est employé dans la fabrication des superphosphates, des couleurs artificielles, du verre, du phosphore, du savon, de la dynamite, de la poudre sans fumée.

L'acide de Nordhausen est surtout employé dans la teinture en indigo.

14. — L'*acide sulfhydrique* SH^2 se trouve en petite quantité dans l'air. On le prépare en traitant, à froid, le *sulfure de fer* par l'acide sulfurique ou l'acide chlorhydrique.

$$SFe + SO^4H^2 = SO^4Fe + SH^2,$$
$$SFe + 2 ClH = Cl^2Fe + SH^2.$$

15. — C'est un gaz incolore, à odeur d'œufs pourris. Sa densité est 1,181.

Il est assez soluble dans l'eau, aisément liquéfiable.

Il est décomposable par la chaleur, combustible, réducteur. Le chlore le décompose en lui prenant son oxygène ; les métaux le détruisent en se combinant au soufre.

C'est un poison très violent.

16. — On détermine sa composition par analyse, en le décomposant à chaud, dans la cloche courbe, par un morceau d'étain.

VIII

PHOSPHORE

I. — PHOSPHORE
$$P = 31.$$

176. — Le *phosphore* se rencontre dans la nature à l'état de *phosphates* de *fer*, de *magnésium* et surtout de *calcium*. Dans toutes les terres arables se trouvent des phosphates, indispensables à la nutrition des plantes : celles-ci accumulent surtout dans les graines le phosphore qu'elles enlèvent au sol. De là, par l'alimentation, il passe dans les animaux, où il est très abondant. L'urine, la substance cérébrale, les nerfs, la laitance des poissons, sont riches en phosphore. Les os renferment des quantités considérables de phosphate de calcium.

C'est dans l'urine que l'alchimiste Brandt a découvert le phosphore, en 1669. A la fin du xviiiᵉ siècle, Scheele le retira des os, par un procédé analogue à celui employé aujourd'hui.

Le mode d'extraction est assez complexe ; nous l'indiquerons quand nous aurons étudié les propriétés du phosphore, et celles de quelques-uns de ses composés.

177. Propriétés physiques. — Le *phosphore* est un solide d'un jaune pâle, translucide, d'une odeur caractéristique. Il est insoluble dans l'eau, mais très soluble dans le sulfure de carbone.

Sa densité est 1,83. Il fond à 44°, sous l'eau chaude, et bout à 290°. Sa vapeur est incolore. Pour avoir la densité de sa vapeur, il faut multiplier celle de l'hydrogène par 62, c'est-à-dire par le *double* de son poids atomique ; à cet égard c'est d'un corps exceptionnel.

178. Propriétés chimiques. — Les affinités chimiques du

phosphore sont énergiques ; il se combine directement avec un grand nombre de corps simples.

Ainsi il s'enflamme spontanément quand on l'introduit dans un flacon rempli de *chlore*. Légèrement chauffé au contact du *soufre*, il donne du sulfure de phosphore.

Il se combine, à chaud, avec la plupart des métaux.

Mais c'est l'action de l'oxygène qui est la plus intéressante.

Il s'*oxyde* à l'air humide, à la température ordinaire, en donnant de l'*acide phosphoreux* PO^3H^3. Cette *combustion lente* dégage assez de chaleur pour provoquer parfois l'inflammation spontanée ; aussi convient-il de ne manier ce corps qu'avec les plus grandes précautions. On le conserve toujours sous l'eau pour éviter cette inflammation.

La propriété du phosphore, de se combiner lentement à l'oxygène le fait souvent employer pour absorber l'oxygène qui se trouve dans un mélange gazeux.

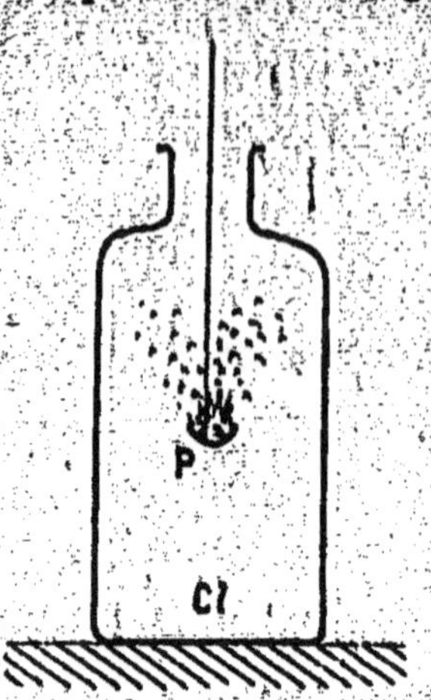

COMBUSTION DU PHOSPHORE DANS LE CHLORE. — Le *phosphore* s'enflamme spontanément dans le *chlore*, et brûle en produisant du chlorure de phosphore.

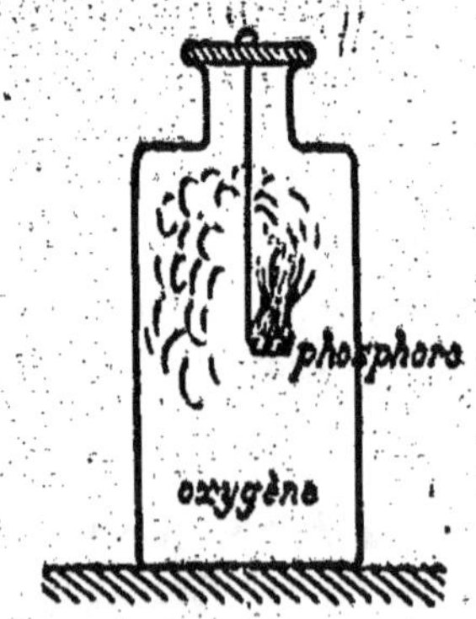

COMBUSTION VIVE DE PHOSPHORE DANS L'OXYGÈNE. — Le phosphore brûle très vivement dans l'oxygène, avec une flamme très éclatante ; il se produit de l'anhydride phosphorique.

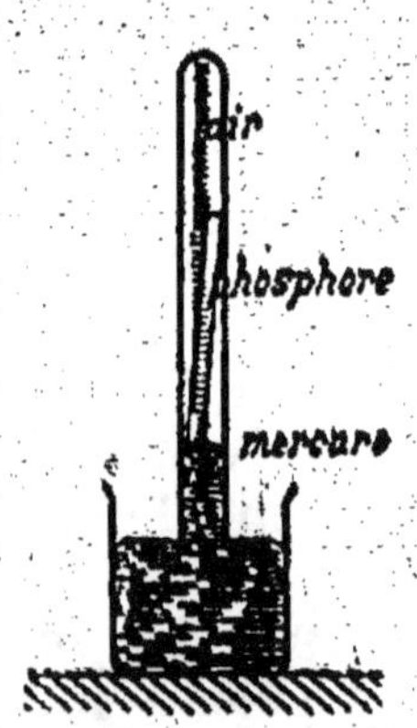

ABSORPTION LENTE, A FROID, DE L'OXYGÈNE PAR LE PHOSPHORE. — A froid, le phosphore absorbe lentement l'oxygène en devenant visible dans l'obscurité.

La combustion lente du phosphore est accompagnée d'un dégagement de lumière, visible seulement dans l'obscurité. Cette *phosphorescence* est le résultat de l'oxydation ; elle ne se

produit pas quand le phosphore est plongé dans une atmosphère exempte d'oxygène.

A partir de 60°, le phosphore brûle vivement avec une flamme
éblouissante et formation d'une épaisse fumée blanche d'*anhydride phosphorique* P^2O^5.

179. *Pouvoir réducteur*. — Le phosphore, si éminemment
combustible, réduit la plupart des composés oxygénés.

A une température plus ou moins élevée, il décompose l'eau,
l'acide azotique, l'acide sulfurique. Un morceau de phosphore,

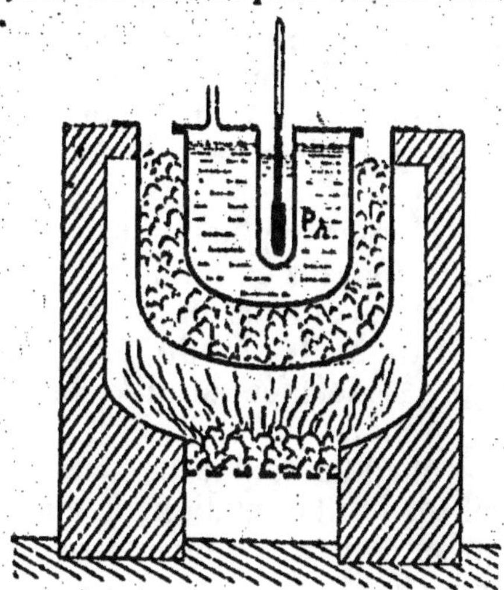

FABRICATION DU PHOSPHORE ROUGE. — Le *phosphore* est maintenu
pendant plusieurs jours, en vase clos, à une température voisine
de 280°. Il se transforme peu à peu en *phosphore rouge*.

projeté dans l'acide azotique fumant, en détermine la décomposition avec explosion. Avec l'acide azotique étendu, l'action
est lente, et ne se produit que sous l'influence d'une douce
chaleur.

Il réduit aussi les oxydes métalliques à chaud, mais en donnant des réactions assez complexes.

180. Action physiologique. — Poison très violent, le
phosphore détermine la mort à la dose de quelques centigrammes. L'essence de térébenthine est employée comme
contrepoison, le plus souvent sans succès.

Les vapeurs de phosphore altèrent rapidement la santé des
ouvriers qui y sont exposés. Les brûlures par le phosphore
sont graves.

181. Phosphore rouge. — Le phosphore, longtemps chauffé

en vase clos, à l'abri du contact de l'air, éprouve une transformation singulière. Sans changer de poids, ni par suite de substance, il prend des propriétés nouvelles.

Il se présente alors sous forme d'une masse solide, rouge, non vénéneuse, insoluble dans le sulfure de carbone. Ce *phosphore rouge* n'éprouve pas à l'air de combustion lente ; il n'est pas phosphorescent. Mais si on l'enflamme, il brûle exactement comme le phosphore ordinaire, en donnant comme lui de l'anhydride phosphorique P^2O^5.

On le fabrique industriellement pour servir à la préparation des allumettes. Pour cela on met le phosphore ordinaire dans un vase en fonte, qu'on ferme et qu'on chauffe à 280°, dans un autre vase rempli de limaille de fer, ce qui permet d'avoir une température plus uniforme. Au bout d'une quinzaine de jours la transformation est complète.

182. Usages. — L'usage le plus important du phosphore est la préparation des allumettes chimiques.

Les allumettes ordinaires sont en peuplier bien sec. On les trempe d'abord dans du soufre fondu, puis, sur une très faible longueur, dans une pâte formée de *colle*, de *phosphore*, de *sable* et d'une *matière colorante*.

Le sable est là pour augmenter la chaleur produite par le frottement et faciliter l'inflammation ; la matière colorante est une précaution prise contre les incendies et les empoisonnements par imprudence.

A cause même de ces dangers, on remplace souvent le phosphore ordinaire par le phosphore rouge. Les allumettes au phosphore rouge ont l'extrémité enduite d'une pâte formée de *colle*, de *chlorate de potassium* (corps très oxydant) et de *sulfure d'antimoine* (corps combustible). Elles ne prennent feu que par frottement sur une plaque enduite d'un mélange de *phosphore rouge*, de *chlorate de potassium* et de *sulfure d'antimoine*. Le choc du chlorate de potassium contre le phosphore rouge détermine l'inflammation ; le sulfure d'antimoine active la combustion.

II. — Composés du phosphore

183. Phosphures d'hydrogène. — Par des procédés indirects on peut combiner le phosphore à l'hydrogène en trois proportions différentes, pour former trois phosphures d'hydrogène différents.

Un de ces phosphures a la propriété de s'enflammer de lui-même au contact de l'air. Il se forme spontanément dans la putréfraction des matières organiques qui renferment du phosphore. Les *feux follets* qu'on voit parfois dans les cimetières et dans les marais sont dus à cette production de phosphure d'hydrogène.

184. Anhydride phosphorique. — Quand le phosphore brûle au contact de l'air, il se forme de l'*anhydride phosphorique*, P^2O^5.

C'est un solide blanc ayant l'apparence de flocons neigeux. Il est très avide d'eau, et s'y combine en dégageant beaucoup de chaleur. Aussi est-il employé pour dessécher les gaz.

Fortement chauffé avec du charbon, il est *réduit*, avec production de *phosphore* et d'*oxyde de carbone* CO.

185. Acides phosphoriques. — L'anhydride phosphorique se combine à l'eau en trois proportions différentes, pour former trois acides différents, qui sont :

L'*acide métaphosphorique* $P^2O^5 + H^2O = 2PO^3H$;
L'*acide pyrophosphorique* $P^2O^5 + 2H^2O = P^2O^7H^4$;
L'*acide orthophosphorique* $P^2O^5 + 3H^2O = 2PO^4H^3$;

Le seul important de ces acides est l'*acide orthophosphorique* PO^4H^3, qu'on appelle tout simplement l'*acide phosphorique*. Renfermant trois atomes d'hydrogène, il est *tribasique*, c'est-à-dire qu'il peut donner trois espèces de sels. Ainsi on a le *phosphate neutre de potassium* PO^4K^3, le *phosphate acide bipotassique* PO^4HK^2, et le *phosphate acide monopotassique* PO^4H^2K.

C'est cet acide phosphorique PO^4H^3 qui se forme quand on chauffe doucement du phosphore dans de l'acide azotique étendu. C'est un solide facilement fusible, très soluble dans l'eau.

Au rouge vif, il est réduit par le charbon comme l'anhydride phosphorique.

186. Phosphates de calcium. — Il existe trois phosphates de calcium, comme il existe trois phosphates de potassium. Ce sont :

Le *phosphate tricalcique* $(PO^4)^2 Ca^3$;
Le *phosphate bicalcique* $(PO^4)^2 H^2Ca^2$;
Le *phosphate monocalcique* $(PO^4)^2 H^4Ca$.

Les deux premiers sont insolubles dans l'eau, le troisième est soluble. Nous allons voir que ce fait a une grosse importance.

Le *phosphate tricalcique* est abondamment répandu dans la nature. Il forme une importante partie des os. Toutes les terres arables en renferment ; l'acide phosphorique est en effet une des matières *indispensables* à la végétation. Enfin on trouve des gisements considérables de phosphate de calcium dans divers départements français (Ardennes, Meuse, Lot), en Algérie, en Espagne, en Allemagne.

Ces gisements sont exploités en vue de fournir à l'agriculture un engrais précieux. Tantôt le phosphate naturel est simplement réduit en une poudre impalpable et répandu sur le sol ; c'est alors un engrais très lent, car n'étant pas soluble dans l'eau, il est difficilement assimilé par la plante.

Tantôt on le traite par l'acide sulfurique pour le transformer en *superphosphate*, c'est-à-dire en phosphate monocalcique $(PO^4)^2H^4Ca$, qui est soluble, et immédiatement assimilable.

III. — FABRICATION DU PHOSPHORE

187. Composition des os. — En France on retire uniquement le phosphore des os. C'est une opération exclusivement industrielle.

Les os sont constitués par une matière organique, *osséine*, et par une matière minérale, mélange de *carbonate de calcium* CO^3Ca, et de *phosphate tricalcique* $(PO^4)^2Ca^3$.

188. Extraction du phosphore des os. — Le traitement des os est complexe.

1° On les immerge pendant trois jours dans de l'*acide chlorhydrique* froid et étendu. L'osséine reste inaltérée, et les deux sels minéraux se dissolvent, parce que l'acide chlorhydrique les transforme en sels solubles, *chlorure de calcium* Cl^2Ca et *phosphate monocalcique* $(PO^4)^2H^4Ca$:

$$CO^3Ca + 2ClH = CO^2 + H^2O + Cl^2Ca ;$$
$$(PO^4)^2Ca^3 + 4ClH = (PO^4)^2H^4Ca + 2Cl^2Ca ;$$

2° On décante, et on ajoute à la dissolution de la *chaux* éteinte, qui donne un précipité de *phosphate bicalcique*, insoluble :

$$(PO^4)^2H^4Ca + CaO^2H^2 = (PO^4)^2H^2Ca^2 + 2H^2O.$$

3° On sépare le précipité par décantation, et on le traite par de l'*acide sulfurique* chauffé à 100°, qui donne un précipité de sulfate de calcium, et une dissolution d'acide phosphorique PO^4H^3.

$$(PO^4)^2H^2Ca^2 + 2SO^4H^2 = 2SO^4Ca + 2PO^4H^2.$$

4° On sépare la dissolution d'acide *phosphorique* du précipité de sulfate, on y ajoute du charbon de bois en poudre, on évapore l'eau, et on chauffe dans une cornue en terre réfractaire,

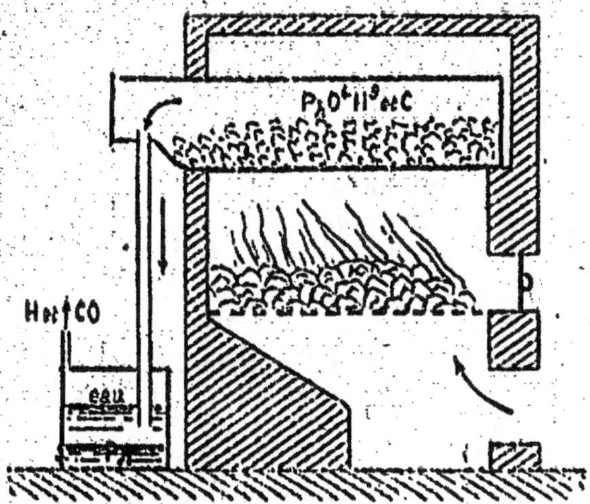

FABRICATION DU PHOSPHORE. — Le mélange de *charbon* et *d'acide phosphorique* est fortement chauffé dans une cornue en terre réfractaire. Le *phosphore* se condense dans de l'eau tiède ; l'hydrogène et l'oxyde de carbone se dégagent.

au rouge blanc, pendant trois jours. Le charbon *réduit* l'acide phosphorique, avec dégagement d'oxyde de carbone, d'hydrogène, et de vapeurs de phosphore :

$$PO^4H^3 + 4C = P + 4CO + 3H.$$

La vapeur de phosphore qui se dégage va se condenser dans de l'eau tiède.

On purifie par filtration sous l'eau chaude à travers une couche de noir animal, puis à travers une peau de chamois.

Enfin on coule dans des moules placés dans l'eau froide, pour mettre le phosphore en petits bâtons.

RÉSUMÉ

1. — On trouve divers *phosphates* dans la nature. Le *phosphate de calcium* est indispensable à la végétation : il se trouve dans toutes les terres végétales.

Le phosphore est abondant dans divers organes végétaux, plus abondant encore dans les organes animaux.

2. — C'est un solide jaune, insoluble dans l'eau, soluble dans le sulfure de carbone. Il fond à 44° et bout à 290°.

3. — Le *phosphore* se combine directement avec un grand nombre de corps simples : *chlore, soufre, oxygène*, la plupart des *métaux*.

Il s'oxyde à froid dans l'air humide. Cette oxydation lente est accompagnée de *phosphorescence*.

Allumé, il brûle avec une flamme très éclairante, et production d'une fumée blanche d'anhydride phosphorique.

Il est très *réducteur*.

C'est un poison violent.

4. — Chauffé longtemps en vase clos, le phosphore ordinaire se transforme en *phosphore rouge*, non vénéneux, insoluble dans le sulfure de carbone, ne s'oxydant pas à froid dans l'air.

5. — Le *phosphore ordinaire* et le *phosphore rouge* servent principalement à la fabrication des allumettes.

6. — Il existe trois *phosphures d'hydrogène*, très combustibles.

L'un d'eux s'enflamme spontanément au contact de l'air. C'est lui qui constitue les *feux follets*.

7. — La combustion vive du phosphore donne naissance à de *l'anhydride phosphorique* P^2O^5, solide blanc, très avide d'eau, réduit par le charbon à une température très élevée.

8. — Cet anhydride se combine à l'eau en trois proportions différentes pour donner trois acides phosphoriques; le plus important est l'acide ortho-phosphorique PO^4H^3.

Ces acides donnent naissance à des phosphates acides et à des phosphates neutres, parmi lesquels se trouve le phosphate neutre de calcium $(PO^4)^2Ca^3$, très répandu dans la nature, et le phosphate mono-calcique $(PO^4)^2 H^4Ca$, appelé *superphosphate*, préparé par l'industrie pour les besoins de l'agriculture.

9. — On extrait le phosphore des os, qui sont un mélange d'osséine, de *carbonate de calcium* et de *phosphate neutre de calcium*.

On traite d'abord les os par l'acide chlorhydrique. Puis la dissolution obtenue est traitée par la chaux, qui donne un précipité; on traite ce précipité par l'acide sulfurique, puis, à une température très élevée, par le charbon. On obtient le phosphore libre, qui distille.

IX

CHLORE. — ACIDE CHLORHYDRIQUE

I. — CHLORE
$$Cl = 35,5.$$

189. — Le *chlore* est un métalloïde qui a été découvert en 1774, par Schele. Il ne se rencontre pas à l'état libre dans la nature, mais divers *chlorures* métalliques s'y trouvent très abondamment, tels sont le *chlorure de magnésium*, le *chlorure de potassium* et surtout le *chlorure de sodium*. Les eaux de la mer contiennent à peu près 25 kilogrammes de chlorure de sodium par mètre cube ; ce corps forme, en outre, au sein de la terre, de vastes dépôts de *sel gemme*.

190. Préparation. — Avec le *chlorure de sodium* naturel ClNa on prépare industriellement l'*acide chlorhydrique* Cl H, comme nous le verrons.

De cet acide chlorhydrique on retire le chlore. Pour cela il faut traiter l'acide chlorhydrique par un *corps oxydant*, c'est-à-dire par un corps capable d'*oxyder* son hydrogène pour le transformer en eau H^2O, et de laisser dès lors le chlore seul.

Le plus simple semblerait être de traiter l'acide chlorhydrique par l'oxygène lui-même

$$2ClH + O = 2Cl + H^2O ;$$

mais, dans la pratique, on arrive à de meilleurs résultats en oxydant l'acide chlorhydrique par un corps composé riche en oxygène, le *bioxyde de manganèse* MnO^2, pierre noire qu'on rencontre dans la nature.

On chauffe, dans un ballon de verre, une dissolution concentrée d'*acide chlorhydrique*, dans laquelle on a mis du *bioxyde de manganèse* finement concassé. L'oxygène du bioxyde.de man-

ganèse transforme en eau l'hydrogène de l'acide chlorhydrique.
La moitié du chlore ainsi rendu libre se combine au man-

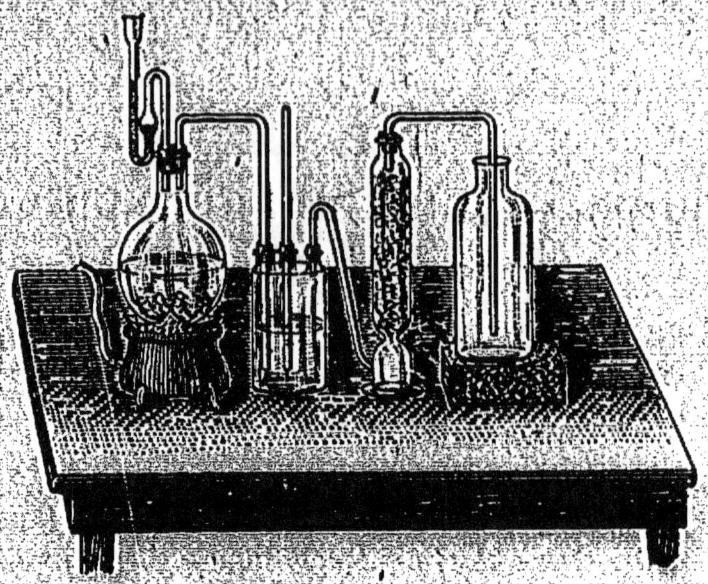

PRÉPARATION DU CHLORE.

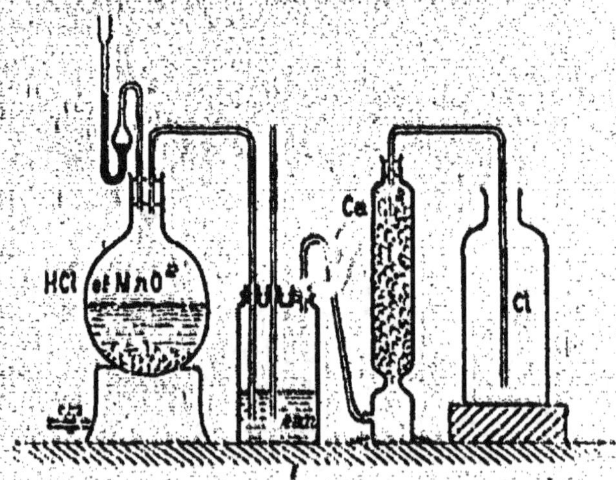

PRÉPARATION DU CHLORE. — Le gaz, provenant de la réaction du
bioxyde de manganèse sur *l'acide chlorhydrique*, se lave dans un
peu d'eau, qui retient l'acide chlorhydrique entraîné, puis se dessèche dans un tube à chlorure de calcium. On le recueille par
déplacement.

ganèse, pour former du *chlorure de manganèse* Cl²Mn, qui
reste en dissolution dans l'eau du ballon ; l'autre moitié du
chlore se dégage à l'état gazeux.

L'équation de la réaction est la suivante :

$$4ClH + MnO^2 = Cl^2Mn + 2H^2O + 2Cl,$$

à une température voisine de 100°.

Le gaz ne peut être recueilli ni sur l'eau, dans laquelle il se dissout en trop grande quantité, ni sur le mercure, qu'il attaque. On utilise sa grande densité pour le faire arriver directement au fond d'un flacon plein d'air : l'air est chassé, le chlore prend sa place.

Dans l'industrie on utilise la même réaction, mais dans des appareils plus grands, en grès ou en lave volcanique.

191. Propriétés physiques. — Le *chlore* est un gaz jaune verdâtre. Son odeur est suffocante. L'inhalation d'une petite quantité de ce corps détermine une forte oppression, une toux opiniâtre, souvent accompagnée d'un crachement de sang : c'est donc un poison violent.

Sa densité est $\frac{35,5}{2} \times 0,0695 = 2,10$. L'eau en dissout de 2 à 3 fois son volume selon qu'il fait plus ou moins chaud.

Il est assez facile à liquéfier ; on a alors un liquide très volatil, d'un jaune foncé.

192. Propriétés chimiques. — Comme l'oxygène, et plus encore que l'oxygène, le chlore a une grande tendance à se combiner aux autres corps simples pour former des corps composés. Il se combine *directement* avec tous les corps simples, sauf le fluor, l'oxygène, l'azote et le charbon. On peut cependant, par des procédés indirects, l'unir à ces trois derniers métalloïdes.

Le plus souvent la réaction commence à la température ordinaire, et produit un grand dégagement de chaleur.

Nous allons montrer par quelques exemples cette grande activité chimique du chlore.

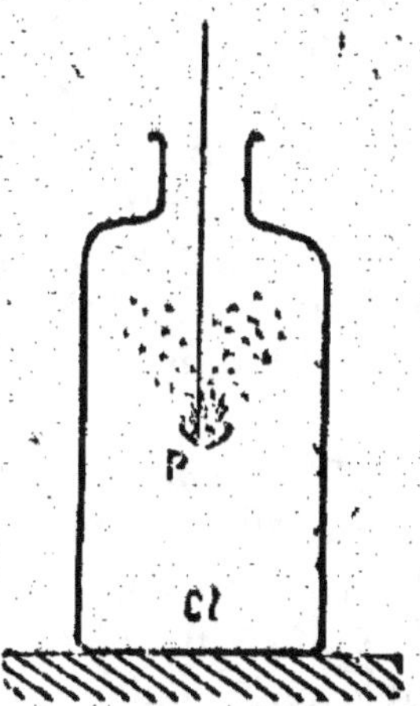

COMBUSTION DU PHOSPHORE DANS LE CHLORE. — Le *phosphore* s'enflamme spontanément dans le *chlore* et brûle en produisant du chlorure de phosphore.

193. *Action sur les métalloïdes et les métaux.* — Le *phosphore*, l'*arsenic*, parmi les métalloïdes, le *potassium*, le *sodium*, parmi les métaux, s'enflamment spontanément quand on les introduit dans un flacon plein de chlore.

Le *soufre*, le *cuivre*, le *fer*, le *mercure* sont également attaqués, mais sans incandescence.

L'*or* disparaît rapidement, et le *platine* lentement, dans une dissolution de chlore dans l'eau.

Dans toutes ces réactions, il se forme des *chlorures* de phosphore, d'arsenic, de potassium, de sodium..., d'or, de platine.

104. *Action sur l'hydrogène.* — Un mélange d'hydrogène et de chlore, placé à la *lumière diffuse*, se transforme peu à peu en *acide chlorhydrique* ClH. A la lumière solaire directe, la combinaison se fait brusquement, avec une violente explosion. La lumière électrique, la flamme du magnésium produisent le même effet.

La détonation a encore lieu quand on met le feu au mélange, ou qu'on y fait passer une étincelle électrique.

L'équation de la réaction est

$$Cl + H = Cl\,H.$$

ce qui montre que la combinaison a lieu entre volumes égaux de chlore et d'hydrogène.

De cette *grande affinité du chlore pour l'hydrogène* résulte ce fait essentiel, que le chlore décompose presque tous les corps qui renferment de l'hydrogène, pour leur prendre leur hydrogène. Les divers usages du chlore, qui sont importants, sont dus justement à son action sur les composés hydrogénés, comme nous allons le montrer.

105. *Pouvoir oxydant.* — Lorsque le *chlore*, avide d'*hydrogène*, et un autre corps, avide d'*oxygène*, *sont mis simultanément en présence de l'eau*, l'eau se trouve immédiatement décomposée ; le chlore prend son hydrogène, pour former de l'acide chlorhydrique, et l'autre corps prend l'oxygène.

Le chlore a donc la propriété de déterminer l'oxydation, en présence de l'eau, des corps avides d'oxygène. Cette propriété est ce qu'on nomme le *pouvoir oxydant du chlore*. En voici un exemple :

Dans de l'eau tenant en suspension du *sulfure de plomb* SPb, qui est une poudre noire, faisons passer un courant de chlore : le sulfure de plomb, noir, est de suite transformé en *sulfate de plomb* SO⁴Pb, blanc. L'équation de la réaction est

$$8Cl + 4H^2O + SPb = 8ClH + SO^4Pb,$$

par simple contact, à froid.

196. *Action sur les matières organiques.* — La plupart des matières organiques, renfermant de l'hydrogène, sont attaquées par le chlore.

Les produits qui résultent de cette attaque varient d'un cas à l'autre.

Le cas le plus simple est celui présenté par l'*essence de térébenthine* $C^{10}H^{16}$. Un papier imprégné d'essence de térébenthine s'enflamme spontanément quand on l'introduit dans un flacon plein de chlore ; le charbon est mis en liberté et forme une fumée épaisse. On a

$$C^{10}H^{16} + 16Cl = 10C + 16HCl,$$

par simple contact, à froid.

197. *Pouvoir désinfectant.* — Tous les miasmes putrides, tous les microbes qui peuvent se trouver dans l'air, ou sur les parois d'une caisse, d'un wagon de chemin de fer, sont constitués par des matières organiques que détruit le chlore.

Le chlore peut donc être employé comme *désinfectant*.

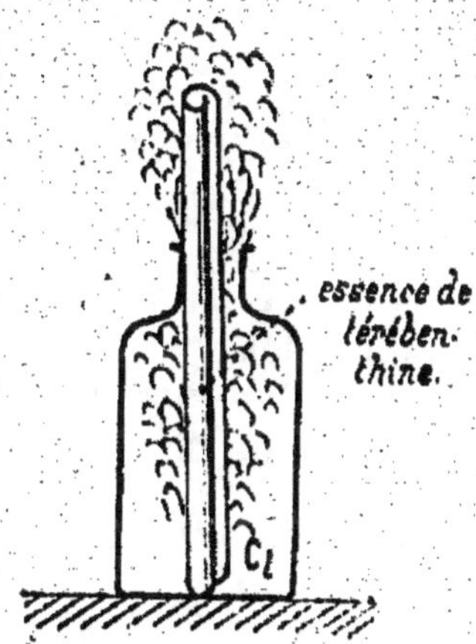

ACTION DU CHLORE SUR L'ESSENCE DE TÉRÉBENTHINE. — Une feuille de papier imprégnée de térébenthine s'enflamme spontanément dans le chlore ; on observe une épaisse fumée noire.

En particulier les deux gaz infectants, l'*acide sulfhydrique* SH^2, et l'*ammoniaque* AzH^3, qui résultent de la putréfaction des matières organiques, sont immédiatement détruits par le chlore. Des expériences simples permettent de le montrer.

On n'a qu'à verser une dissolution de *chlore* dans une dissolution d'acide sulfhydrique pour qu'il se produise un précipité de soufre :

$$SH^2 + 2Cl = 2ClH + S.$$

Quand on fait arriver un courant de *gaz ammoniac* dans un flacon rempli de gaz chlore, il y a inflammation spontanée, et production d'une fumée blanche très abondante, due à l'action d'un sel de formule $Cl\,(AzH^4)$ qu'on nomme le *chlorure d'ammonium* :

$$4AzH^3 + 3Cl = 3[Cl(AzH^4)] + Az.$$

198. *Pouvoir décolorant.* — Les matières colorantes d'origine organique, *vin*, *teinture de tournesol*, *indigo*, *fuschsine*, *encre*, sont toutes détruites instantanément par le chlore, qui leur enlève leur hydrogène.

L'encre d'imprimerie, constituée uniquement par du noir de fumée, est, au contraire, inattaquable. Il est donc possible d'enlever, par un lavage à l'eau de chlore, les taches d'encre qui souillent les livres, sans faire disparaître les caractères imprimés.

199. Usages du chlore. — Le chlore est utilisé dans les laboratoires comme oxydant.

Dans l'industrie, il intervient dans la préparation de divers produits tels que le chloral, le chloroforme, l'iode...

Mais le grand usage du chlore est dans la préparation des *hypochlorites*, dont la production a une grande importance. C'est en effet avec ces hypochlorites, et non avec le chlore lui-même, qu'on produit pratiquement les décolorations et les désinfections (**207** et suivants).

II. — Acide chlorhydrique; chlorures

200. — *L'acide chlorhydrique* ClH est le résultat de la combinaison directe du chlore et de l'hydrogène.

Il a été étudié surtout par Priestley. Il fut successivement désigné par les noms d'*esprit de sel*, d'*acide muriatique*.

201. Préparation. — On prépare l'*acide chlorhydrique* en partant d'un de ses sels naturels, le *chlorure de sodium* ClNa.

On sait, d'après la définition même des sels, que le chlorure de sodium peut être considéré comme de l'acide chlorhydrique ClH, dans lequel l'hydrogène a été remplacé par du sodium. Si on le traite par l'acide sulfurique SO^4H^2, ce dernier enlève le sodium du chlorure, et le remplace par de l'hydrogène, ce qui donne naissance à l'acide chlorhydrique; il se forme en même temps du *sulfate acide de sodium* SO^4HNa.

$$ClNa + SO^4H^2 = ClH + SO^4HNa.$$

On opère à chaud. Dans un ballon, on met du sel marin et de l'acide sulfurique concentré; puis on chauffe doucement. On recueille le gaz acide chlorhydrique sur la cuve à mercure.

Dans l'industrie on utilise la même réaction, mais on met et on chauffe les substances dans des fours spéciaux, en maçonnerie. On ne recueille pas à l'état gazeux : on fait passer le gaz dans des bonbonnes pleines d'eau, où il entre en dissolution.

202. Propriétés physiques. — L'acide chlorhydrique est un gaz incolore. Son odeur et sa saveur sont acides et piquan-

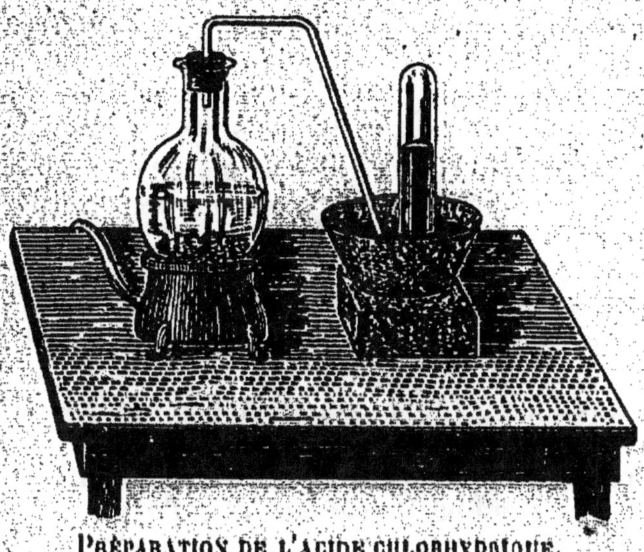

PRÉPARATION DE L'ACIDE CHLORHYDRIQUE.

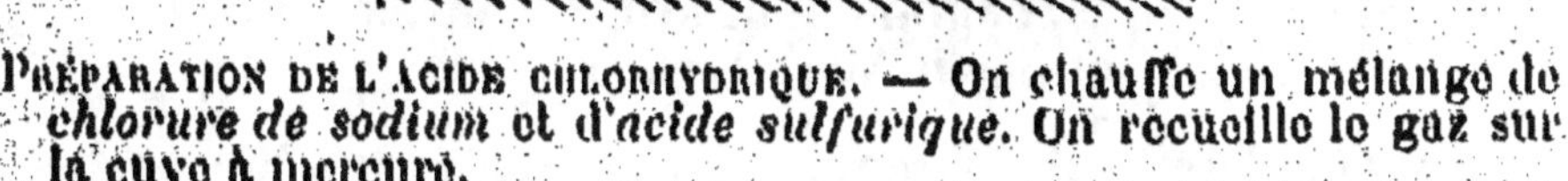

PRÉPARATION DE L'ACIDE CHLORHYDRIQUE. — On chauffe un mélange de *chlorure de sodium* et *d'acide sulfurique*. On recueille le gaz sur la cuve à mercure.

tes ; il est très corrosif, provoque la toux et désorganise les tissus. Sa densité est $\frac{36,5}{2} \times 0,0693 = 1,268$.

Il est difficilement liquéfiable.

La solubilité dans l'eau est extrêmement grande. Un litre d'eau dissout, à la température ordinaire, plus de 400 litres d'acide chlorhydrique.

Si l'on débouche dans l'eau une éprouvette pleine d'acide chlorhydrique préparé sur la cuve à mercure, l'ascension du liquide est si brusque, par suite de la rapide dissolution du gaz, que l'éprouvette peut en être brisée.

Le liquide qu'on trouve dans le commerce sous le nom d'acide chlorhydrique est en réalité une dissolution très concentrée du gaz acide chlorhydrique dans l'eau.

L'acide chlorhydrique, soit gazeux, soit en dissolution, émet à l'air d'abondantes fumées. Cela tient à ce que le gaz, en arrivant au contact de l'air, s'unit à l'humidité atmosphérique, pour former un composé peu volatil, qui se condense en un très grand nombre de fines gouttelettes.

203. Propriétés chimiques. — Comme l'eau, l'acide chlorhydrique résiste à peu près complètement à l'action de la chaleur. Il se passe, pour l'acide chlorhydrique que l'on chauffe très fortement dans un tube de porcelaine, exactement ce que nous avons dit pour l'eau (**24**).

L'acide chlorhydrique n'entretient pas les combustions. Il n'est pas non plus combustible. Cependant l'oxygène le décompose *partiellement*, à une température très élevée, pour former un peu d'eau et de chlore

$$2CHl + O = H^2O + 2Cl.$$

La plupart des autres *métalloïdes* sont sans action.

Tous les *métaux*, au contraire, sauf l'*or* et le *platine*, donnent des *chlorures* et mettent l'hydrogène en liberté. Le plus souvent l'action de l'acide, soit gazeux, soit en dissolution, a lieu à la température ordinaire; pour le *mercure* et l'*argent*, elle commence seulement au rouge sombre.

204. Composition. — On peut trouver la composition de l'acide chlorhydrique, comme nous avons trouvé celle de l'eau, soit par l'*analyse*, soit par la *synthèse*.

1. *Par l'analyse.* — Dans une *cloche courbe* (voy. fig. du § **174**), retournée sur le mercure, on introduit un peu de gaz *acide chlorhydrique*, puis un petit fragment de *potassium*. On chauffe; le potassium se combine au chlore pour former du *chlorure de potassium* ClK, solide, et l'hydrogène reste seul à l'état gazeux. On constate que le volume de cet hydrogène est *la moitié* du volume de l'acide chlorhydrique primitif.

Mais l'expérience ne nous dit pas quel était le volume du chlore.

Nous allons *calculer* ce volume en utilisant la loi de Lavoisier.

Supposons qu'on ait opéré sur 20 centimètres cubes d'acide chlorhydrique. Ces 20 centimètres cubes pèsent $1,248 \times 1^{gr},293 \times 0,020 = 0^{gr},0323$; il est resté 10 centimètres cubes d'hydrogène qui pèsent $0,0695 \times 1^{gr},293 \times 0,010 = 0^{gr},0009$.

Le poids de chlore absorbé par le potassium est donc égal à la différence, soit $0^{gr},0314$.

D'autre part, 1 litre de chlore pèse $2,46 \times 1,293 = 3^{gr},18$. Autant de fois le poids $3^{gr},18$ renfermera le poids $0^{gr},0314$, autant nous aurons de litres de chlore. La division donne $0^{l},010$. Il y a donc 10 centimètres cubes de chlore.

Donc 20 centimètres cubes d'acide chlorhydrique renferment 10 centimètres cubes d'hydrogène et 10 centimètres cubes de chlore; dans ce cas le volume du composé est égal à la somme des volumes des composants.

2. *Par la synthèse.* — On choisit deux flacons de même capacité, tels que le col de l'un, usé à l'émeri, puisse entrer dans le col de l'autre et le fermer hermétiquement. Le premier étant rempli de *chlore*, le second d'*hydrogène*, on les adapte l'un à l'autre et on les abandonne pendant quelques heures à la lumière diffuse, le flacon de chlore étant placé en haut. Quand toute coloration a disparu, on sépare les vases sur la cuve à mercure. On constate que le volume gazeux n'a pas changé; il n'y a, d'ailleurs, aucun excès de chlore, car le gaz ne décolore pas la teinture de tournesol, aucun excès d'hydrogène, car il est entièrement soluble dans l'eau.

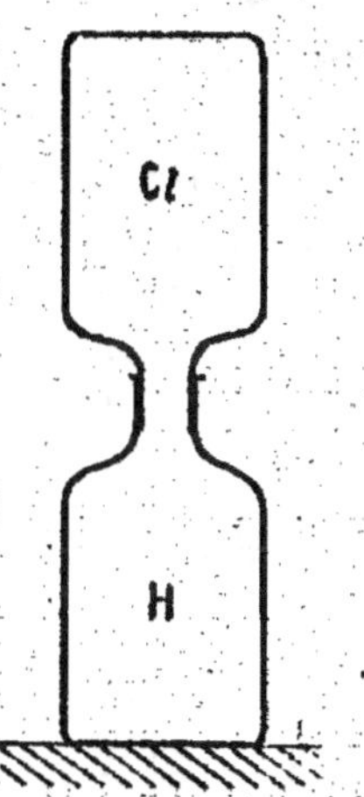

Synthèse de l'acide chlorhydrique. — *L'hydrogène et le chlore* se combinent, sous l'influence de la lumière, pour former l'acide chlorhydrique.

L'acide est donc formé par la combinaison, sans condensation, de volumes égaux de chlore et d'hydrogène.

205. Usages. — L'acide chlorhydrique est surtout employé pour la fabrication du chlore.

Il sert aussi à la préparation de quelques chlorures. Mêlé à l'acide azotique, il constitue l'*eau régale* (**128**).

206. Chlorures métalliques. — Les *chlorures métalliques* sont les sels de l'acide chlorhydrique; ils peuvent être considérés comme provenant de l'acide chlorhydrique, dans lequel l'hydrogène a été remplacé par un métal.

Ils peuvent aussi se former quand l'acide chlorhydrique agit sur les bases. Ainsi la dissolution d'acide chlorhydrique dissout immédiatement la *chaux* CaO, ou *l'hydrate de calcium* CaO^2H^2, pour donner de l'eau et du *chlorure de calcium* Cl^2Ca :

$$CaO + 2ClH = Cl^2Ca + H^2O,$$

à froid, par simple contact.

Les chlorures métalliques sont des solides, généralement solubles dans l'eau (le *chlorure d'argent est insoluble*).

Le plus important, le plus abondant des chlorures est le *chlorure de sodium*, ou *sel marin* ; les eaux de la mer en contiennent à peu près 25 kilogrammes par mètre cube ; on en rencontre aussi sous terre (sel gemme).

Nous savons que c'est un solide blanc, de saveur salée, notablement soluble dans l'eau. On le retire en énormes quantités des eaux de la mer. La production du sel marin, en France seulement, atteint annuellement 700.000.000 de kilogrammes.

III. — CHLORURES DÉCOLORANTS ET DÉSINFECTANTS

207. Combinaisons du chlore avec l'oxygène. — Le chlore n'est pas combustible ; nous avons dit qu'il ne se combine pas directement à l'oxygène ; mais il forme avec l'oxygène, *par des procédés indirects*, six composés. Ces composés n'ont aucun intérêt pratique par eux-mêmes, mais l'un au moins d'entre eux a une grande importance par ses composés.

C'est *l'anhydride hypochloreux* Cl^2O, qui se combine à l'eau pour donner *l'acide hypochloreux* $Cl^2O + H^2O = 2ClOH$. Les sels de cet acide sont les *hypochlorites* ; ce sont ces hypochlorites qui ont des usages.

208. Hypochlorites. — On ne prépare pas les hypochlorites en suivant la marche que nous venons d'indiquer. On utilise des réactions qui les fournissent directement, sans passer par l'état d'anhydride ni d'acide hypochloreux.

Quand un courant de *chlore* traverse une *dissolution froide et étendue de potasse caustique* KOH, ce chlore est immédiatement absorbé. Il se forme du *chlorure de potassium* ClK, de *l'hypochlorite de potassium* ClOK et de l'eau,

$$2Cl + 2KOH = ClK + ClOK + H^2O.$$

Les deux sels, chlorure de potassium et hypochlorite de

potassium, restent l'un et l'autre en dissolution dans l'eau ; c'est cette dissolution qu'on nomme *eau de Javelle*.

En réalité l'*eau de Javelle* se fabrique dans l'industrie d'une façon un peu différente, et plus économique ; mais nous n'avons à indiquer ici que les principes fondamentaux.

De même, si on fait passer un courant de chlore sur de la chaux éteinte CaO^2H^2 froide, étendue sur des tablettes en grès superposées dans une chambre en maçonnerie, il se forme du *chlorure de calcium* Cl^2Ca, de l'hypochlorite de calcium $(ClO)^2Ca$, et de l'eau,

$$4Cl + 2CaO^2H^2 = Cl^2Ca + (ClO)^2Ca + 2H^2O.$$

Le mélange de ces deux sels constitue un solide pulvérulent, blanc, dégageant, comme l'eau de Javelle, l'odeur du chlore. Ce mélange, beaucoup plus important encore par ses applications que l'eau de Javelle, porte dans le commerce les noms impropres de *chlorure de chaux*, *chlorure décolorant*, *chlorure désinfectant*.

209. Propriétés des hypochlorites. — *Les hypochlorites de potassium, de sodium et de calcium* sont des composés fort instables. Sous les moindres influences, ils se détruisent. Tous les corps avides d'oxygène, tous les corps avides de chlore les décomposent, pour s'emparer de leur chlore et de leur oxygène.

Ils se décomposent aussi, lentement, sous l'action de l'anhydride carbonique CO^2, qui se trouve dans l'air, de façon à donner du carbonate de potassium ou de calcium CO^3K^2 ou CO^3Ca et un dégagement d'un mélange de chlore et d'oxygène :

$$2ClOK + CO^2 = CO^3K^2 + 2Cl + O.$$

Et, par suite, ces hypochlorites jouissent de toutes les propriétés oxydantes, décolorantes et désinfectantes du chlore lui-même.

On les préfère, dans presque toutes les circonstances, au chlore libre qui est d'un transport plus coûteux et d'un emploi moins facile.

La partie active de l'eau de Javelle est donc l'hypochlorite de potassium qu'elle renferme ; de même que la partie active du chlorure de chaux est l'hypochlorite de calcium. Les chlorures de potassium et de calcium qui sont mélangés à ces hypochlorites sont des corps inertes, qui ne jouissent d'aucune propriété oxydante, décolorante ou désinfectante.

210. Usages des hypochlorites. — *L'eau de Javelle* est surtout employée dans l'économie domestique, à cause de ses propriétés décolorantes, pour le blanchissage du linge. Il importe de s'en servir avec une extrême modération, parce que l'eau de Javelle un peu trop concentrée altère profondément les matières textiles, et détermine une usure rapide du linge.

On doit se rappeler aussi que c'est un poison violent.

Dans l'industrie on préfère se servir du *chlorure de chaux*. C'est avec une dissolution de chlorure de chaux dans l'eau, dissolution très étendue, que l'on traite les étoffes de lin, de chanvre et de coton pour leur enlever la couleur bise et en opérer le blanchiment.

Les matières textiles d'origine animale (laine et soie) ne peuvent pas être blanchies au chlorure de chaux, qui les détruit, même quand il est en dissolution très étendue.

Le chlorure de chaux est aussi employé comme désinfectant, à cause du chlore qu'il dégage peu à peu au contact de l'air, ce qui assure la destruction des miasmes, des microbes, des gaz infectants.

211. Électrolyse du chlorure de sodium ; sodium ; soude caustique. — Nous verrons plus tard que le courant électrique provenant d'une *dynamo*, quand il passe dans une dissolution d'un sel, décompose ce sel. Pour opérer on prend une dissolution plus ou moins concentrée du sel, on y plonge deux lames conductrices de l'électricité, lames qu'on met en communication avec les deux pôles de la *dynamo*.

Par suite du passage du courant à travers la dissolution, le sel est décomposé ; le *métal* se rend à la lame conductrice qui est en communication avec le pôle négatif de la dynamo, les autres substances constituant le sel se rendent à la lame qui communique avec le pôle positif.

Si, par exemple, on électrolyse une dissolution de *sel marin* ou *chlorure de sodium* ClNa, le *sodium* se dirige vers le pôle négatif, et le *chlore* vers le pôle positif.

Voyons ce que deviennent ces deux éléments.

Le *sodium* est un métal tellement avide d'oxygène qu'il décompose l'eau *par simple contact*, à la température ordinaire, pour donner un dégagement d'hydrogène, et une dissolution de soude caustique.

$$Na + H^2O = NaOH + H.$$

On va donc avoir, en définitive, au pôle négatif, non pas du sodium, mais un dégagement d'hydrogène, et une dissolution de soude caustique.

Quant au *chlore*, il se dégage à l'état gazeux au pôle positif.

Nous avons donc un nouveau mode de fabrication du chlore, qui consiste à décomposer par le courant électrique une dissolution de chlorure de sodium. Ce mode de fabrication semble être d'avenir, s'il entre dans la pratique courante, puisqu'il produit en même temps de l'*hydrogène* et de la *soude caustique*, qui sont utilisables.

Mais nous pouvons encore tirer parti autrement de cette décomposition du chlorure de sodium. Supposons que, par une agitation convenable de la dissolution, on mélange la soude caustique qui prend naissance au pôle négatif avec le chlore qui prend naissance au pôle positif. Ces deux corps vont réagir l'un sur l'autre pour donner naissance à de l'*hypochlorite de sodium*. De sorte que, sous l'influence du courant électrique, passant dans une dissolution agitée de chlorure de sodium, ce sel va se transformer progressivement en une dissolution d'hypochlorite de sodium.

Et nous avons là un nouveau mode de préparation des hypochlorites.

Ce mode nouveau de préparation du chlore et des hypochlorites prendra peut-être par la suite une grande importance, quand seront surmontées diverses difficultés pratiques.

212. Applications numériques. — Il convient de terminer ce chapitre consacré au chlore par quelques applications numériques relatives aux relations étudiées.

1° *Combien faut-il employer de bioxyde de manganèse pour retirer 5 litres de chlore d'un excès d'acide chlorhydrique ?*

La formule de la réaction est la suivante (**92**) :

$$4ClH + MnO^2 = Cl^2Mn + 2H^2O + 2Cl.$$

Elle nous montre qu'avec un poids moléculaire MnO^2 de bioxyde de manganèse, pesant $55 + 2 \times 16 = 87$ grammes, on obtient 2 poids atomiques de chlore, pesant $2 \times 35,5 = 71$ grammes.

Or nous savons qu'un poids atomique de chlore occupe un volume égal à $11^l,14$, deux poids atomiques occupent $22^l,28$.

Il ne reste plus qu'à faire une règle de trois. Pour avoir $22^l,28$ de chlore, il faut 87 grammes de bioxyde de manganèse ; pour en avoir 5 litres il faut $\frac{87 \times 5}{22,28} = 19$ grammes de bioxyde de manganèse.

Nous pouvons aussi résoudre autrement la question. Les 5 litres de chlore que nous voulons obtenir pèsent $35,5 \times 0,0695 \times 1^{gr},203 \times 5$. D'où la règle de trois suivante : pour avoir $2 \times 35,5$ de chlore il faut 87 grammes de bioxyde de manganèse, pour en avoir 1 gramme il faut $\dfrac{87}{2 \times 35,5}$, et pour en avoir le poids indiqué ci-dessus il faut :

$$\frac{87}{2 \times 35,5} \times 35,5 \times 0,0695 \times 5 \times 1^{gr},203 = 18^{gr},5.$$

2° *Quel volume de chlore est nécessaire pour décomposer complètement 25 grammes d'essence de térébenthine : tel sera le volume d'acide chlorhydrique produit ?*

La formule de la réaction est la suivante :

$$C^{10}H^{16} + 16Cl = 10C + 16ClH.$$

Elle nous montre que pour un poids moléculaire d'essence de térébenthine, qui pèse $10 \times 12 + 16 = 136$ grammes, il faut 16 poids atomiques de chlore, dont le volume est $16 \times 11^l,14$. Une règle de trois nous montre que pour 25 grammes d'essence de térébenthine il faut

$$\frac{16 \times 11,14}{136} \times 25 = 32^l,7.$$

La même équation nous montre immédiatement, sans aucun calcul, que le volume de l'acide chlorhydrique formé est double du volume du chlore. Il est donc $65^l,4$.

RÉSUMÉ

1. — Le *chlore* ne se trouve pas à l'état libre dans la nature; mais on y rencontre des *chlorures* (principalement le *chlorure de sodium*).

Dans les laboratoires, et dans l'industrie, on l'obtient en oxydant, à chaud, l'*acide chlorhydrique* par le *bioxyde de manganèse* :

$$4ClH + MnO^2 = Cl^2Mn + 2H^2O + 2Cl.$$

2. — C'est un gaz jaune verdâtre, d'une odeur suffocante, très caustique et très toxique. Sa densité est 2,46. Il est assez soluble dans l'eau; aisément liquéfiable.

3. — Il se combine directement à la plupart des corps simples. Le plus souvent l'action commence à froid.

Le *phosphore*, l'*arsenic*, le *potassium*, le *sodium* s'enflamment spontanément dans le chlore. Le *soufre*, le *cuivre*, le *fer*, le *mercure* sont chlorurés, mais sans incandescence. L'*or* est chloruré par la dissolution de chlore dans l'eau.

Le mélange d'*hydrogène* et de *chlore* détone sous l'influence d'une vive lumière, ou d'une allumette; il se forme de l'acide chlorhydrique. La lumière diffuse détermine la combinaison lente, sans inflammation.

4. — En présence des corps avides d'oxygène, le chlore décompose l'eau à froid; il se forme de l'acide chlorhydrique, et le corps avide d'oxygène est oxydé

$$8Cl + 4H^2O + 8Pb = 8ClH + SO^4Pb.$$

C'est le *pouvoir oxydant* du chlore.

5. — Les *matières organiques* sont plus ou moins complètement détruites par le chlore, qui leur enlève une proportion plus ou moins grande de leur hydrogène.

Par suite d'une réaction analogue, les *matières colorantes* sont décolorées. C'est le *pouvoir décolorant* du chlore.

Le chlore décompose instantanément l'*ammoniaque*, l'*acide sulfurique*; il détruit les *miasmes putrides*, les *microbes*. C'est ce qu'on nomme son *pouvoir désinfectant*.

6. — Le chlore intervient dans l'industrie pour la préparation de divers produits (chloral, chloroforme, iode...).

Il est surtout employé dans la fabrication des *hypochlorites*.

7. — On prépare l'*acide chlorhydrique* en traitant, à chaud, le *chlorure de sodium* par l'*acide sulfurique concentré*

$$ClNa + SO^4H^2 = ClH + SO^4HNa.$$

8. — L'*acide chlorhydrique* est un gaz incolore, d'odeur piquante, très corrosif. Sa densité est 1,268; il est difficilement liquéfiable.

Il est extrêmement soluble dans l'eau. L'acide chlorhydrique du commerce est une dissolution dans l'eau du gaz acide chlorhydrique.

Il est à peu près indécomposable par la chaleur; difficilement décomposé, à température élevée, par l'oxygène.

Il attaque tous les métaux, sauf l'or et le platine, pour former des chlorures, avec dégagement d'hydrogène.

9. — On détermine la composition de l'acide chlorhydrique soit par l'*analyse* (méthode de la cloche courbe); soit par la *synthèse* (union directe du chlore et de l'hydrogène).

On trouve ainsi que deux volumes d'acide chlorhydrique sont formés d'un volume de chlore et un volume d'hydrogène, unis sans condensation.

10. — L'*acide chlorhydrique* est employé dans la fabrication du chlore, de quelques chlorures, de l'eau régale.

11. — Les *chlorures métalliques* prennent naissance dans l'action du chlore sur les métaux, de l'acide chlorhydrique sur les métaux, ou sur les bases.

Ils sont généralement solubles dans l'eau.

12. — Le *chlore* no s'unit pas directement à l'oxygène. Mais, par des procédés indirects, on a obtenu divers composés oxygénés, dont le plus important est l'*acide hypochloreux* ClOH, dont les sels sont les *hypochlorites*.

13. — Quand un courant de *chlore* passe dans une dissolution froide et étendue de *potasse caustique*, il se forme du *chlorure de potassium* et de l'*hypochlorite de potassium* :

$$2Cl + 2KOH = ClK + ClOK + H^2O.$$

Ces deux sels restent en dissolution dans l'eau. Cette dissolution est l'*eau de Javelle*.

Quand un courant de *chlore* passe sur de la *chaux éteinte*, il se forme un mélange solide de *chlorure de calcium* et d'*hypochlorite de calcium*

$$4Cl + 2CaO^2H^2 = Cl^2Ca + (ClO)^2Ca + 2H^2O.$$

Ce mélange constitue le *chlorure de chaux*.

14. — Les *hypochlorites* sont fort instables. Ils possèdent les propriétés *oxydantes*, *décolorantes*, *désinfectantes* du chlore lui-même.

On les préfère ordinairement au chlore libre.

La partie active de l'*eau de Javelle* est l'hypochlorite de potassium qu'elle renferme; la partie active du *chlorure du chaux* est l'hypochlorite de calcium.

15. — L'*eau de Javelle*, le *chlorure de chaux* sont employés pour le *blanchissage* du linge.

On s'en sert aussi pour le *blanchiment* des matières textiles d'origine végétale (lin, chanvre, coton).

On les emploie également comme désinfectants.

16. — Quand on fait passer un courant électrique à travers une dissolution de *chlorure de sodium*, il y a formation d'hydrogène, qui se dégage, puis de la *soude caustique* NaOH, et du *chlore*, qui réagissent l'un sur l'autre pour donner de l'*hypochlorite de sodium*.

C'est là un nouveau procédé de fabrication des hypochlorites.

X

LES TROIS CARBURES D'HYDROGÈNE FONDA-MENTAUX. GAZ D'ÉCLAIRAGE

213. Composés hydrogénés du carbone. — Le carbone ne se combine pas directement à l'hydrogène. Mais on rencontre dans la nature, ou on obtient par des procédés indirects, un très grand nombre de composés hydrogénés du carbone.

Les uns se trouvent dans les végétaux ou dans le sein de la terre ; beaucoup prennent naissance dans la décomposition des matières organiques ; d'autres enfin ne se rencontrent pas dans la nature, mais sont formés dans les laboratoires.

Il en existe de solides (*caoutchouc*), de liquides (*pétrole, essence de térébenthine, benzine*) et de gazeux (*méthane, éthylène, acétylène*). Beaucoup de ces carbures ont une très grande importance par leurs applications.

Au point de vue théorique, le *méthane* CH^4, l'*éthylène* C^2H^4, et l'*acétylène* C^2H^2 ont une importance toute spéciale, car, de ces trois carbures, on peut faire dériver tous les autres. C'est pour cette raison qu'ils sont appelés *carbures fondamentaux*.

Nous étudierons seulement ceux-là.

214. Propriétés générales des carbures d'hydrogène. — Tous les carbures d'hydrogène ont un certain nombre de propriétés qui leur sont communes.

Ils sont tous décomposables par la chaleur. Ils produisent alors d'autres carbures, plus stables, ou bien, si la température est assez élevée, du charbon et de l'hydrogène.

Ils sont *combustibles*. Ceux qui ne renferment pas une grande quantité de carbone (*méthane* CH^4) brûlent avec une flamme peu éclairante. La flamme est, au contraire, très éclairante pour ceux qui sont plus riches en carbone (*éthylène* C^2H^4). Lorsque, enfin, la proportion de charbon est trop considérable, et que la quantité d'air n'est pas suffisante pour déterminer une combustion complète, il y a production de noir de fumée; la flamme est fuligineuse (*acétylène* C^2H^2, *benzine* C^6H^6).

Enfin le *chlore* attaque tous les carbones d'hydrogène, en lui enlevant une quantité plus ou moins grande d'hydrogène.

I. — MÉTHANE

215. État naturel. — Le *méthane*, appelé aussi *formène*, *protocarbure d'hydrogène, gaz des marais* est, de tous les carbures d'hydrogène, le plus riche en hydrogène.

Il prend naissance dans un très grand nombre de circonstances.

C'est un produit constant de la fermentation et de la putréfaction des matières organiques. Il se forme notamment au fond de toutes les eaux stagnantes, et il est facile de le recueillir en agitant la vase.

Il se dégage aussi de certaines houilles, par suite d'une altération spontanée. S'accumulant alors dans les galeries des mines, il forme avec l'air des mélanges détonants extrêmement redoutés des mineurs ; c'est le *grisou*.

Ce gaz prend aussi naissance dans la décomposition des matières organiques par la chaleur ; le *gaz de l'éclairage* en renferme de 30 à 70 p. 100 de son volume.

EXTRACTION DU MÉTHANE DE LA VASE DES MARAIS. — La vase étant agitée à l'aide d'un bâton, de grosses bulles de gaz s'en détachent et viennent se réunir dans un flacon préalablement rempli d'eau.

216. Préparation. — Le *méthane* se prépare aisément par l'action, à chaud, de la *soude caustique* NaOH sur l'*acétate de sodium* $C^2O^2H^3Na$;

$$C^2O^2H^3Na + NaOH = CH^4 + CO^3Na^2 ;$$

il se produit du carbonate de sodium, qui reste dans l'appareil, et du méthane qui se dégage.

On introduit dans une cornue en verre un mélange d'*acétate de sodium* et de *chaux sodée*, et on chauffe au rouge. On recueille le gaz sur l'eau.

La soude intervient seule dans la réaction. Si on la calcine

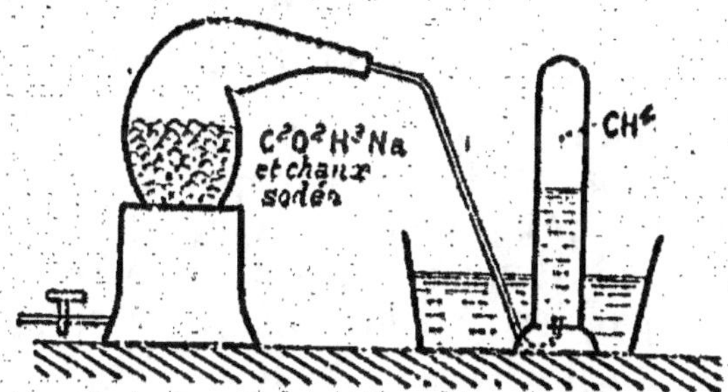

PRÉPARATION DU FORMÈNE. — On chauffe assez fortement le mélange d'*acétate de sodium* et de *chaux sodée*. On peut recueillir sur la cuve à eau.

préalablement avec de la chaux, pour faire ce qu'on nomme la *chaud sodée*, c'est parce que, employée seule, elle se fondrait dans la cornue, et attaquerait le verre.

217. Propriétés physiques. — Le *méthane* est un gaz incolore, inodore, insipide, très peu soluble dans l'eau.

Il est difficilement liquéfiable.

Sa densité est égale à 0,559.

218. Propriétés chimiques. — La *chaleur* ne décompose le méthane qu'à une température très élevée. C'est le plus stable des carbures d'hydrogène.

Une série d'étincelles électriques le décompose à la longue. Il se dépose du charbon, et l'hydrogène est mis en liberté.

Il brûle au contact de l'air avec une flamme jaunâtre, peu éclairante. Le *mélange détonant* formé avec l'oxygène, et, même avec l'air, est violent.

$$CH^4 + 4O = CO^2 + 2\,H^2O.$$

Le *chlore* agit de deux façons très différentes.

Si on enflamme un mélange de méthane et de chlore, on a une combustion rapide, avec production d'acide chlorhydrique, et d'une fumée noire de charbon

$$CH^4 + 4\,Cl = 4\,ClH + C.$$

On a le même effet si on expose le mélange aux rayons du soleil.

Mais si on fait agir la lumière du soleil, tamisée par son passage à travers un verre dépoli, il n'y a pas détonation. Il se produit ce qu'on nomme des *composés de substitution*. Le chlore enlève un atome d'hydrogène, et, à cet atome d'hydrogène enlevé, se *substitue* un atome de chlore

$$CH^4 + 2 Cl = CH^3Cl + ClH.$$

Ce premier composé de substitution CH^3Cl est le *chlorure de méthyle*, liquide très volatil, très employé à cause du grand refroidissement qui résulte de son évaporation rapide.

Puis, l'action de la lumière continuant à se produire, on a successivement, par des réactions analogues à la précédente,

$$CH^3Cl + 2 Cl = CH^2Cl^2 + ClH,$$
$$CH^2Cl^2 + 2 Cl = CHCl^3 + ClH,$$
$$CHCl^3 + 2 Cl = CCl^4 + ClH,$$

les composés successifs CH^2Cl^2, $CHCl^3$, CCl^4.

Le composé $CHCl^3$ est le *chloroforme*, anesthésique puissant, fort employé en chirurgie.

219. Caractères distinctifs du méthane. — Le méthane se distingue des autres carbures d'hydrogène par les caractères suivants.

Il brûle avec une flamme peu éclairante.

Il n'est absorbé ni par la dissolution ammoniacale de *chlorure cuivreux* (ce qui permet de le séparer de l'acétylène), ni par le *brome* (ce qui permet de le séparer de l'éthylène).

220. Pétrole. — Le pétrole brut est un mélange d'un très grand nombre de carbures d'hydrogène analogues au méthane par l'ensemble de leurs propriétés.

Ces carbures ont pour formule générale C^nH^{2n+2}, formule dans laquelle on doit donner à n successivement les valeurs 1, 2, 3, 4... 24, ce qui conduit aux carbures CH^4, C^2H^6, C^3H^8,... $C^{24}H^{50}$.

Les proportions de ces carbures varient d'ailleurs avec l'origine du pétrole.

Trouvé dans le sein de la terre (Russie, Amérique du Nord), le pétrole brut est un liquide noirâtre, visqueux. On le soumet à une *distillation fractionnée* ayant pour but de séparer les uns des autres les divers carbures qui entrent dans sa composition.

Les produits les plus importants qui résultent de cette distillation sont l'*essence de pétrole*, employée pour l'éclairage dans les *lampes à éponge*, et l'*huile de pétrole*, qui brûle dans des lampes à air, sans éponge.

L'huile de pétrole bien rectifiée doit peser *au moins* 800 grammes par litre; placée dans une soucoupe, elle ne doit pas s'enflammer par le contact d'une allumette, même à la température de 35°.

La distillation fractionnée du pétrole brut donne aussi la *paraffine*, mélange de carbures solides de formules élevées, telles que la formule $C^{24}H^{50}$.

La *vaseline* est également tirée du pétrole. On sait qu'elle est fort souvent employée en pharmacie, à la place de la graisse de porc, ou *axonge*. Elle a, sur cette dernière, la supériorité de ne pas rancir.

II. — ÉTHYLÈNE

$$C^2H^4 = 28.$$

221. Préparation. — L'*éthylène*, encore appelé *bicarbure d'hydrogène, gaz oléfiant*, ne se rencontre pas dans la nature.

Il prend naissance dans la décomposition par la chaleur d'un grand nombre de matières organiques.

On le prépare en chauffant un peu, dans un ballon de verre, un mélange d'*alcool* C^2H^6O et d'acide sulfurique. Sous l'influence déshydratante de l'acide sulfurique, l'alcool éprouve une perte d'eau, qui le transforme en éthylène.

$$C^2H^6O = C^2H^4 + H^2O.$$

222. Propriétés physiques. — L'*éthylène* est un gaz incolore, insipide, d'une odeur analogue à celle de l'éther; peu soluble dans l'eau.

Sa densité est 0.978.

Il est assez difficilement liquéfiable.

223. Propriétés chimiques. — Ce gaz est décomposé par la chaleur en *acétylène, méthane, hydrogène*. Au rouge blanc, la décomposition en *charbon* et *hydrogène* est complète.

Il est *combustible*. Il brûle avec une flamme très éclairante, et forme avec l'*oxygène* un mélange détonant puissant :

$$C^2H^4 + 6\,O = 2\,CO^2 + 2\,H^2O.$$

Quand on se contente de faire brûler le gaz à l'ouverture d'une éprouvette, la combustion est incomplète; on a un dépôt de charbon.

Mélangé à volumes égaux avec le *chlore*, et exposé à l'action de la lumière solaire directe ou diffuse, l'éthylène se combine

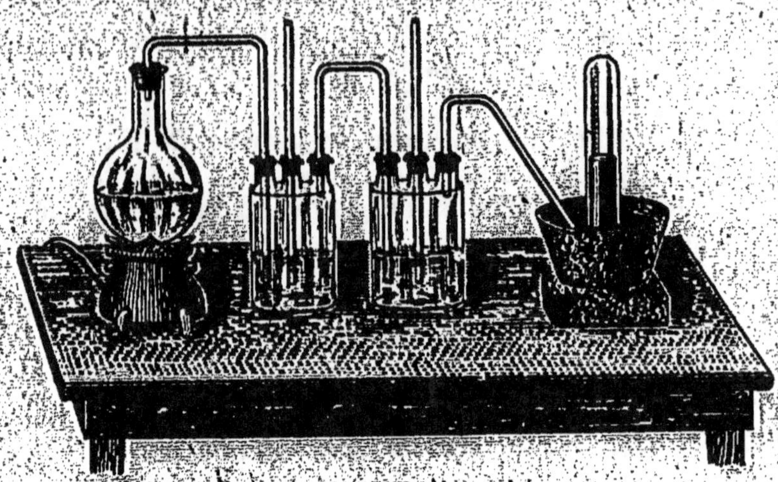

PRÉPARATION DE L'ÉTHYLÈNE.

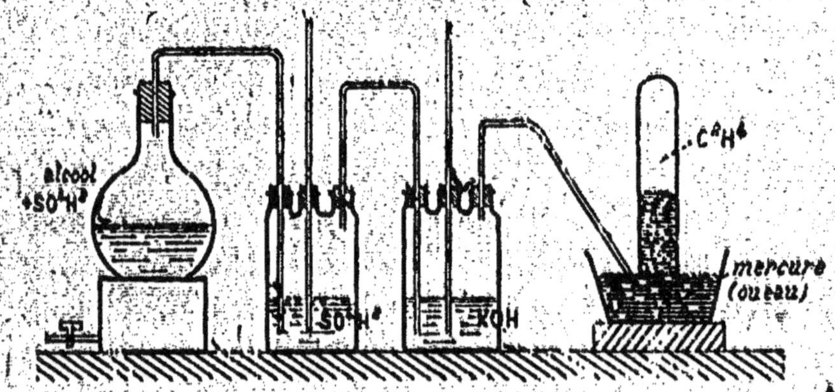

PRÉPARATION DE L'ÉTHYLÈNE. — Dans un ballon de verre, on chauffe un mélange d'*alcool* et d'*acide sulfurique*. En même temps que de l'éthylène, il se forme un peu d'éther (retenu par un flacon laveur à acide sulfurique) et un peu d'anhydrides carbonique et sulfureux (retenus par un flacon laveur à potasse). On recueille sur le mercure ou sur l'eau.

à cet élément pour donner le *bichlorure d'éthylène* $C^2H^4Cl^2$, aussi appelé *liqueur des Hollandais*. C'est un liquide huileux, plus lourd que l'eau, d'une odeur éthérée et d'une saveur sucrée.

Si, au lieu d'exposer à la lumière le mélange de chlore et d'éthylène, on l'enflamme à l'aide d'une allumette, il y a combustion vive, avec production d'acide chlorhydrique et d'une épaisse fumée de charbon.

$$C^2H^4 + 4\,Cl = 4\,ClH + 2\,C.$$

Ici la réaction a lieu entre deux volumes d'éthylène, et quatre volumes de chlore.

Sous l'action de la lumière le *brome* se comporte comme le chlore. Il *absorbe l'éthylène*, en donnant naissance à un composé de formule $C^2H^4Br^2$, analogue à la liqueur des Hollandais.

224. Caractères distinctifs de l'éthylène.

— *L'éthylène* se reconnaît à ce qu'il brûle avec une flamme éclairante.

Dans les mélanges gazeux on peut l'absorber en introduisant une ampoule pleine de *brome*, qu'on brise dans le mélange, en agitant fortement.

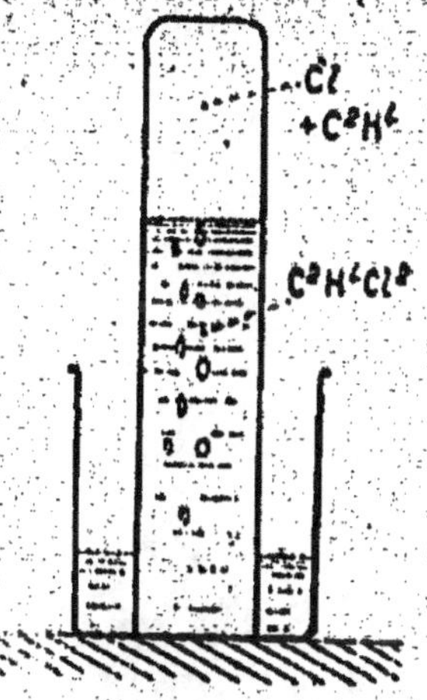

ACTION DU CHLORE SUR L'ÉTHYLÈNE EN PRÉSENCE DE LA LUMIÈRE. — La *lumière*, agissant sur un mélange de *chlore* et d'*éthylène*, détermine la formation de l'*huile des Hollandais*. Le volume gazeux diminue progressivement.

III. — ACÉTYLÈNE
$$C^2H^2 = 26.$$

225. Préparation.

— Il se produit de l'*acétylène* dans la combustion incomplète, ou dans la décomposition par la chaleur d'un grand nombre de matières organiques.

On le prépare aisément en décomposant par l'eau froide le *carbure de calcium*

$$C^2Ca + 2 H^2O = C^2H^2 + CaO^2H^2.$$

Le carbure de calcium, qui est un solide gris pierreux, est placé en fragments dans un flacon à deux tubulures. Par un entonnoir à robinet, on fait arriver de l'eau goutte à goutte ; on a de suite un rapide dégagement gazeux.

Le carbure de calcium dont on a aussi besoin est préparé en grand dans l'industrie en portant à la température de 3 000°, au four électrique, un mélange de chaux vive et de charbon.

$$CaO + 3 C = CO + C^2Ca.$$

226. Synthèse.

— La synthèse de l'acétylène a été réalisée par M. Berthelot, en faisant circuler un courant d'hydrogène autour de l'arc électrique produit par une forte pile, jaillissant entre deux pointes de charbon des cornues.

À la sortie de l'appareil, le gaz traverse une dissolution

ammoniacale de chlorure cuivreux, qui retient la petite quantité d'acétylène qui a pris naissance, tandis que l'hydrogène
continue sa route.

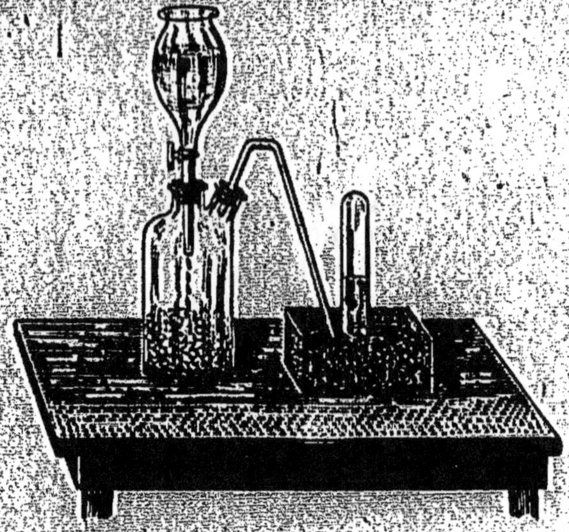

PRÉPARATION DE L'ACÉTYLÈNE.

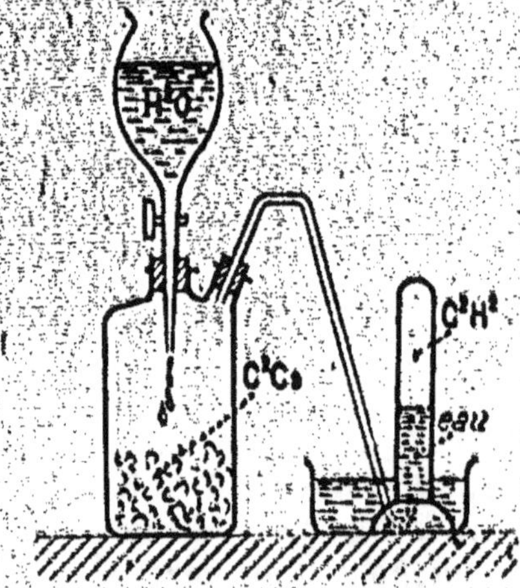

PRÉPARATION DE L'ACÉTYLÈNE. — L'eau, en tombant goutte à goutte
sur le carbure de calcium, détermine le dégagement d'acétylène.

Cette synthèse a une grande importance théorique, car elle
est le point de départ de la synthèse de beaucoup d'autres
carbures.

227. Propriétés. — L'acétylène est un gaz incolore, d'une
odeur pénétrante. Sa densité est égale à 0,92. Il est notablement soluble dans l'eau, facilement liquéfiable.

Chauffé au rouge sombre, dans une cloche courbe, il donne des carbures de même composition centésimale, parmi lesquels se trouve principalement la benzine C^6H^6 :

$$3C^2H^2 = C^6H^6.$$

A une température très élevée on aurait du charbon et de l'hydrogène.

Cette décomposition de l'acétylène en ses éléments se produit instantanément, avec explosion, quand on fait détoner au sein du gaz une petite quantité de *fulminate de mercure*.

SYNTHÈSE DE L'ACÉTYLÈNE. — L'*arc électrique*, agissant sur l'*hydrogène* qui traverse l'appareil, détermine une combinaison de cet hydrogène avec le charbon des électrodes. L'acétylène produit va former dans une dissolution de *chlorure cuivreux* un *précipité rouge d'acétylure de cuivre*.

L'acétylène est *combustible*; il brûle avec une flamme très éclairante, fuligineuse. Avec l'*oxygène*, il donne un mélange détonant *extrêmement* violent :

$$C^2H^2 + 5\,O = H^2O + 2\,CO^2.$$

L'action du chlore est analogue à celle qu'il exerce sur l'éthylène.

228. Caractères distinctifs de l'acétylène. — L'*acétylène* a une odeur forte et désagréable. Il brûle avec une flamme très éclairante, souvent fuligineuse.

Il est instantanément absorbé par la dissolution ammoniacale de *chlorure cuivreux*, en donnant naissance à un précipité rouge qu'on nomme l'*acétylure de cuivre*.

229. Usages. — La combustion de l'acétylène dans l'air a lieu avec une flamme extrêmement éclairante, surtout quand le bec employé est construit de telle façon que cette flamme ne soit pas fuligineuse.

Aussi ce gaz est-il maintenant fort employé pour l'éclairage.

Le consommateur obtient lui-même son gaz en utilisant un appareil basé sur le principe de celui qui nous a servi pour la préparation.

Les dispositions de détail de ces appareils sont très variées. On en construit de toutes dimensions, depuis la petite lampe pour bicyclette jusqu'aux appareils pouvant alimenter des centaines de becs.

L'usage de l'acétylène n'est pas sans dangers, à cause surtout de l'extrême violence des mélanges détonants qu'il forme avec l'air. Des précautions minutieuses doivent être prises dans son emploi.

IV. — GAZ DE L'ÉCLAIRAGE

230. Décomposition de la houille par la chaleur. — La *houille* renferme, outre 85 p. 100 de charbon, une forte proportion d'*hydrogène*, avec un peu d'*oxygène*, d'*azote* et de *soufre*. Chauffée en vase clos, elle laisse dégager tous ces corps étrangers, à l'état de combinaison entre eux et avec le carbone.

Il sort de l'appareil de distillation un mélange complexe de divers *carbures d'hydrogène* combustibles, d'*oxyde de carbone*, d'*anhydride carbonique*, d'*hydrogène*, d'*azote*, d'*ammoniaque* et de *vapeur d'eau*.

En 1785, l'ingénieur français Philippe Lebon eut l'idée d'utiliser ce mélange pour l'éclairage, le chauffage et la production de la force motrice. L'industrie nouvelle ne prit de l'importance qu'à partir de 1820.

Le gaz complexe qui sort des appareils de distillation a une odeur très mauvaise et il brûle avec une épaisse fumée.

Il doit être *épuré* avant d'être utilisé.

231. Épuration physique. — La fumée et la mauvaise odeur sont dues en partie à des vapeurs de divers *carbures liquides et solides*, très riches en carbone.

Un *lavage* et un faible *refroidissement* condensent ces carbures, en même temps qu'ils enlèvent la *vapeur d'eau*, et la plus grande partie des gaz solubles (*ammoniaque* et *acide sulfhydrique*).

232. Épuration chimique. — A la sortie des appareils à épuration physique, le gaz renferme encore un peu d'ammoniaque, d'anhydride carbonique et surtout d'acide sulfhydrique, dont on doit complètement le débarrasser. On y arrive par une épuration chimique.

L'épuration chimique la plus simple consiste à faire passer

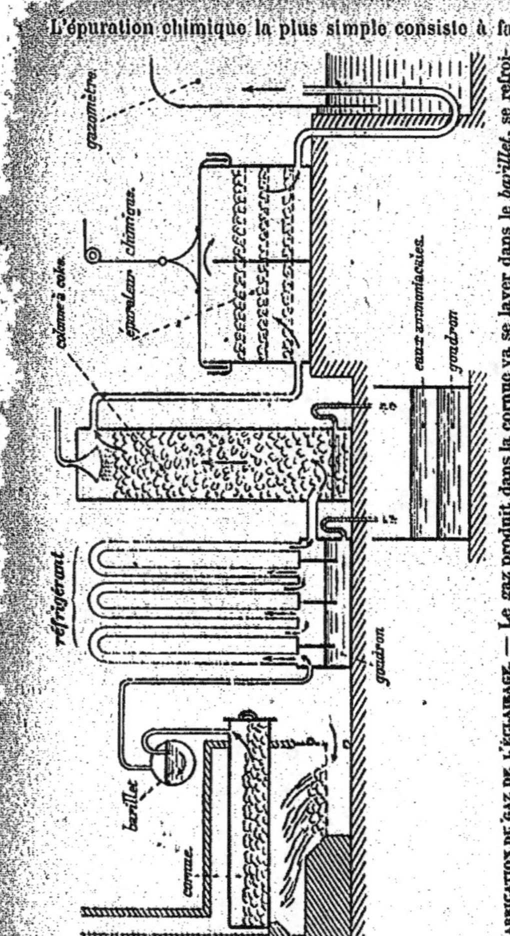

FABRICATION DU GAZ DE L'ÉCLAIRAGE. — Le gaz produit dans la cornue va se laver dans le *barillet*, se refroidir dans le *réfrigérant* et la *colonne à coke*, où se termine l'*épuration physique* ; les *goudrons* et les *eaux ammoniacales* vont se condenser dans un puits. L'*épuration chimique* se fait par passage sur des claies contenant de la *chaux éteinte* ou un mélange de *sulfate de calcium* et d'*oxyde ferrique*. De là le gaz se rend dans le gazomètre, d'où il partira pour aller dans les conduites de distribution.

le gaz à travers des claies recouvertes de *chaux éteinte*, qui absorbe l'anhydride carbonique et l'acide sulfhydrique, et même la plus grande partie de l'ammoniaque, grâce à l'eau qu'elle contient.

283. Appareil de fabrication industrielle. — La houille est placée dans des *cornues* en terre réfractaire, qu'on chauffe, par cinq ou sept dans un grand fourneau.

Le gaz produit va d'abord se refroidir dans l'eau du *barillet*, cylindre horizontal dans lequel débouchent tous les tuyaux de dégagement. Là commence l'épuration physique : une partie des carbures liquides, de l'ammoniaque et de l'acide sulfhydrique se condensent.

A la sortie du barillet, le gaz circule dans une longue série de tubes verticaux, constituant le *réfrigérant*. La condensation du *goudron* s'y achève.

L'épuration physique se termine par le passage dans une colonne pleine de coke arrosé d'eau, où une nouvelle quantité d'ammoniac se dissout.

Le passage du gaz sur les claies chargées de chaux éteinte, pour l'épuration chimique, a lieu dans une grande caisse à deux compartiments.

A la sortie des caisses d'épuration chimique, le gaz se rend dans le *gazomètre*, d'où il sortira pour être distribué aux consommateurs qui l'emploieront à l'éclairage et au chauffage.

284. Constitution du gaz épuré. — Le gaz de l'éclairage a une composition qui dépend de la houille employée.

Il est formé en grande partie d'*hydrogène* (40 p. 100), de *méthane* (40 p. 100), avec d'autres carbures, tels que l'*éthylène*, l'*acétylène*, la *vapeur de benzine*, qui lui donnent son pouvoir éclairant. Il renferme en outre de petites quantités d'azote, d'oxygène et d'oxyde de carbone.

285. Eaux ammoniacales et goudron. — Les résidus de l'épuration physique se rendent dans un puits où ils se superposent en deux couches.

Au-dessus, les *eaux ammoniacales*, dont on retire industriellement l'ammoniaque (**139**). Au-dessous est le *goudron*, dont on retire la *benzine*, la *naphtaline*, le *phénol*.

Enfin il reste dans les cornues le *coke* qui est un excellent combustible.

RÉSUMÉ

1. — Il existe un très grand nombre de composés hydrogénés du charbon, soit dans la nature, soit préparés dans les laboratoires (*caoutchouc, pétrole, essence de térébenthine, benzine, méthane, éthylène, acétylène*).

Tous sont décomposables par la chaleur, combustibles ; tous sont attaqués par le chlore.

2. — Le *méthane* prend naissance dans la fermentation et la putréfaction des matières organiques, dans leur décomposition par la chaleur.

On le rencontre dans la vase des marais, dans les mines de houille ; c'est une des parties constituantes du gaz d'éclairage.

3. — On le prépare en chauffant un mélange de *soude caustique* et d'*acétate de sodium*

$$C^2O^3H^3Na + NaOH = CH^4 + CO^3Na^2.$$

4. — Le *méthane* est un gaz incolore, difficilement liquéfiable, de densité égale à 0,559.

Il est difficilement décomposé par la chaleur. Il brûle avec une flamme jaunâtre, peu éclairante.

Sous l'action d'une allumette ou de la lumière directe du soleil, le chlore décompose complètement le méthane

$$CH^4 + 4Cl = 4CIH + C.$$

Sous l'action de la lumière solaire tamisée par passage à travers un verre dépoli, le chlore donne naissance à des composés de substitution CH^3Cl (*chlorure de méthyle*), CH^2Cl^2, $CHCl^3$ (*chloroforme*), CCl^4.

5. — Le *pétrole* brut est un mélange de divers carbures de formule générale $C^n N^{2n} + ^2$.

Une distillation fractionnée permet d'en extraire l'*essence de pétrole*, l'*huile de pétrole*, la *paraffine*, la *vaseline*.

6. — L'*éthylène* prend naissance dans la décomposition par la chaleur d'un grand nombre de matières organiques.

On le prépare en chauffant un mélange d'alcool et d'acide sulfurique

$$C^2H^6O = C^2H^4 + H^2O.$$

7. — L'*éthylène* est un gaz incolore, difficilement liquéfiable, de densité égale à 0,978.

Il est décomposé par la chaleur. Il brûle avec une flamme très éclairante.

Le chlore s'y combine sous l'action de la lumière pour donner la liqueur des Hollandais $C^2H^4Cl^2$; le brome se comporte de même.

Sous l'action d'une allumette, le chlore détruit complètement l'éthylène, avec production d'une abondante fumée de charbon.

8. — L'*acétylène* se produit dans la combustion incomplète, ou dans la décomposition par la chaleur d'un grand nombre de matières organiques.

On le prépare en décomposant par l'eau froide le *carbure de calcium*

$$C^2Ca + 2H^2O = C^2H^2 + CaO^2H^2.$$

On on a réalisé la synthèse en faisant passer de l'hydrogène autour de l'arc électrique jaillissant entre deux baguettes de charbon.

9. — L'*acétylène* est employé à l'éclairage. Il présente des dangers d'explosion qui exigent, dans son utilisation, des précautions minutieuses.

10. — Le *gaz d'éclairage* provient de la décomposition de la houille par la chaleur en vase clos.

On lui fait subir une *épuration physique* qui enlève divers carbures liquides et solides, la vapeur d'eau, l'ammoniaque et l'acide sulfhydrique.

Puis une *épuration chimique* a pour but d'enlever les dernières traces d'ammoniaque, d'acide sulfhydrique, et de gaz carbonique.

11. — Le gaz d'éclairage épuré est constitué principalement d'*hydrogène* et de *méthane*, avec de faibles quantités d'*éthylène*, d'*acétylène*, de *vapeur de benzine*.

12. — L'épuration physique donne des produits accessoires : *eaux ammoniacales*, desquelles on retire l'ammoniaque ; *goudron*, dont on retire la *benzine*, la *naphtaline*, le *phénol*.

XI

POTASSE, SOUDE. — SEL MARIN

286. Potassium et sodium. — Le *potassium* et le *sodium* sont deux métaux qui présentent entre eux les plus grandes analogies. Ils sont solides, mais mous et malléables comme la cire. Ils sont si avides d'oxygène qu'ils décomposent l'eau à la température ordinaire. On ne peut les conserver que plongés dans le pétrole, à l'abri du contact de l'air et de tout corps oxygéné.

On les extrait des carbonates de potassium et de sodium, qu'on décompose par le charbon, à haute température :

$$CO^3K^2 + 2C = 3CO + 2K.$$

DÉCOMPOSITION DE L'EAU A FROID PAR LE POTASSIUM. — Le *potassium*, mis sur l'eau, s'enflamme immédiatement et se transforme en potasse caustique.

Ces métaux sont très répandus dans la nature à l'état de *chlorure de sodium*, de *chlorure de potassium*, d'*azotate*, de *sulfate*, de *silicate* de potassium et de sodium.

A l'état libre, le potassium et le sodium ont peu d'usages ; leurs composés ont une grande importance.

I. — CHLORURE DE SODIUM

$$Cl\ Na = 58,5.$$

237. État naturel. — Le *chlorure de sodium* est très répandu dans la nature.

Les eaux de la mer en contiennent de 25 à 28 kilogrammes par mètres cube.

Il s'en rencontre de nombreux gisements à l'état solide en

France et dans toute l'Allemagne. Les eaux qui ont passé dans ces gisements ressortent ensuite en nombreuses sources salées.

Le sel nécessaire aux besoins de l'industrie et de l'alimentation est tiré des gisements souterrains (on le nomme alors *sel gemme*) et des eaux de la mer (il prend le nom de *sel marin*).

238. Extraction du sel gemme. — Les gisements de *sel gemme* sont nombreux.

Les plus importants en Europe sont ceux de *Wieliczka*, en Pologne, dont l'étendue est immense, de *Stassfurt*, en Prusse, de *Cordona*, en Espagne, de *Vic* et *Dieuze*, en Lorraine. En France, on exploite les gisements de *Saint-Nicolas* et de *Dax*, dans le département des Landes.

Quand le sel est en masses compactes assez pures (Wieliczka, Cordona), on l'exploite à ciel ouvert, ou au moyen de puits et de galeries, comme la houille. Puis on le pulvérise et on le livre en cet état à la consommation.

Mais si le sel est mélangé de matières terreuses assez abondantes, il exige une purification par dissolution, puis cristallisation. Cette dissolution se pratique sur le minerai en place, non extrait de la terre, par le procédé dit des *trous de sonde*.

Un trou de sonde aboutit à la masse terreuse riche en sel. On y fait descendre un long tube muni d'ouvertures à sa partie inférieure. On verse de l'eau entre le tube et les parois du trou. Le liquide, pénétrant dans le terrain, produit une dissolution dont les parties les plus saturées, plus lourdes, descendent jusqu'au fond. Ce sont donc ces parties saturées qui entrent dans le tube par les ouvertures inférieures. L'eau continuant d'affluer de l'extérieur, la dissolution concentrée s'élève dans le tube, et peut être montée par une pompe jusqu'aux bassins de clarification et aux chaudières d'évaporation.

L'évaporation se fait dans de grands bacs plats. On enlève les cristaux de sel à mesure qu'ils se forment, pour rejeter à la fin des *eaux mères* fort impures.

239. Extraction du sel marin. — Les eaux de la mer fournissent beaucoup plus de sel que les gisements souterrains.

Elles renferment en moyenne 37 kilogrammes de matières dissoutes par mètre cube, constituées par 28 kilogrammes de chlorure de sodium, et 9 kilogrammes de divers autres sels. On en retire le chlorure de sodium par évaporation.

Nous indiquerons seulement les principes de l'extraction.

L'eau est amenée dans un vaste réservoir nommé *vasière*. Là elle dépose presque toutes les matières qu'elle tient en suspension, et devient parfaitement limpide. Elle s'écoule alors dans une série de compartiments séparés les uns des autres par de petits sentiers unis, de quelques centimètres d'élévation. Dans ce parcours, l'eau est échauffée par les rayons du soleil, et soumise aussi à l'action desséchante du vent : elle s'évapore peu à peu. Ces nombreux bassins d'évaporation, qui, sur le bord de la mer, couvrent d'immenses étendues, forment ce qu'on nomme la *saline*.

Au bout de deux jours, la concentration est suffisante pour que la plus grande partie du sel se dépose sous forme de cristaux gris. On retire ce sel avec des râteaux, et on le laisse s'égoutter sur le bord, avant de le mettre en sacs et de l'expédier. L'exploitation dure seulement pendant l'été.

Les *eaux mères*, quand elles ont déposé le chlorure de sodium, sont fréquemment soumises à un traitement supplémentaire, qui a pour but d'en retirer du sulfate de sodium et du chlorure de potassium.

En France, les marais salants établis sur toutes les côtes de la Méditerranée occupent une surface totale de 25 000 hectares. Il y en a beaucoup moins sur les bords de l'Océan ; les plus importants sont à Marennes (Charente-Inférieure) et au Croisic (Loire-Inférieure).

240. Propriétés. — Le chlorure de sodium est un solide blanc, sans odeur, doué d'une saveur que tout le monde connaît. Il est soluble dans l'eau. Sa solubilité varie peu avec la température : 100 grammes d'eau dissolvent 36 grammes de sel à 0° et 40 grammes à 100°.

La dissolution concentrée, soumise à l'évaporation, laisse déposer des cristaux cubiques réunis en forme de pyramides à quatre faces. Ces cristaux, formés de sel anhydre, retiennent un peu d'eau interposée entre eux, ce qui les fait décrépiter sur les charbons ardents.

A l'état de pureté, le sel marin n'absorbe pas la vapeur d'eau atmosphérique ; mais le sel ordinaire, contenant un peu de chlorure de magnésium, est notablement hygroscopique.

Fortement chauffé, le chlorure de sodium fond au rouge, sans décomposition. Au rouge blanc il se volatilise, surtout dans un courant d'air.

Le chlorure de sodium, indécomposable par la chaleur, est décomposé par plusieurs acides. L'acide sulfurique donne de l'acide chlorhydrique et du sulfate de sodium ; au rouge, la silice hydratée produit de l'acide chlorhydrique et du silicate de sodium.

Le potassium le décompose pour donner du sodium et du chlorure de potassium.

241. Usages. — La production du sel marin, en France seulement, atteint annuellement 700 000 tonnes.

La plus grande partie du chlorure de sodium sert directement à l'alimentation, et il semble que ce composé soit indispensable à notre existence. On évalue à une moyenne de 6 à 7 kilogrammes la consommation annuelle de sel, pour un homme adulte.

Outre son usage direct dans l'alimentation, le sel marin est employé en grande masse pour la conservation des matières alimentaires, pour la fabrication de l'acide chlorhydrique et du sulfate de sodium, celle surtout du carbonate de sodium, la préparation du sel ammoniac, la tannerie, le traitement des minerais d'argent, la préparation du sodium, du savon, le vernissage des poteries, la conservation des bois.

On l'utilise enfin en agriculture dans l'alimentation des bestiaux et l'amendement des terres.

242. Chlorure de potassium. — Le *chlorure de potassium* a de grandes analogies avec le chlorure de sodium. Il est moins abondant dans la nature.

Les eaux de la mer n'en contiennent guère que 100 grammes par mètre cube.

On le rencontre surtout dans les mines de Stassfurt en Prusse, et dans celle de Kalucz, en Galicie. Dans ces mines, les couches de chlorure de potassium alternent avec des couches de chlorure de sodium et de divers sulfates. Le chlorure de potassium impur, extrait des couches qui le renferment, est traité par l'eau bouillante, qui le dissout en grande quantité. Par refroidissement il cristallise à peu près pur, tandis que les autres sels restent en dissolution.

C'est là l'origine la plus importante du chlorure de potassium.

Ce composé est employé en agriculture comme engrais. Il constitue la matière première des autres sels de potassium fabriqués dans l'industrie tels que le *carbonate*, l'*azotate*, le *chlorate de potassium*.

II. — CARBONATE DE SODIUM
$$CO^3 Na^2 = 100.$$

SOUDE CAUSTIQUE
$$NaOH = 40.$$

243. Propriétés du carbonate de sodium. — Le *carbonate de sodium* (ou *carbonate de soude*) est un sel blanc, à saveur âcre, très soluble dans l'eau.

Par refroidissement de sa dissolution saturée chaude, il donne de gros cristaux transparents, de formule $CO^3Na + 10\ H^2O$. Abandonnés à l'air, ces cristaux s'*effleurissent*; ils perdent peu à peu 9 molécules d'eau et se transforment en un sel pulvérulent de formule $CO^3Na^2 + H^2O$.

Le carbonate de sodium est indécomposable par la chaleur, décomposable par le charbon, par la vapeur d'eau, au rouge, avec production de *sodium*, dans le premier cas, et de *soude caustique* dans le second,

$$CO^3 Na^2 + 2\ C = 3\ CO + 2\ Na,$$
$$CO^3 Na^2 + H^2O = CO^2 + 2\ NaOH.$$

Il est décomposable par les *acides gras* (*acides stéarique, oléique*...); il se forme alors des sels gras de sodium (*stéarate, oléate*...), solubles dans l'eau, qu'on nomme des savons.

Cette propriété rend le carbonate de sodium éminemment propre au *lessivage*. Quand on trempe du linge sale dans une dissolution chaude de carbonate de sodium, il se forme des sels solubles avec les matières grasses qui souillent le linge. Dès lors ces matières grasses s'en vont, entraînant avec elles les poussières qu'elles maintenaient sur le tissu.

Si on fait passer un courant de gaz carbonique dans une dissolution concentrée de carbonate de sodium, ce sel se transforme en *carbonate acide*, plus ordinairement appelé *bicarbonate de soude*.

$$CO^3Na^2 + CO^2 + H^2O = 2\ CO^3 Na H.$$

C'est un sel blanc, soluble dans l'eau, fort employé en médecine. C'est en partie à sa présence que les eaux de Vichy doivent leurs propriétés.

244. Soudes du commerce. — Le carbonate de sodium a des applications d'une extrême importance.

Aussi l'industrie le fabrique-t-elle en énormes quantités.

Les produits commerciaux, désignés sous le nom de *soudes*, sont constitués par du carbonate de sodium plus ou moins impur, mais jouissant de toutes les propriétés générales que nous venons d'indiquer.

Nous donnerons les principes de trois procédés industriels de fabrication de ce sel.

245. Extraction de la soude des cendres des végétaux marins. — Les cendres des végétaux qui croissent spontanément sur le bord de la mer, ou qu'on y cultive, renferment beaucoup de carbonate de sodium.

Les végétaux, séchés au soleil, sont brûlés dans de grandes fosses. Les cendres à moitié fondues que l'on obtient constituent les *soudes brutes*, aujourd'hui peu importantes. Elles sont fort impures.

246. Fabrication par le procédé Leblanc. — Ce procédé a été imaginé par Leblanc en 1791.

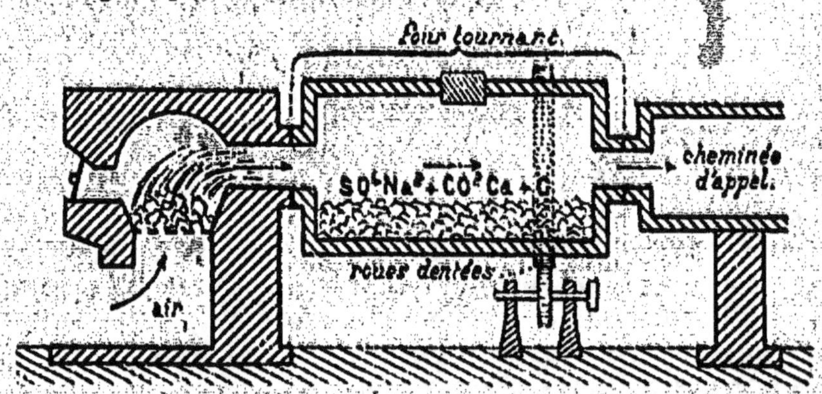

FABRICATION DE LA SOUDE ARTIFICIELLE PAR LE PROCÉDÉ LEBLANC. — Le mélange de *sulfate de sodium*, de *carbonate de calcium* et de *charbon* est placé dans un four cylindrique, mis en rotation continue par un système de roues dentées. Une ouverture, ménagée sur les parois du four, permet un chargement facile (quand elle est en haut) et un déchargement facile (quand elle est en bas).

Il consiste à traiter le *sulfate de sodium*, obtenu comme résidu de la fabrication de l'acide chlorhydrique, par un mélange de *carbonate de calcium* et de *charbon*, à une température élevée,

$$SO^4Na^2 + CO^3Ca + 4\,C = CO^3Na^2 + SCa + 4\,CO.$$

L'opération se fait en grand dans des *fours tournants*, dans lesquels les matières qui doivent réagir sont constamment brassées par la rotation même du four. La flamme du foyer traverse le four et le porte à la température du rouge vif.

On obtient ainsi une *soude brute*, mélange de carbonate de sodium, de sulfure de calcium, et de carbonate de calcium en excès. On la traite par l'eau, qui dissout seulement le carbonate de sodium. En faisant évaporer à sec la dissolution ainsi obtenue, on a une masse blanche, encore assez impure : c'est le *sel de soude*.

En traitant le *sel de soude* par l'eau bouillante, décantant, et abandonnant au refroidissement, on a les *cristaux de soude* $CO^3Na^2 + 10\ H^2O$, presque purs.

247. Fabrication par le procédé Solvay. — Le *procédé Solvay*, dit aussi *procédé à l'ammoniaque*, est aujourd'hui le plus employé. Il permet de transformer directement le *chlorure de sodium* en carbonate, sans transformation préalable en sulfate.

Ce procédé est basé sur la décomposition du *chlorure de sodium* par le *carbonate acide d'ammonium* :

$$Cl\,Na + CO^3\,(Az\,H^4)\,H = CO^3NaH + ClAzH^4,$$

décomposition qui donne du carbonate acide de sodium et du chlorure d'ammonium.

On opère de la manière suivante.

Dans une dissolution concentrée et froide de *sel marin* on fait passer un courant d'ammoniaque, puis un courant d'*anhydride carbonique*. Il se forme d'abord du *carbonate acide d'ammonium*, puis du *chlorure d'ammonium*, qui reste en dissolution, et du *carbonate acide de sodium*, qui, peu soluble dans ces circonstances, se précipite.

On sépare le précipité par filtration, on le dessèche, et on le calcine légèrement pour le transformer en carbonate neutre presque pur, immédiatement utilisable sans nouveau traitement :

$$2\,CO^3\,NaH = CO^3\,Na^2 + H^2O + CO^2.$$

Outre le chlorure de sodium, ce procédé consomme donc de l'ammoniaque et de l'anhydride carbonique.

L'ammoniaque, qui est le produit le plus coûteux, est constamment régénérée, avec une perte inférieure à 1 p. 100 pour chaque opération. Pour cela on chauffe l'eau mère, qui tient le chlorure d'ammonium en dissolution, avec de la *chaux éteinte*, qui met le gaz ammoniac en liberté pour l'opération suivante.

L'*anhydride carbonique* est produit par le four à chaux même qui sert à préparer la chaux dont on a besoin pour la régénération de l'ammoniaque ; il résulte aussi de la calcination du carbonate acide, d'après la réaction ci-dessus.

248. Usages. — La production totale annuelle des soudes commerciales dépasse certainement aujourd'hui un milliard de kilogrammes. C'est que les usages en sont nombreux et importants. Les principaux sont : fabrication de l'eau de Javelle, qui est à base de soude, bien plus souvent qu'à base de potasse, blanchiment et blanchissage des toiles dans l'industrie, blanchissage domestique, qui en consomme d'énormes quantités, fabrication du verre, du savon, du borax, des sulfites et hyposulfites de sodium. Il sert en teinture.

La médecine utilise le carbonate de sodium pur.

249. Soude caustique. — Le *sodium*, brûlant dans l'air sec, donne naissance à l'*oxyde anhydre* Na^2O, lequel, chauffé à l'air, s'oxyde lui-même et se transforme en *peroxyde anhydre* Na^2O^2. Ces deux composés n'ont aucune importance.

Il n'en est pas de même de l'*hydrate de sodium*, ou *soude caustique*, $Na^2O + H^2O = 2NaOH$.

On prépare la *soude caustique* en traitant par la *chaux* une dissolution de *carbonate de sodium* :

$$CO^3Na^2 + CaO + H^2O = CO^3Ca + 2NaOH ;$$

le carbonate de calcium se précipite, et la soude reste en dissolution.

Pour opérer, on fait bouillir pendant une heure un mélange d'eau, de carbonate de sodium et de chaux. Puis on laisse reposer ; on décante la dissolution de soude, on chauffe le liquide pour évaporer l'excès d'eau, et on coule sur une plaque de fonte ; la soude se solidifie en une masse blanche, de faible épaisseur, que l'on concasse. On conserve dans un flacon bien bouché, à l'abri de l'humidité de l'air.

La soude ainsi obtenue, dite *soude à la chaux*, renferme toutes les impuretés du carbonate de sodium employé à sa préparation. On la purifie en la dissolvant dans l'alcool ; ce liquide dissout la soude, mais non les impuretés. On décante, on distille l'alcool dans un alambic en verre, on achève de concentrer dans une capsule d'argent, et on coule sur une plaque de fonte. On a ainsi la *soude à l'alcool*, presque complètement pure.

250. *Propriétés.* — La *soude caustique* est un solide blanc, opaque. Elle fond au rouge et se volatilise au rouge vif, sans être décomposée par la chaleur.

Elle est extrêmement soluble dans l'eau, déliquescente à l'air; elle ramène au bleu la teinture de tournesol.

A l'état solide, comme à l'état de dissolution, la soude est un caustique énergique, qui dissout rapidement la peau et perfore les membranes.

Elle est décomposée, à une température élevée, par certains corps très avides d'oxygène, et notamment par le fer et le charbon.

Les acides se combinent aisément à la soude, avec un grand dégagement de chaleur, pour former des sels dits *alcalins*, solubles dans l'eau.

251. *Usages*. — La *soude caustique* est constamment employée dans les laboratoires de chimie.

Dans l'industrie, sa dissolution constitue la *lessive des savonniers*, employée en grandes masses à la fabrication des savons.

On s'en sert aussi en médecine.

III. — CARBONATE DE POTASSIUM

$$CO^3K^2 = 138.$$

IV. — POTASSE CAUSTIQUE

$$KOH = 56.$$

252. Propriétés du carbonate de potassium. — Les analogies du carbonate de potassium avec le carbonate de sodium, de la potasse caustique avec la soude caustique sont tellement grandes que nous n'avons ici qu'à répéter, en l'abrégeant, ce qui vient d'être dit dans les pages qui précèdent.

Le *carbonate de potassium* est un sel blanc, d'une saveur caustique, fusible au rouge.

Il est *déliquescent*, c'est-à-dire qu'il absorbe l'humidité de l'air et se dissout dans l'eau ainsi absorbée. De là la nécessité de le conserver dans des vases bien clos.

Il est très soluble dans l'eau. Sa dissolution a la propriété de dissoudre les corps gras, ce qui permet de l'employer dans le blanchissage du linge.

253. Fabrication. — On rencontre dans le commerce, et on utilise en grande quantité, sous le nom de *potasse*, du carbonate de potassium plus ou moins pur, que l'industrie obtient par divers procédés.

On en extrait des *cendres des végétaux terrestres*; des résidus de la fabrication du sucre et de l'alcool par la betterave, résidus appelés *vinasses de betteraves*; de la *toison des moutons*. Enfin on fabrique des *potasses artificielles* par les deux procédés que nous avons indiqués pour les soudes (*procédé Leblanc*, *procédé Solvay*).

254. Usages. — Les *potasses*, d'un prix plus élevé que les *soudes*, ont une importance industrielle beaucoup moindre. Leur production totale annuelle ne dépasse pas 50 millions de kilogrammes.

Leurs principaux usages sont la fabrication du chlorure décolorant et désinfectant à base de potasse, le blanchiment et le blanchissage des toiles, la fabrication du verre, du savon, du potassium, du salpêtre, de l'alun, du chlorate de potassium, de la potasse caustique, du silicate de potassium. On les utilise aussi dans l'amendement des terres.

Quand on a besoin d'une matière grossière (fabrication du verre commun, du savon mou, amendement des terres), on se sert des potasses tirées des cendres, qui sont toujours très impures. Pour d'autres usages (fabrication des verres fins, des savons fins, le blanchissage, etc.), on emploie les potasses presque pures provenant des autres modes d'extraction.

255. Potasse caustique. — Les propriétés de la *potasse caustique* ont une telle similitude avec celles de la *soude* que nous n'avons pas besoin d'y revenir.

De même le mode de préparation est absolument identique. Les usages sont aussi les mêmes. Toutefois, la potasse a un usage en médecine pour lequel elle est toujours préférée à la soude : on utilise ses propriétés caustiques pour la destruction des tissus. On l'emploie alors sous forme de pastilles ou de petits cylindres, constituant ce qu'on nomme la *pierre à cautère*.

RÉSUMÉ

1. — Le *potassium* et le *sodium* sont deux métaux solides, mous, malléables comme la cire. Ils sont assez avides d'oxygène pour décomposer l'eau à la température ordinaire.

On les extrait des carbonates de potassium et de sodium, qu'on décompose par le charbon, à haute température.

2. — Le *chlorure de sodium* se trouve à l'état solide dans la terre, et à l'état de dissolution dans l'eau de la mer.

On en extrait de grandes quantités de chacun de ces deux gisements.

3. — C'est un solide blanc, d'une saveur salée, assez soluble dans
l'eau. Il fond à la température du rouge.

Il est indécomposable par la chaleur. Les acides forts le décomposent, avec dégagement d'acide chlorhydrique.

4. — Le chlorure de sodium est employé dans l'alimentation,
comme condiment.

Il sert à la conservation des matières alimentaires, à la fabrication de l'acide chlorhydrique, du carbonate de sodium, à la préparation du savon...

5. — Le *chlorure de potassium* a de grandes analogies avec le
chlorure de sodium.

Les eaux de la mer en contiennent fort peu. On le trouve en
grandes quantités dans les mines de Stassfurt, en Prusse, et dans
celles de Kalucz, en Galicie.

Il est utilisé en agriculture, comme engrais. Il est employé pour
la fabrication du carbonate, de l'azotate, du chlorate de potassium.

6. — Le *carbonate de sodium* est un sel blanc, à saveur âcre, très
soluble dans l'eau. Ses cristaux s'*effleurissent* au contat de l'air.

Il est indécomposable par la chaleur, décomposable par le charbon, par la vapeur d'eau au rouge.

$$CO^3Na^2 + 2 C = 3 CO + 2 Na,$$
$$CO^3Na^2 + H^2O = CO^2 + 2 NaOH.$$

Il dissout les corps gras, ce qui lui permet d'être employé pour
le blanchissage du linge.

Sa dissolution, traversée par un courant de gaz carbonique,
donne naissance à du carbonate acide de sodium CO^3NaH.

7. — L'industrie le prépare en d'énormes quantités, et le livre au
commerce sous le nom de *soude*.

On l'extrait des cendres des végétaux marins.

On le prépare à l'aide du chlorure de sodium.

Dans le *procédé Leblanc* on commence par traiter le chlorure de
sodium par l'acide sulfurique, pour le transformer en sulfate de
sodium. Puis on chauffe fortement ce sulfate de sodium mélangé à
du carbonate de calcium et du charbon.

$$SO^4Na^2 + CO^3Ca + 4 C = CO^3Na^2 + SCa + 4 CO.$$

Dans le *procédé Solvay* on fait passer, dans une dissolution
froide de sel marin, un courant de gaz ammoniaque, puis un courant de gaz carbonique. Il se forme du carbonate acide d'ammonium, qui agit sur le chlorure de sodium, pour donner du chlorure
d'ammonium et du carbonate acide de sodium. On n'a qu'à chauffer
ce carbonate acide pour le transformer en carbonate neutre

$$2 CO^3Na H = CO^3Na^2 + H^2O + CO^2.$$

8. — Les principaux usages du *carbonate de sodium* sont : fabrication de l'eau de Javelle, blanchiment et blanchissage des toiles dans l'industrie, blanchissage dans l'économie domestique, fabrication du verre, du savon, de l'hyposulfite de sodium.

9. — La *soude caustique* se prépare en traitant par la *chaux* une dissolution de carbonate de sodium à chaud.

C'est un solide blanc, opaque, fusible au rouge, très soluble dans l'eau, très caustique.

Elle est employée dans les laboratoires, et en médecine. Elle constitue l'une des matières fondamentales de la fabrication du savon.

10. — Le *carbonate de potassium* a à peu près les mêmes propriétés et les mêmes usages que le carbonate de sodium. Il est déliquescent au lieu d'être efflorescent.

On le retire des cendres des végétaux terrestres, des vinasses de betteraves, de la toison des moutons.

On le fabrique par le procédé Leblanc et par le procédé Solvay.

11. — La *potasse caustique* a les mêmes propriétés, les mêmes usages et le même mode de préparation que la soude caustique.

En médecine on l'utilise, sous le nom de *pierre à cautère*, pour ronger les chairs et les tissus.

XII

CHAUX, CARBONATE ET SULFATE DE CALCIUM

I. — CARBONATE DE CALCIUM

$$CO_3Ca = 100.$$

256. État naturel du calcaire. — Le *calcaire*, chimiquement appelé *carbonate de calcium* (ou *carbonate de chaux*), CO_3Ca, ne se prépare pas dans les laboratoires.

Il est extrêmement abondant dans la nature.

On le rencontre sous les formes les plus diverses, mais toujours reconnaissable à son effervescence sous l'action des acides, et à sa transformation en chaux par l'application de la chaleur.

Cristallisé, il constitue le *spath d'Islande* et l'*aragonite*. Non cristallisé, le carbonate de calcium se trouve sous les variétés suivantes :

1º Les nombreuses variétés de *pierre à bâtir* appelées *pierres calcaires*. Outre leurs usages dans les constructions, beaucoup de pierres calcaires sont aussi employées à la fabrication de la chaux.

2º La *pierre lithographique*, dure, susceptible d'un beau poli, servant à la reproduction des dessins par les procédés de la lithographie.

3º L'*albâtre calcaire*, susceptible aussi d'un beau poli, et fort recherché pour l'ornementation à cause de ses couleurs agréables. L'*onyx* est le plus estimé des albâtres.

4º Le *marbre*, le plus dur des calcaires, orné des couleurs les plus variées et les plus vives. Il provient de la fusion du calcaire, à une température élevée, dans les couches profondes du sol. Cette fusion a été rendue possible par la pression des terrains supérieurs, pression qui empêchait le dégagement du gaz carbonique.

Le marbre blanc, dit *marbre statuaire*, est à grains cristallins, qui donnent à sa cassure l'aspect du sucre. Sous une faible épaisseur, il est presque transparent.

5° La *craie*, très friable, formée par l'accumulation des coquilles calcaires d'animaux microscopiques. Elle constitue le *blanc d'Espagne*, avec lequel on polit les métaux, le *blanc à écrire* au tableau. Elle sert aussi à la fabrication de la chaux. Certaines craies sont assez dures pour être employées dans les constructions.

257. Calcaire en dissolution dans l'eau. — Les eaux qui courent à la surface de la terre et dans les profondeurs du sol renferment toujours de l'anhydride carbonique. Aussi peuvent-elles dissoudre une notable proportion du carbonate de calcium qu'elles rencontrent sur leur route. Toutes les eaux naturelles sont plus ou moins calcaires. Ceci nous explique pourquoi elles se troublent par l'ébullition et incrustent à la longue l'intérieur des vases dans lesquels on les fait chauffer.

Les eaux souterraines, souvent très riches en anhydride carbonique, renferment quelquefois beaucoup de calcaire. Arrivées à l'air, elles abandonnent une partie de ce gaz, et le calcaire se dépose sur les objets environnants : l'eau est dite *incrustante*. Les sources incrustantes sont fort nombreuses en Auvergne.

Les eaux d'infiltration des grottes déposent peu à peu de longues aiguilles calcaires, nommées *stalactites*, qui pendent à la voûte. Au-dessous de chaque stalactite s'élève du sol une aiguille semblable, *stalagmite*, formée par les gouttes d'eau qui tombent de la voûte. Souvent les stalactites et les stalagmites se rejoignent et constituent des colonnes.

257 bis. Propriétés et usages. — Le *carbonate de calcium* est un solide cristallisable, blanc quand il est pur, insoluble dans l'eau ordinaire, mais soluble dans l'eau chargée d'anhydride carbonique. Cette dissolution se trouble sous l'action de la chaleur.

La chaleur dissocie le carbonate de calcium en *chaux vive* et *anhydride carbonique*. Quand on opère en vase clos, la décomposition s'arrête bientôt et le carbonate fond, prenant par refroidissement l'apparence du marbre.

Les acides décomposent presque tous le carbonate de calcium, en donnant un dégagement de gaz carbonique.

Les principaux usages de ce composé ont été indiqués dans l'énumération de ses diverses variétés.

II. — CHAUX

$$CaO = 48.$$

258. La chaux ; sa fabrication. — Dans l'industrie on prépare en grand la *chaux vive*, ou *oxyde de calcium* CaO, en décomposant la *pierre calcaire*

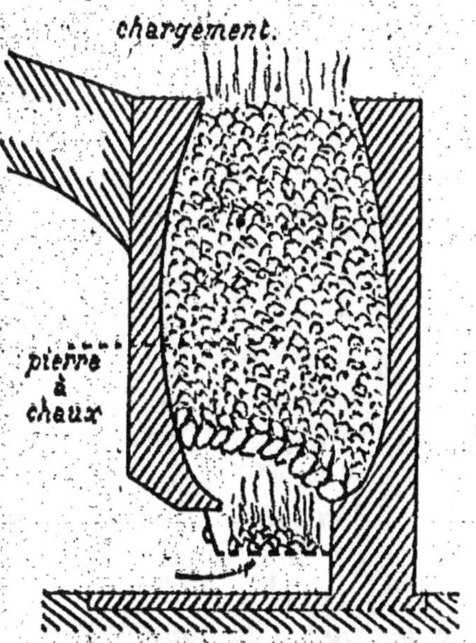

FABRICATION DE LA CHAUX DANS LE FOUR INTERMITTENT. — Les *pierres calcaires* sont empilées dans le four et, portées au rouge pendant plusieurs heures par un feu très vif. Puis on laisse le feu s'éteindre, et on sort la chaux par l'ouverture du foyer.

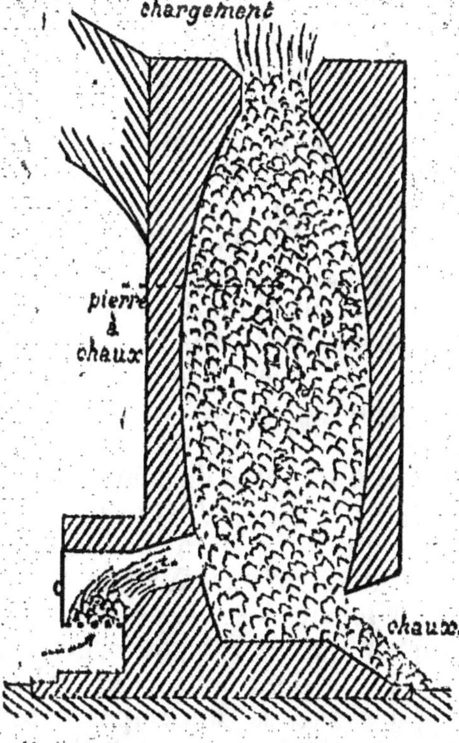

FABRICATION DE LA CHAUX DANS LE FOUR CONTINU. — Le feu reste constamment allumé. On retire la chaux, progressivement, par une ouverture spéciale, tandis qu'on charge à mesure par le haut avec la pierre calcaire.

par la chaleur. Les calcaires les plus propres à cette fabrication sont connus sous le nom de *pierres à chaux*.

L'opération se fait dans des fours en maçonnerie revêtus intérieurement de briques réfractaires. Sous les pierres empilées on allume un grand feu, capable d'élever la température au rouge vif ; la cuisson dure plusieurs heures. Quand elle est terminée, on laisse le feu s'éteindre, et on retire la chaux.

Dans la grande fabrication, ces fours à *préparation intermittente* sont remplacés par des fours à *préparation continue*. Ces derniers ont jusqu'à dix mètres de hauteur et possèdent deux ouvertures inférieures : l'une qui sert de foyer, et l'autre destinée à retirer la chaux cuite.

259. Propriétés de la chaux. — La *chaux vive* est un solide blanc, non cristallisé, d'une saveur caustique, indécomposable par la chaleur.

Elle a été fondue au four électrique, vers 3 000°.

Elle a une grande affinité pour l'eau. Quand on l'arrose avec de l'eau, elle s'échauffe jusqu'à une température voisine de 300°, puis elle se fendille, augmente de volume et tombe en poussière : on a alors la *chaux hydratée*, ou *hydrate de calcium* CaO^2H^2, nommée ordinairement *chaux éteinte*.

Une plus grande quantité d'eau donne une pâte grasse et onctueuse. La quantité d'eau augmentant encore, on a par agitation un liquide blanc (*lait de chaux*), formé par de la chaux en suspension dans l'excès d'eau. On emploie le lait de chaux, en guise de peinture économique, pour badigeonner les murs.

Abandonné à lui-même, le lait de chaux laisse déposer un précipité. Il reste une dissolution limpide renfermant à peu près un gramme de chaux par litre (*eau de chaux*).

La chaux hydratée, et en particulier l'eau de chaux, est une base qui ramène au bleu la teinture de tournesol. Cette chaux hydratée, comme aussi la chaux vive, se combine aux acides pour former les sels de calcium. Ainsi elle absorbe l'anhydride carbonique de l'air, et forme du carbonate de calcium.

On doit donc conserver la chaux vive à l'abri de l'air.

La *chaux* est décomposée par le *charbon* à la température très élevée du four électrique ; il se dégage de l'oxyde de carbone, et il reste du *carbure de calcium* C^2Ca

$$3\,C + CaO = C^2Ca + CO.$$

Ce carbure de calcium est un solide qui se présente sous forme d'une matière pierreuse, d'un gris foncé, d'apparence presque métallique. Il a la propriété de se décomposer immédiatement, au simple contact de l'eau, pour fournir un dégagement d'*acétylène*.

260. Usages de la chaux. — La chaux intervient dans la fabrication de la potasse, de la soude, de l'ammoniaque, dans le tannage des peaux, dans la fabrication du sucre, des chlorures décolorants et désinfectants, des acides gras. L'agriculture l'emploie comme amendement; la médecine utilise ses propriétés caustiques.

Mais son usage de beaucoup le plus important est dans la fabrication des mortiers.

261. Diverses chaux industrielles. — Les chaux industrielles doivent aux impuretés qu'elles contiennent toujours des propriétés particulières. On les divise en *chaux aériennes* et *chaux hydrauliques*.

Les *chaux aériennes* sont dites *grasses* ou *maigres*, suivant qu'elles forment avec l'eau une pâte forte et liante, avec grand dégagement de chaleur, ou une pâte sèche et courte, avec un petit dégagement de chaleur.

Les chaux grasses proviennent de calcaires à peu près purs; les chaux maigres renferment de la magnésie, de l'oxyde de fer et de la silice.

Les *chaux hydrauliques* forment avec l'eau une pâte sèche et courte, comme les chaux maigres. Mais elles possèdent la propriété de *durcir sous l'eau*, ce qui les rend propres aux constructions hydrauliques. Elles proviennent des calcaires renfermant de 10 à 40 p. 100 d'*argile* (*silicate hydraté d'aluminium*).

262. Mortiers aériens. — Les mortiers sont des mélanges destinés à lier les matériaux de construction.

Les mortiers aériens sont formés d'un mélange de chaux aérienne éteinte et de sable (les chaux grasses sont les meilleures).

Ce mélange a la propriété de durcir à l'air au bout d'un certain temps, de façon à former un véritable lut solide, qui lie fortement les matériaux les uns aux autres.

Ce durcissement est dû à ce que la chaux absorbe peu à peu l'anhydride carbonique de l'air, et se transforme en carbonate de calcium, ayant la consistance du calcaire ordinaire.

Le sable empêche le fendillement qui résulte de la dessiccation; de plus, le calcaire formé adhère fortement au sable, ce qui augmente la consistance du bloc.

263. Mortiers hydrauliques. Ciments. — Les *chaux hydrauliques* durcissent sous l'eau au bout de quelques jours et acquièrent une consistance supérieure à celle du calcaire même. Le durcissement est dû à l'argile que renferment ces chaux.

Pendant la cuisson, l'argile a perdu son eau et s'est transformée en *silicate anhydre d'aluminium* ; sous l'eau, ce silicate s'hydrate de nouveau, en même temps qu'il se combine avec la chaux pour former un *silicate double hydraté d'aluminium et de calcium*, qui est un composé insoluble, doué d'une grande dureté. La chaux se prend d'autant plus rapidement, et le composé formé est d'autant plus dur, que la proportion d'argile est plus forte, pourvu qu'elle ne dépasse pas 40 p. 100.

On peut obtenir des *chaux hydrauliques artificielles* en mélangeant des chaux grasses avec certaines argiles préalablement cuites et pulvérisées.

Les *mortiers hydrauliques* sont ordinairement constitués par des mélanges de chaux hydrauliques et de sable. Même pour les constructions aériennes, ils sont considérés comme supérieurs aux mortiers obtenus avec les chaux grasses.

Le *béton* est un mélange de chaux hydraulique, de sable et de cailloux. En appliquant des couches de béton les unes sur les autres sur un terrain humide, on le transforme en un sol imperméable, sur lequel on peut établir de solides constructions.

Le *ciment* est une chaux extrêmement hydraulique, qui se prend sous l'eau au bout de quelques minutes. On fabrique des *ciments artificiels*, comme des chaux hydrauliques artificielles, en mélangeant de la chaux grasse avec de l'argile calcinée.

III. — SULFATE DE CALCIUM

264. Sulfate de calcium. — On trouve dans la nature le sulfate de calcium à l'état anhydre SO^4Ca (*anhydrite*) ou à l'état hydraté $SO^4Ca + 2H^2O$ (*gypse* ou *pierre à plâtre*).

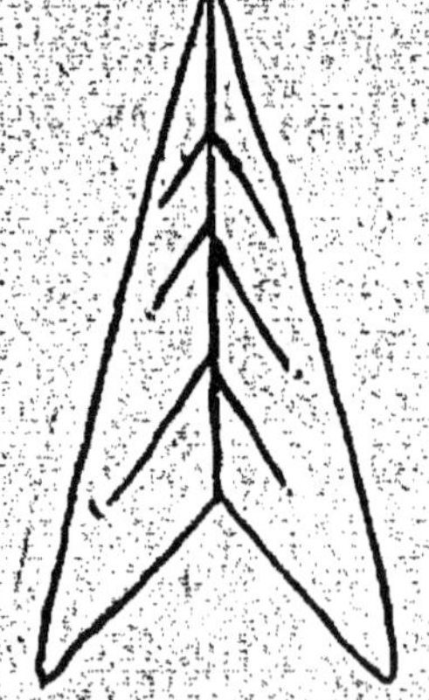
GYPSE FER DE LANCE.

À Paris et aux environs il y a d'énormes gisements de pierre à plâtre, qui se présente sous forme de cristaux grossiers, à cassure saccharoïde, d'un blanc jaunâtre.

D'autres fois, le gypse est constitué par des feuillets minces, transparents, groupés en forme de *fer de lance*.

Le sulfate de calcium est très peu soluble dans l'eau. Les eaux naturelles qui en renferment en dissolution sont dites *eaux séléniteuses*.

Chauffé, il perd son eau, mais il n'est pas décomposé.

265. Plâtre. — Le *plâtre* employé dans les constructions est du sulfate de calcium anhydre.

Quand on chauffe doucement le sulfate de calcium naturel, par exemple le gypse des environs de Paris, $SO^4Ca + 2H^2O$, il perd vers 120° son eau de cristallisation. Si la température de

FOUR A PLATRE. — La *cuisson* du plâtre se fait sous un grand hangar, ayant une charpente en fer. On allume un feu de fagot, *très modéré*, sous des voûtes temporaires édifiées avec les plus gros moellons de gypse. La fumée sort par les interstices des tuiles de la toiture.

calcination n'a pas dépassé 140°, le sulfate anhydre est susceptible de se recombiner à l'eau, avec un assez fort dégagement de chaleur, pour reformer le gypse hydraté primitif. Si la température de calcination a dépassé 140°, la recombinaison avec l'eau est beaucoup plus lente. Elle ne se fait plus du tout si la température a dépassé 300°.

Le plâtre une fois cuit, on le réduit en poudre fine, sous des meules, et on le conserve à l'abri de l'humidité.

266. Usages du plâtre. — Pour employer le plâtre, on mélange sa poussière à de l'eau, de manière à former un *lait* qui ne soit pas trop épais. Progressivement, le plâtre se combine avec l'eau, pour reformer le composé $SO^4Ca + 2H^2O$, et le liquide se *prend* très rapidement en une masse solide, composée de petits cristaux de sulfate de calcium hydraté, enchevêtrés les uns dans les autres.

C'est cette masse que l'on emploie, alors qu'elle n'est qu'à moitié solidifiée, pour la construction des murs en briques, ou les revêtements intérieurs.

Gâché avec une dissolution chaude de colle forte, le plâtre devient très dur et susceptible d'être poli ; de plus, on le mélangeant avec des matières colorantes, on peut lui communiquer les couleurs les plus vives et les plus capricieusement distribuées. Alors, sous le nom de *stuc*, il remplace le marbre pour les décorations d'intérieur, car il ne peut pas être exposé aux intempéries des saisons.

En se prenant, le plâtre éprouve une légère augmentation de volume, ce qui le rend propre au *moulage*.

L'agriculture l'emploie aussi comme *amendement* dans certaines terres.

RÉSUMÉ

1. — Le *calcaire*, ou *carbonate de calcium*, se trouve dans la nature à l'état cristallisé (*spath d'Islande, aragonite*), et plus souvent à l'état amorphe (*pierre à bâtir, pierre lithographique, albâtre calcaire, marbre, craie*).

2. — On le trouve en dissolution dans les eaux naturelles, grâce à la présence du gaz carbonique dans ces eaux.

Les eaux fortement calcaires deviennent *incrustantes* quand elles arrivent au contact de l'air. Elles déterminent, en particulier, la formation des *stalactites* et des *stalagmites*.

3. — Le carbonate de calcium est décomposé par la chaleur en *chaux vive* et *anhydride carbonique*.

Il est décomposé par les acides, avec *effervescence*.

4. — La *chaux vive* CaO se fabrique industriellement par la décomposition du carbonate de calcium par la chaleur, dans des fours spéciaux, nommés *fours à chaux*.

5. — La *chaux vive* est un solide blanc, indécomposable par la chaleur, fusible seulement à 3 000°.

Elle se combine à l'eau avec un grand dégagement de chaleur (*chaux éteinte*). Une plus grande quantité d'eau donne un *lait de chaux*, puis une dissolution limpide, appelée *eau de chaux*.

Elle absorbe l'anhydride carbonique de l'air, et se transforme en *carbonate de calcium*.

Elle est décomposée par le charbon, à 3 000°, avec formation de carbure de calcium

$$3\,C + CaO = C^2Ca + CO.$$

6. — On emploie la chaux dans la fabrication de la potasse, de la soude, de l'ammoniaque, du sucre, des chlorures décolorants et désinfectants, des acides gras, et surtout des mortiers.

L'agriculture l'utilise comme amendement.

7. — La *chaux aérienne grasse* est une chaux presque pure, avec laquelle on fait les mortiers dits aériens, qui se solidifient progressivement à l'air.

La *chaux aérienne maigre* renferme un peu de magnésie, d'oxyde de fer, de silice. Elle donne un mauvais mortier.

La *chaux hydraulique* renferme une assez grande quantité d'argile, ou silicate d'aluminium. Elle donne des mortiers qui durcissent sous l'eau, aussi bien qu'à l'air.

8. — Les mortiers sont formés d'un mélange de *chaux*, de *sable* et d'*eau*.

Les mortiers aériens sont faits avec de la chaux grasse, les mortiers hydrauliques avec de la chaux hydraulique.

Le béton est un mélange de chaux hydraulique, de sable et de cailloux.

Le *ciment* est une chaux extrêmement hydraulique qui se prend sous l'eau au bout de quelques minutes.

9. — Le *gypse* ou *pierre à plâtre* $SO^4Ca + 2 H^2O$ est du sulfate de calcium hydraté qu'on trouve en grandes quantités dans la nature.

Il est très peu soluble dans l'eau. Chauffé, il perd son eau et devient anhydre.

Le *plâtre* employé dans les constructions est du sulfate de calcium anhydre.

10. — On prépare le plâtre en chauffant doucement le gypse, jusqu'à la température de 140°, pour lui faire perdre son eau.

Le plâtre, réduit en fine poussière, puis mélangé d'eau, forme un lait qui, progressivement, se combine avec l'eau et se *prend* en une masse solide.

C'est cette masse en voie de solidification qu'on emploie dans les constructions.

Le plâtre est également employé pour faire des *moulages*.

L'agriculture en consomme de grandes quantités comme amendement.

XIII

PROPRIÉTÉS ESSENTIELLES
DES PRINCIPAUX MÉTAUX USUELS

I. — Propriétés physiques des métaux

267. Définition des métaux. — Nous avons défini les *métaux* : des corps simples, doués d'un éclat particulier, appelé éclat métallique, conduisant bien la chaleur et l'électricité ; possédant en général une assez grande ductilité et une assez grande malléabilité.

Au point de vue chimique, un métal est caractérisé par ce fait : qu'il entre toujours dans la constitution d'au moins une base.

Les métaux sont moins répandus à la surface de la terre que les métalloïdes ; il n'y en a que fort peu dans l'air, dans l'eau, dans les animaux et les végétaux.

Au contraire la plupart des roches solides qui constituent l'écorce terrestre sont riches en métaux soit *natifs* (c'est-à-dire à l'état libre), soit, bien plus généralement, formant des *oxydes*, des *sulfures*, des *chlorures*, des *sulfates*, des *phosphates*, des *azotates* et surtout des *carbonates* et des *silicates*.

268. Propriétés physiques. — Les propriétés générales des métaux sont importantes à connaître, au point de vue des usages de ces éléments.

Nous examinerons d'abord les propriétés physiques : *aspect, densité, changement d'état, conductibilité, malléabilité, ductilité, ténacité, dureté*.

269. Aspect. — Les métaux sont solides, sauf le *mercure*. Ils se présentent le plus souvent sous forme de masses homogènes, mais ils sont susceptibles de cristalliser.

Opaques, quand ils sont pris en grande masse, les métaux deviennent transparents quand on les réduit en feuilles extrêmement minces.

L'or est vert et l'*argent* est bleu quand on les regarde par transparence.

Le blanc teinté de bleu, de jaune, de gris, est la *couleur* la plus ordinaire des métaux. Quelques-uns seulement ont des couleurs plus tranchées ; le *cuivre* est rouge, l'*or* est jaune.

270. Densité. — La densité des métaux est généralement assez grande. Voici un tableau de quelques-unes de ces densités.

Platine laminé	22,06	Fer	7,70
Or forgé	19,36	Etain	7,29
Mercure	13,59	Zinc	7,19
Plomb	11,35	Aluminium	2,56
Argent	10,47	Sodium	0,97
Cuivre	8,95	Potassium	0,86

271. Changement d'état. — Les métaux sont tous fusibles, à des températures très diverses, et souvent assez mal déterminées :

Platine	2 000°	Zinc	410°
Fer	1 500°	Plomb	335°
Or	1 250°	Etain	228°
Cuivre	1 100°	Sodium	95°
Argent	1 000°	Potassium	62°
Aluminium	650°	Mercure	— 40°

Pour la plupart ils sont volatils ; le zinc et le magnésium entrent en ébullition vers 1 000° ; le sodium et le cadmium vers 860° ; le mercure à 360°. Le zinc, le mercure, le potassium et le sodium sont distillés industriellement.

272. Conductibilité. — La *conductibilité pour la chaleur et pour l'électricité* a une grande importance pour certains usages des métaux.

Pour la *chaleur*, comme pour l'*électricité*, le meilleur conducteur est l'*argent*. Puis viennent le *cuivre*, l'*or*, le *zinc*, le *platine*, le *fer*.

273. Malléabilité. — Un métal est *malléable* lorsqu'il peut être réduit en lames minces par l'action du marteau ou du laminoir.

L'or est le plus malléable de tous les métaux ; par martelage on obtient des feuilles d'or extrêmement minces. Puis viennent l'*argent*, l'*aluminium*, le *cuivre*, l'*étain*, le *platine*, le *plomb*, le zinc, le fer.

Le *laminoir*, avec lequel se fabriquent le plus souvent les feuilles métalliques, se compose de deux cylindres tournant autour de leurs axes, qui sont parallèles.

La lame de métal, engagée entre ces cylindres, est entraînée dans leur mouvement et passe entre eux, s'aplatissant plus ou moins, suivant que les cylindres sont plus ou moins rapprochés l'un de l'autre.

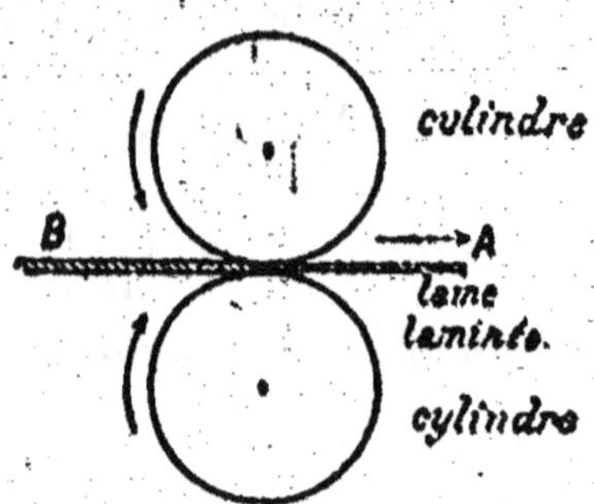

LAMINOIR. — Deux cylindres horizontaux de fonte tournent sur eux-mêmes. Ce mouvement détermine le passage et l'amincissement de la lame qu'il s'agit de laminer.

274. Ductilité. — Un métal est d'autant plus *ductile* qu'on peut, par passage à travers les trous de la filière, le réduire en fils plus fins.

La *filière* est constituée par une épaisse lame d'acier, fortement trempée, et percée de trous coniques de diamètre décroissant.

Quand on veut obtenir un fil métallique fin, on prend un fil gros, préparé par fusion, et on le fait passer successivement à travers les trous de plus en plus petits de la filière, jusqu'à ce qu'il se rompe sous l'effort de la traction exercée sur lui pour le faire passer.

Le passage à la filière se fait à froid.

L'ordre de ductilité décroissante des métaux est le suivant : *or, argent, platine, aluminium, fer, cuivre, zinc, étain, plomb*·

FILIÈRE. — Une épaisse plaque d'acier trempé est percée de trous coniques. On y fait passer, en tirant fortement, le fil métallique que l'on veut rendre plus fin.

L'action du laminoir ou de la filière, à froid, rend la plupart des métaux cassants, et leur fait perdre leur malléabilité et leur ductilité : on dit que ces métaux s'*écrouissent*. Mais ils reprennent leurs qualités premières par le *recuit*, c'est-à-dire par l'action de la température du rouge sombre, suivie d'un refroidissement aussi lent que possible.

275. Ténacité. — La *ténacité* d'un métal se mesure par la charge qu'un fil de ce métal peut supporter sans se rompre.

Un fil de 2 millimètres de diamètre se rompt, pour les divers métaux usuels, sous les charges suivantes, exprimées en *kilogrammes* :

Cobalt	432	Argent		85
Nickel	320	Or		68
Fer	250	Zinc		50
Cuivre	137	Étain		16
Platine	125	Plomb		9

276. Dureté. — La *dureté* est mesurée par la facilité avec laquelle un métal use les autres corps, ou est usé par eux. Le fer est assez dur pour rayer le marbre, le plomb assez mou pour être rayé par l'ongle.

L'ordre de dureté décroissante est le suivant : *nickel, fer, zinc, platine, cuivre, or, argent, étain, plomb.*

Le *potassium* et le *sodium* sont mous comme la cire.

II. — Propriétés chimiques des métaux

277. Action des métalloïdes sur les métaux. — En étudiant les métalloïdes nous avons vu que beaucoup d'entre eux, et particulièrement l'*oxygène*, le *chlore*, le *soufre* s'unissent directement aux métaux, toujours avec dégagement de chaleur, souvent avec dégagement de lumière.

278. Action de l'oxygène et de l'air sur les métaux. — Au point de vue de leurs applications, il est indispensable de connaître, dans ses grandes lignes, l'action de l'oxygène et de l'air sur les métaux.

Tous les métaux, sauf les métaux précieux, se combinent directement avec l'oxygène à une température suffisamment élevée.

Pour plusieurs, tels que le potassium, le fer, le zinc, le magnésium, l'oxydation peut même être une véritable combustion vive, avec incandescence et production d'une lumière éclatante.

A la température ordinaire, le potassium seul s'oxyde dans

COMBUSTION DU FER DANS L'OXYGÈNE. — Le *fer* brûle vivement dans l'oxygène avec de brillantes étincelles : il se forme de l'oxyde magnétique de fer.

l'air sec. Les autres métaux s'oxydent lentement dans l'air humide et chargé d'anhydride carbonique. Le *fer* se transforme en *rouille*, ou oxyde ferrique hydraté ; le *zinc*, le *plomb*, l'*étain*, le *cuivre* se recouvrent d'une couche terne de carbonate hydraté de zinc, de plomb, d'étain, de cuivre.

L'intervention d'un acide quelconque active encore l'oxydation d'un métal au contact de l'air. Ainsi, une lame de couteau qui a coupé un fruit acide, se rouille très rapidement.

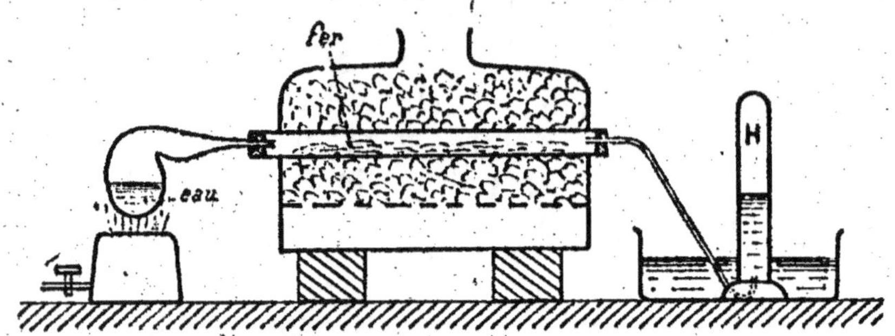

DÉCOMPOSITION DE L'EAU PAR LE FER AU ROUGE. — La *vapeur d'eau*, passant sur le fer chauffé au rouge, est décomposée ; il se produit de l'oxyde de fer, et l'hydrogène se dégage.

Le plus souvent, le composé produit forme à la surface du métal une couche imperméable qui empêche l'oxydation de gagner en profondeur.

Le plomb, le zinc, l'étain, le cuivre se ternissent rapidement à l'air ; mais l'altération est toute superficielle.

La *rouille*, au contraire, forme des lamelles entre lesquelles l'air peut passer, gagne peu à peu toute la masse, et après un certain temps tout le fer est oxydé. On préserve le fer de cette altération profonde en le recouvrant, selon les circonstances, de peinture, d'émail, de zinc, d'étain, de cuivre, de plomb, de nickel.

Le *fer étamé* (ou *fer-blanc*) sert surtout à la confection des ustensiles de cuisine, parce que l'étain n'est attaqué par aucune des substances employées dans la préparation des aliments. Le fer recouvert de zinc (ou fer *galvanisé*) ne peut être utilisé dans ces circonstances, car le zinc est attaqué par le vinaigre, le verjus, le vin, l'eau salée, les corps gras, et donne naissance à des composés vénéneux.

279. Action des métaux sur les corps composés. — Les métaux avides d'oxygène décomposent aisément, à une température plus ou moins élevée, les composés qui renferment de l'oxygène.

Nous savons que l'eau est aisément décomposée par le *fer*, au rouge. Elle l'est encore bien plus facilement par le *potassium*, le *sodium*, le *magnésium*.

Il suffit de jeter un morceau de *potassium* sur l'eau, pour constater que celle-ci est immédiatement décomposée, avec formation de *potasse caustique* KOH, et dégagement d'*hydrogène*,

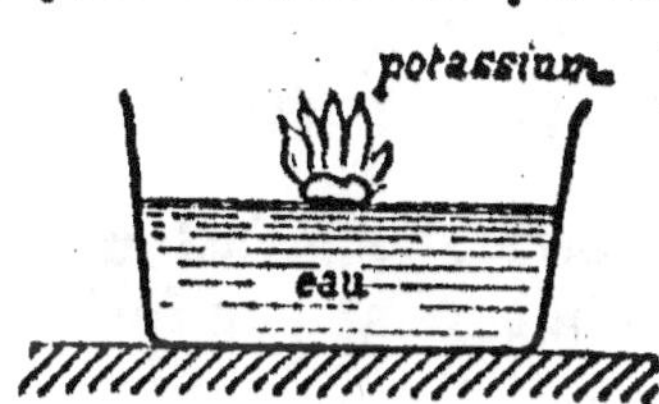

DÉCOMPOSITION DE L'EAU A FROID, PAR LE POTASSIUM. — Le *potassium*, mis sur l'eau, s'enflamme immédiatement, et se transforme en potasse caustique.

$$H^2O + K = KOH + H.$$

Le dégagement de chaleur est tellement grand que le potassium s'enflamme ; en tournoyant sur l'eau, il brûle, ainsi que l'hydrogène produit, avec une belle flamme pourpre.

Nous savons également que les métaux sont ordinairement attaqués par les *acides*. Le métal se substitue à l'hydrogène de l'acide pour donner naissance à un sel.

III. — ALLIAGES USUELS

280. Combinaisons des métaux entre eux. — Les métaux sont susceptibles de se combiner entre eux ; ces combinaisons, nommées *alliages*, sont importantes.

Les alliages industriels ne sont pas des composés purs ; ce sont généralement des combinaisons définies de deux métaux, en dissolution dans un excès de l'un d'eux, ou même d'un troisième. C'est ce qui donne aux alliages leurs propriétés si variables.

Dans leur fabrication, on ne s'occupe donc pas des lois ordinaires des combinaisons chimiques. Quand aucun métal ne possède les qualités que l'on désire pour une application déterminée, on unit plusieurs métaux pour former un alliage, et on ajoute des quantités convenables de l'un ou de l'autre, jusqu'à ce qu'on ait obtenu les propriétés désirées.

Par exemple, l'or pur est trop mou, les monnaies faites d'or pur s'useraient trop rapidement. On ajoute un peu de cuivre, et on a un alliage aussi inaltérable que l'or, mais plus résistant.

Pour l'industrie, les alliages sont donc de véritables métaux artificiellement formés par l'union de plusieurs autres. Ils ont autant d'importance, par leurs applications, que les métaux eux-mêmes.

Le *cuivre*, en première ligne, puis l'*or*, l'*argent*, l'*étain*, le *zinc*, l'*aluminium*, le *plomb*, l'*antimoine*, le *nickel*, le *bismuth*, sont les principaux éléments constitutifs des alliages.

Nous indiquerons, dans les pages suivantes, la composition des plus importants.

281. Préparation des alliages. Propriétés. — Les alliages s'obtiennent par fusion. Les métaux qui doivent entrer dans leur composition étant pesés à l'avance, on les introduit dans un creuset chauffé au rouge ; ils fondent et se mélangent.

On n'a plus qu'à laisser refroidir la masse pour avoir l'alliage en lingot.

Les propriétés physiques des alliages sont celles de véritables métaux, mais ces propriétés ne sont pas toujours intermédiaires entre celles des éléments constituants.

Ainsi certains alliages sont plus fusibles que le plus fusible des métaux constituants. L'*alliage Darcet*, formé de *plomb*, de *bismuth* et d'*étain*, fond à 94°, tandis que l'étain, plus fusible que le plomb et le bismuth, fond seulement à 228°.

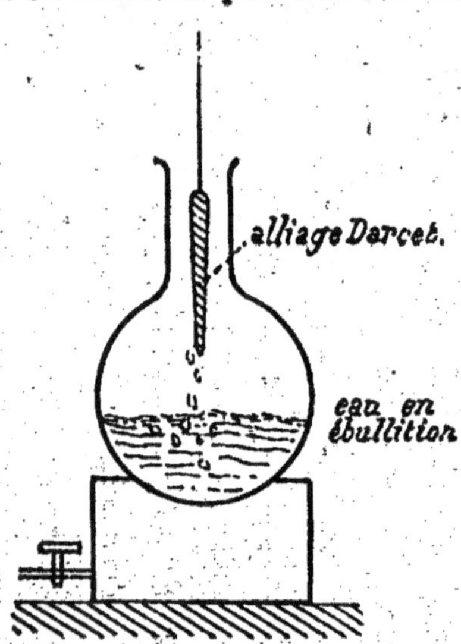

ALLIAGE DARCET. — *L'alliage Darcet* fond à une température inférieure à celle de l'eau bouillante.

Le *cuivre*, en s'unissant à un métal mou (*or, argent, étain*), lui communique une dureté souvent supérieure à la sienne propre. L'*étain*, l'*antimoine*, le *plomb* diminuent la malléabilité et la ductilité des métaux auxquels on les allie.

Au point de vue chimique, chaque métal conserve ordinairement dans l'alliage ses propriétés caractéristiques.

On constate cependant de remarquables exceptions à cette règle. Ainsi l'alliage de *fer* et d'*aluminium* est aussi inoxydable que l'aluminium ; le bronze d'aluminium (*cuivre* et *aluminium*) est moins attaquable par l'acide chlorhydrique que l'aluminium pur.

Par contre, les alliages d'*étain* et de *plomb*, ou d'*antimoine* et de *potassium* brûlent vivement quand on les chauffe ; cela tient à ce que, dans cette oxydation simultanée des deux métaux, il se produit un sel (*stannate de plomb* ou *antimoniate de potassium*).

282. Constitution des alliages ; liquation. — On doit considérer les alliages comme formés de combinaisons définies des métaux entre eux, en dissolution dans un excès de l'un d'eux.

Diverses expériences permettent en effet de constater que les métaux sont susceptibles de se combiner en proportions définies, et que ces combinaisons définies existent dans divers alliages.

Ainsi, quand on jette des morceaux de sodium dans du mercure légèrement chauffé, la combinaison s'effectue avec un grand dégagement de chaleur et de lumière, et, par le refroidissement, le tout se prend en une masse cristalline formée d'aiguilles brillantes.

Quand on laisse refroidir doucement un alliage, il se forme, au sein de la masse encore liquide, des cristaux renfermant des proportions parfaitement définies des deux métaux, tandis que le métal en excès reste bientôt complètement isolé.

Cette séparation, en deux ou plusieurs parties, d'un alliage qui se refroidit lentement, a reçu le nom de *liquation*. On doit se mettre en garde contre ce phénomène chaque fois qu'on prépare une masse un peu considérable d'un alliage. Pour que le solide obtenu soit sensiblement homogène, il faut hâter le refroidissement autant que possible.

La liquation se produit aussi quand un alliage solide est chauffé graduellement, jusque dans le voisinage de sa température de fusion. Il se sépare, sans prendre l'état liquide, en différentes couches dont la composition et la densité varient de l'un à l'autre.

283. Principaux alliages usuels. — Voici l'énumération de quelques alliages usuels.

Alliages d'or et de cuivre. — L'alliage des monnaies d'or est à 0,900 d'or ; celui des médailles d'or à 0,916 ; celui des bijoux à 0,750 ; ceux de la vaisselle et des ustensiles en or à 0,920, 0,840 et 0,750.

La composition de ces alliages est *légale* en France, et nul ne peut s'en écarter. En Prusse et en Autriche on emploie, pour les bijoux, divers alliages, dont le moins riche renferme seulement 0,226 d'or.

Sous le nom d'or *vert*, d'or *jaune*, d'*électrum*, on utilise en bijouterie divers alliages d'or et d'argent.

Alliages d'argent et de cuivre. — L'alliage des monnaies d'argent françaises est à 0,900 (pour les pièces de 5 francs), et à

0,835 (pour les monnaies divisionnaires d'argent). La vaisselle d'argent renferme 0,950 de métal précieux.

Bronzes. — Les *bronzes* sont des alliages de cuivre et d'étain renfermant toujours au moins 75 p. 100 de cuivre. Ces alliages sont d'autant plus cassants et plus sonores qu'ils renferment plus d'étain ; ils sont au contraire d'autant plus tenaces qu'ils en renferment moins.

Le bronze des cloches est à 0,78 de cuivre et 0,22 d'étain ; celui des statues à 0,90 de cuivre et 0,10 d'étain ; on y ajoute souvent quelques centièmes de plomb et de zinc.

Le bronze monétaire français contient aussi un peu de zinc : 0,95 de cuivre, 0,04 d'étain et 0,01 de zinc.

Laiton ou cuivre jaune. — Remarquable par sa dureté, cet alliage sert à la fabrication de pendules, de flambeaux, de garnitures de meubles, d'ustensiles de cuisine, d'instruments de physique. La fabrication des épingles en consomme en France pour plus de 10 millions de francs. Il renferme 0,77 de cuivre et 0,33 de zinc.

Caractères d'imprimerie. — Leur alliage renferme 0,80 de plomb et 0,20 d'antimoine.

Vaisselle d'étain. — Elle est composée par : étain 0,92, plomb 0,8.

Maillechort, alfénide, cuivre blanc. — Cet alliage, très dur et très brillant, employé surtout pour les ustensiles de table destinés à l'argenture, renferme : cuivre 50 à 62 p. 100 ; zinc 17 à 31 ; nickel 3 à 25.

Métal anglais. — L'alliage blanc, de faible dureté, dit métal anglais, renferme : étain 100 parties, antimoine 8, cuivre 4, bismuth 1.

Alliages d'aluminium. — Les alliages d'aluminium prennent chaque jour une importance plus grande. Le *bronze d'aluminium* renferme du cuivre et de l'aluminium. L'aluminium forme avec le fer un alliage très dur et peu altérable.

IV. — NOTIONS DE MÉTALLURGIE

284. Définition de la métallurgie. — La *métallurgie* est l'art d'extraire industriellement les métaux de leurs *minerais*. Quelques métaux se trouvent parfois à l'état natif (or, argent, platine, mercure, cuivre), c'est-à-dire non combinés.

Beaucoup plus souvent on les rencontre à l'état de combinaisons diverses. Ces combinaisons elles-mêmes ne sont pas pures : elles sont mélangées à des corps étrangers qui constituent ce qu'on nomme la *gangue*.

Et dès lors on appelle *minerai* d'un métal, un mélange d'un composé de ce métal avec une proportion plus ou moins grande de gangue. Le nom de *minerai* ne doit d'ailleurs être appliqué qu'à ceux de ces mélanges dont le traitement industriel, en vue de la séparation du métal, est réellement pratiqué.

285. Opérations fondamentales de la métallurgie. — Les principaux composés naturels qu'on rencontre dans les minerais sont les oxydes et les sulfures, principalement ces derniers.

Les opérations auxquelles ces minerais doivent être soumis pour pouvoir donner le métal sont de deux sortes.

D'abord les *opérations physiques*, qui ont pour but de débarrasser le minerai de la plus grande partie de la gangue ; puis les *opérations chimiques* qui font sortir le métal de la combinaison dans laquelle il se trouve, pour l'obtenir à l'état de liberté.

286. Opérations physiques. — Les *opérations physiques* ou *mécaniques*, sont à peu près les mêmes dans tous les cas, mais on les exécute plus ou moins complètement, selon la nature du minerai.

Nous ne pouvons que donner très sommairement le principe de ce traitement mécanique.

On commence par concasser le minerai : d'abord en le faisant passer entre des *cylindres cannelés*, en fonte, dits *cylindres broyeurs*, puis en le soumettant à l'action de lourds *pilons*, appelés *bocards*, mus par une roue hydraulique.

CYLINDRES BROYEURS POUR CONCASSER LE MINERAI DE FER. — Le minerai tombe au-dessus des cylindres cannelés qui, dans leur rotation, le brisent en morceaux plus petits, destinés à être *bocardés*, puis *lavés*.

On obtient ainsi un mélange de morceaux de minerai presque pur, et de morceaux de gangue, sans adhérence les unes avec les autres.

On soumet ce mélange à l'action d'un rapide courant d'eau, sur une table légèrement inclinée, à laquelle on imprime des secousses continues. Le mélange glisse doucement le long de la table ; les morceaux de minerai, très lourds, s'arrêtent à la partie inférieure, tandis que la gangue, bien plus légère, est en grande partie entraînée par le courant d'eau.

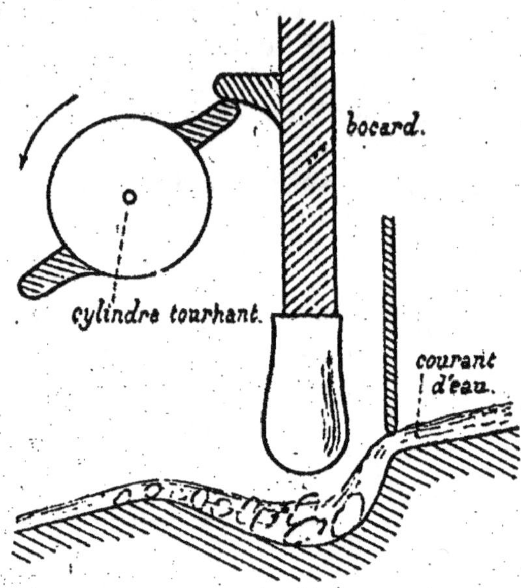

BOCARDAGE DU MINERAI DE FER. — Le minerai, concassé par les cylindres, est soumis à l'action de lourds pilons, mus par une force hydraulique. En même temps un courant d'eau agit sur le minerai et en commence le lavage.

287. Opérations chimiques. Minerais oxydés, minerais sulfurés. — Les opérations chimiques diffèrent davantage avec la nature du minerai.

Toutefois la théorie de ces opérations est extrêmement simple. Les *minerais sulfurés* sont d'abord soumis à un *grillage*, c'est-à-dire à une calcination au contact de l'air. Dans ce grillage, le soufre du sulfure est oxydé, et transformé en gaz sulfureux SO^2, qui s'en va ; le métal est oxydé également, dans le plus grand nombre des cas, et transformé en oxyde. Après le grillage, le minerai est donc constitué par un oxyde métallique, mélangé à une quantité plus ou moins grande de gangue, celle-ci n'étant jamais complètement éliminée par le traitement mécanique.

Après le grillage on procède à la *réduction*, qui consiste à chauffer le minerai avec du *charbon*. Nous savons que le charbon est un corps fortement réducteur, qui prend l'oxygène des oxydes métalliques, et met le métal en liberté.

Si l'on a affaire à un minerai oxydé, le grillage devient inutile, et l'on n'a qu'à opérer la réduction.

Dans la pratique, ces opérations si simples sont rendues plus pénibles par la présence de la *gangue*, qui rend la séparation du métal souvent assez difficile. Fréquemment on est obligé d'ajouter une matière supplémentaire, nommée *fondant*, capable de se combiner à la gangue, de façon à former avec elle un composé fusible, qui s'écoule à la partie inférieure de l'appareil, constituant un résidu sans valeur, nommé *scorie*.

V. — FER, FONTE, ACIER

288. Le fer. — Le fer est très abondant dans la nature. On le trouve principalement à l'état de *bisulfure (pyrite de fer)*, de *carbonate* et d'*oxyde*.

Quand on l'a isolé à l'état de pureté de ses composés, c'est un métal d'un gris bleuâtre, qui a beaucoup d'éclat quand il est poli.

Sa densité est égale à 7,79. Sa température de fusion est comprise entre 1 500 et 1 600°, température qu'on n'obtient qu'exceptionnellement dans les feux de forge.

Il est très *dur* et très *tenace*. Il est assez *malléable*, surtout à chaud, pour pouvoir être réduit en feuilles qui constituent la *tôle ;* assez *ductile* pour être réduit en fil fin par passage à froid dans la filière.

Mais il *s'écrouit* sous l'action du martelage, du laminage ou de la filière à froid. On lui rend sa ductilité et sa malléabilité primitives en le *recuisant* et en le faisant refroidir lentement.

Fondu en lingots, il présente une cassure grenue. Le martelage le rend fibreux, et, par suite, capable de mieux résister aux chocs. Mais les effets mécaniques prolongés, comme la torsion et le choc, produisent une texture cristalline qui diminue considérablement sa ténacité. On explique, par ce changement de texture, les ruptures fréquentes des essieux des voitures, des wagons et des chaînes de ponts suspendus.

Le fer est très *magnétique*. Il s'aimante par influence, dans le voisinage d'un aimant, et l'aimantation disparaît lorsqu'on éloigne ce dernier.

Par l'action de la chaleur, le fer devient pâteux bien avant d'atteindre sa température de fusion. Il peut alors aisément prendre toutes les formes sous l'influence du marteau, se souder à lui-même sans l'intermédiaire d'aucun autre métal.

Le fer ne s'altère pas dans l'*oxygène* ou dans l'air sec ; à l'air humide, il est rapidement attaqué et finit par se transformer en rouille Fe^2O^3, $3H^2O$, qui recouvre bientôt tout le métal, et pénètre même au sein de la masse.

Presque tous les corps simples se combinent aisément au fer.

Avec le *chlore* l'action est rapide, même à la température ordinaire.

La combinaison avec le *soufre*, qui se produit avec l'aide de la chaleur, est accompagnée d'incandescence ; sous l'action de l'humidité, le sulfure de fer se forme dès la température ordinaire.

Le *carbone* s'unit au fer pour former la *fonte*.

Les *acides* l'attaquent pour former des sels.

L'*eau* est décomposée au rouge.

Avec les *métaux* le fer forme des alliages. Ainsi dans l'*étamage* et la *galvanisation*, il se produit, à la surface du métal que l'on veut préserver, des alliages de *fer* et d'*étain*, ou de *fer* et de *zinc*.

Le fer produit par l'industrie n'est jamais complètement exempt de matières étrangères.

Le plus pur porte le nom de *fer doux*, parce qu'il est très ductile et très malléable.

Le *carbone*, en notable quantité, communique au fer des qualités qui le rapprochent de l'*acier* : on a ce qu'on nomme le *fer aciéreux*.

Parmi les impuretés qu'il peut renfermer, l'*arsénic* et le *soufre* rendent le fer cassant à chaud ; le *phosphore* et le *silicium* le rendent fragile à froid, et sans résistance au choc. On doit donc conduire les opérations de la métallurgie, de façon à éliminer aussi exactement que possible ces éléments.

Les usages du fer sont trop nombreux et trop connus pour qu'il soit nécessaire de les énumérer. On peut affirmer que c'est le métal par excellence, le principal facteur de toutes les branches du travail.

Il doit son importance à sa grande diffusion à la surface de la terre, et à ses précieuses qualités physiques de dureté, de ténacité, de ductilité, de malléabilité à froid et à chaud.

Mais le fer proprement dit, le *fer doux*, tend actuellement à être remplacé, dans la plupart de ses usages, d'une part par les *fontes malléables*, d'autre part par les *aciers* plus ou moins riches en carbone.

289. La fonte. — La fonte est un mélange très complexe, et de composition très variable, renfermant de 88 à 98 p. 100

de fer ; 2 à 5 p. 100 de carbone, en même temps qu'un peu de *silicium*, de *phosphore*, de *soufre*, de *manganèse*.

Le *carbone* qui est, avec le fer, l'élément indispensable de la fonte, peut s'y trouver à deux états différents.

Ou bien le *carbone* et le *silicium* sont disséminés au sein de la masse métallique à l'état de parcelles cristallines. Dans ce cas la fonte a une couleur qui varie du gris clair au gris foncé. La structure est alors grenue, ou finement écailleuse. On a la *fonte grise*.

Ou bien le *carbone* et le *silicium* sont combinés chimiquement au fer, formant un *carbure* et un *siliciure* de fer, qui sont intimement mélangés au fer. Dans ce cas la masse est d'un blanc d'argent, avec éclat métallique : on a la *fonte blanche*.

Les fontes riches en silicium sont souvent *grises*. Les fontes contenant du soufre, du phosphore, du manganèse, sont plus souvent *blanches*.

Mais la couleur de la fonte, c'est-à-dire l'état dans lequel s'y trouvent le carbone et le silicium, dépend également des circonstances de la production. La fonte blanche prend naissance surtout quand le traitement des minerais se fait à une température relativement peu élevée. La fonte grise, fondue, puis refroidie brusquement, se transforme en fonte blanche. La fonte blanche, fondue, puis refroidie très lentement, donne de la fonte grise.

A une composition si variable correspondent aussi des propriétés très variables.

La *fonte blanche* est dure, cassante, difficile à limer et à forer. Elle est plus fusible que la fonte grise (température de fusion inférieure à 1 100°), mais elle ne devient jamais très fluide, ce qui empêche de pouvoir l'utiliser pour le moulage. On l'emploie peu directement : on la transforme en fer et en acier.

La *fonte grise* est moins dure, moins fragile : elle supporte sans se rompre le choc du marteau. Elle se laisse aisément limer, tourner, forer ; mais on ne peut la forger ni à froid ni à chaud. Elle fond vers 1 200°, et devient alors très fluide, parfaitement propre au moulage.

Les fontes qui renferment une quantité relativement faible de carbone, avec fort peu d'autres matières, ont des propriétés qui les rapprochent du fer et de l'acier : ce sont les *fontes malléables*.

Les propriétés chimiques de la fonte s'éloignent peu de celles du fer.

Elle est cependant moins facilement attaquée par les acides.

Cette propriété permet d'employer la fonte pour la construction de diverses cornues industrielles, pour lesquelles l'usage du fer serait impossible (fabrication de l'acide azotique, par exemple).

Le principal usage de la fonte est la fabrication du *fer* et de

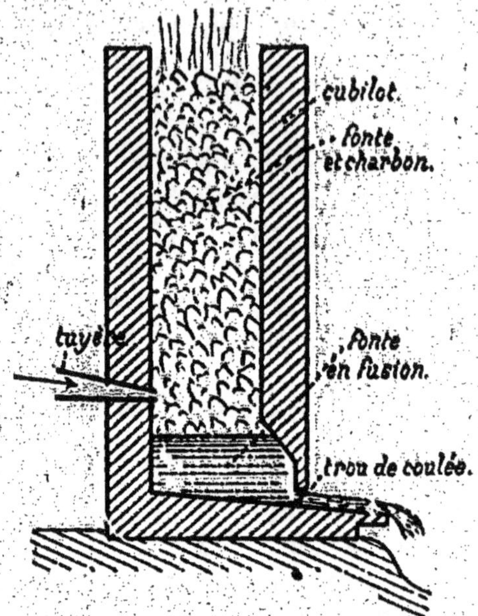

SECONDE FUSION DE LA FONTE. — Le *cubilot* a une hauteur très grande par rapport à son diamètre. On le charge de couches alternatives de charbon allumé et de fonte, et on donne du vent avec la tuyère. On coule le métal, quand il est fondu, soit directement dans les moules, soit dans des poches en fer, avec lesquelles on le coule dans les moules. La marche du cubilot est continue ; on peut faire plusieurs coulées successives sans éteindre le feu.

l'*acier*. On consomme, pour cet usage, à peu près 75 p. 100 de la production totale de la fonte.

Mais la fonte est aussi employée pour façonner directement divers objets qui n'ont pas besoin d'une ténacité aussi grande que celle du fer.

La fonte n'étant malléable ni à froid, ni à chaud, on opère par *moulage*. Pour cela on se sert exclusivement de fonte grise, moins cassante, et qui devient parfaitement fluide par fusion.

On se sert de moules en sable, dont toutes les parties sont maintenues par des châssis en fer.

Les objets de grande dimension sont obtenus en faisant arriver directement la fonte, du *haut fourneau* producteur, dans le moule : on a ainsi la *fonte de première fusion*.

Pour les objets de petites dimensions, on fait subir au métal une seconde fusion dans un petit fourneau cylindrique appelé *cubilot* : on a de la *fonte de seconde fusion*.

290. L'acier. — L'*acier* s'écarte beaucoup moins du fer que ne le fait la fonte. Toutes les matières étrangères ayant été presque complètement éliminées, il renferme seulement une proportion de carbone comprise entre 7 et 18 millièmes. Comme pour le fer, de très petites quantités de soufre, d'arsenic, de phosphore, de silicium, restant dans l'acier, le rendent cassant soit à froid, soit à chaud.

L'acier est un métal blanc gris clair. Sa cassure est grenue, d'autant plus fine que sa qualité est meilleure; on n'y voit jamais, ni la structure à gros grain de la fonte, ni la structure fibreuse du fer doux.

Il a la plupart des propriétés physiques du fer, il est plus flexible, plus dur, plus malléable, mais moins ductile que le fer. Il fond au feu de forge, vers 1300°. Ramolli par l'action de la chaleur, il peut, comme le fer, être alors coupé, forgé, soudé.

Par sa fusibilité, il a les avantages de la fonte. Par sa malléabilité, à froid et à chaud, les avantages du fer.

Mais l'acier se distingue du fer par une propriété nouvelle, la *trempe*. Lorsqu'il a été rougi au feu, puis brusquement refroidi par immersion dans l'eau, il acquiert une extrême dureté, en même temps qu'il devient plus élastique et plus cassant.

Les effets de la trempe disparaissent par le *recuit*. Par l'emploi habilement combiné de la trempe et du recuit, on communique à l'acier les degrés de dureté et de malléabilité les plus convenables pour chaque usage particulier.

L'acier est *magnétique* comme le fer, mais il est susceptible de conserver l'aimantation qui lui a été communiquée, propriété que ne possède pas le fer doux.

Au point de vue chimique, l'acier ne diffère pour ainsi dire pas du fer.

Les usages de l'acier deviennent de jour en jour plus importants.

Les aciers fins servent à la fabrication des objets de coutellerie qui devront être trempés : couteaux, rasoirs, rabots, cisailles, limes, ressorts de montres, scies, ressorts de voitures,... etc.

Les aciers moins fins tendent à remplacer le fer, auquel ils sont supérieurs, dans la plupart de ses usages : canons, rails de chemin de fer, tôles d'acier.

291. Métallurgie de la fonte, du fer et de l'acier. — On retire le fer de divers oxydes, de formule Fe^3O^4, Fe^2O^3, $Fe^2O^3H^3$, du carbonate CO^3Fe.

Après avoir lavé le *minerai*, pour enlever la plus grande partie de la gangue, on le mélange avec le *charbon* et un *fondant*, et on fait passer à travers le mélange, préalablement enflammé, un violent courant d'air.

Le *charbon* réduit le minerai, pour mettre le métal en liberté, tandis que le *fondant* se combine à la gangue.

L'opération se fait dans d'immenses fours, appelés *hauts fourneaux*, dont la hauteur dépasse souvent 20 mètres. Le métal fondu se réunit à la partie inférieure, constituant le fer impur que nous avons étudié sous le nom de *fonte*.

Quand cette fonte n'est pas utilisée directement, on la transforme soit en *fer*, soit en *acier*, par une purification plus ou moins complète qui porte le nom d'*affinage*.

La production annuelle totale de la fonte dans le monde entier dépasse actuellement 40 milliards de kilogrammes. Le quart de cette quantité est employé directement. Le reste est transformé, par affinage, soit en fer, soit en acier.

VI. — Principaux métaux usuels

292. L'aluminium. — L'*aluminium* est un métal d'un blanc légèrement bleuâtre.

Sa densité est 2,56; c'est le plus léger des métaux usuels. Il fond à 600°, et ne se volatilise pas au rouge blanc.

Comme malléabilité, comme ductilité, il vient immédiatement après l'argent, avant le cuivre et le fer. Sa dureté est faible; il est plus dur que l'étain, plus mou que le zinc et le cuivre. Sa ténacité n'est pas non plus très grande.

Il est très sonore.

L'aluminium peut être forgé à froid comme à chaud ; on peut le réduire en feuilles extrêmement minces, et en fils très fins.

Il se lime et se tourne assez difficilement.

Ce métal est fort peu altéré à l'*air*, même à chaud. Il brûle cependant sous l'action de la flamme oxydante du chalumeau.

Il n'est que faiblement attaqué par l'*acide sulfurique* et l'*acide azotique*. L'*acide chlorhydrique* le dissout rapidement, en le transformant en chlorure d'aluminium, avec dégagement d'hydrogène.

Les *acides organiques* l'attaquent lentement, mais pour former des composés non toxiques. Les vases en aluminium peuvent donc être employés, sans inconvénient, pour la préparation des aliments.

L'*hydrogène sulfuré* n'exerce pas la moindre influence sur l'aluminium. L'aluminium est le métal le plus répandu dans la nature; les *argiles*, qui sont des *silicates d'aluminium* se rencontrent partout. — Beaucoup d'autres roches, d'ailleurs, renferment de l'aluminium.

Mais les composés de l'aluminium sont difficiles à décomposer, et l'extraction de ce métal, plus abondant que le fer, est coûteux. Elle se fait actuellement par des procédés électrolytiques.

L'inaltérabilité relative de l'aluminium, sa ductilité, sa malléabilité, sa légèreté le rendraient propre aux usages les plus variés si son prix devenait assez bas.

Les progrès de la fabrication ont été tels, depuis le milieu du xixᵉ siècle, que le prix de revient, qui était de 1 250 francs le kilogramme en 1855, de 125 francs en 1886, n'était plus, en 1902, que de 2 fr. 75.

La production totale annuelle, qui s'accroît d'ailleurs constamment et avec rapidité, était de 6 millions de kilogrammes en 1904.

Aussi sa consommation devient-elle de jour en jour plus importante, pour les objets dans lesquel on a besoin d'une grande légèreté, unie à une assez grande ténacité (longues-vues, lorgnettes, ustensiles de cuisine, canots...).

Les alliages sont aussi très utilisés.

Le *bronze d'aluminium* est un alliage de *cuivre* et *d'aluminium*. A 10 p. 100 d'aluminium, il est très dur, très ductile, susceptible d'un beau poli ; il a l'éclat de l'or et la ténacité du fer.

Le *laiton d'aluminium* (cuivre 64, zinc 34, aluminium 3) est plus léger que le laiton ordinaire, et résiste aux agents atmosphériques.

On utilise aussi des alliages d'étain et d'aluminium, de fer et d'aluminium.

293. Le nickel. — Le *nickel* n'est pas très abondant dans la nature.

Les minerais de nickel (*sulfure, hydrosilicate*) se rencontrent en Europe, en Amérique, en Nouvelle-Calédonie.

C'est un métal d'un blanc d'argent, dont la densité est 8,5. Il est très ductile, très malléable ; il se forge avec une grande facilité. Il est un peu plus tenace que le fer. Il ne se laisse pas limer facilement, parce qu'il encrasse la lime. Sa température de fusion est encore plus élevée que celle du fer.

Le nickel est inaltérable à l'air, sec ou humide, à la température ordinaire. Chauffé, il s'oxyde rapidement. Les acides organiques ne l'attaquent pas, ce qui le rend essentiellement propre à la confection des ustensiles de cuisine.

Le nickel prend chaque jour une importance plus grande, malgré son prix très élevé. Cette importance est due à son inaltérabilité à l'air, à sa dureté, sa malléabilité, sa ténacité.

On façonne en nickel pur des ustensiles de cuisine d'un prix élevé, mais d'une grande durée ; ces ustensiles ne nécessitent aucuns frais d'entretien. De plus le nickel entre dans la composition de divers alliages, auxquels il communique son inaltérabilité et sa dureté.

Le cuivre, le fer sont fréquemment nickelés, c'est-à-dire recouverts électrolytiquement d'une mince couche de nickel qui conserve toujours son éclat et résiste parfaitement à l'usure, grâce à sa dureté.

294. Le zinc. — Le zinc est un métal d'un blanc bleuâtre. Sa densité est 7,10 ; sa température de fusion est 410°. Il entre en ébullition à 1 000°.

Il est assez dur ; sa ténacité est faible, ainsi que sa ductilité. Il est plus malléable que le fer.

Dans l'air humide le zinc se recouvre rapidement d'une couche terne de carbonate de zinc hydraté ; mais l'altération est purement superficielle.

Au rouge, il brûle vivement dans l'air avec une flamme très éclairante, en produisant de l'oxyde de zinc.

Il décompose l'eau au rouge sombre, et est facilement attaqué à froid par les acides forts.

Il retire le zinc du *sulfure*, qui porte le nom de *blende*, ou de *carbonate*, qu'on nomme *calamine*.

Sa production totale annuelle atteint actuellement à peu près 500 millions de kilogrammes ; elle est sensiblement égale à celle du cuivre.

Le zinc est employé, sous forme de lames minces, à la couverture des maisons, à la construction des gouttières, des baignoires, des seaux, de divers ustensiles de ménage. En couverture, sur le fer (*fer galvanisé*) il préserve ce métal contre la rouille.

Mais les vases de zinc ou de fer galvanisé ne doivent jamais être employés ni à la préparation ni à la conservation des matières alimentaires. Ce métal, en effet, est attaqué par le vinaigre, le verjus, le vin, le cidre, l'eau salée, les corps gras ; il se forme alors des composés vénéneux.

On emploie une grande quantité de zinc dans les piles électriques ; beaucoup aussi à la confection d'objets d'art imitant le bronze.

Le zinc entre dans la constitution d'un grand nombre d'alliages importants. Tel est le *laiton*, qui en renferme jusqu'à 35 p. 100 ; tel est également le *bronze*, qui en contient aussi parfois de petites quantités. Il y en a encore dans le *maillechort* et dans divers alliages d'aluminium.

Le zinc, dans les alliages, donne de la dureté aux métaux mous, mais en même temps il les rend cassants.

295. L'étain. — L'*étain* est un métal aussi blanc que l'argent. Sa densité est égale à 7,20. Il fond à 228° ; c'est le plus fusible des métaux usuels.

Sa texture est souvent cristalline, et quand on le plie, il fait entendre un cri provenant de la séparation des cristaux microscopiques dont il est formé.

Il est très tenace et peu ductile ; très mou, mais assez malléable pour être réduit en feuilles minces.

Son oxydation dans l'air est purement superficielle. Il a l'avantage de n'être attaqué par aucune des substances employées dans la préparation des aliments.

Il sert surtout à *étamer* les objets employés dans la cuisine. Le *fer-blanc* est du fer étamé.

L'étain se combine directement avec presque tous les métalloïdes. L'acide chlorhydrique le transforme en chlorure, l'acide azotique le transforme en bioxyde, sans qu'il se forme d'azotate.

Il entre dans la composition du bronze.

On extrait l'étain de son bioxyde naturel SnO^2.

Les usages de l'étain dans l'*étamage*, la fabrication de la vaisselle d'étain et des étains artistiques, du papier à envelopper le chocolat, la fabrication du bronze, en consomment à peu près 80 millions de kilogrammes par an dans le monde entier.

296. Le cuivre. — Le *cuivre* est un métal rouge, susceptible d'un beau poli, doué d'une odeur désagréable, qui se développe surtout par le frottement.

Sa densité est 8,95 ; sa température de fusion voisine de 1100°. Chauffé dans un bec de Bunsen, il émet, à une température bien inférieure à celle de sa fusion, des vapeurs qui colorent la flamme en vert.

Il est, parmi les métaux usuels, l'un des plus *malléables*, des plus *ductiles*, des plus *tenaces* ; sa dureté est assez grande.

Grâce à sa malléabilité, on peut le travailler au marteau avec la plus grande facilité ; la plupart des objets de cuivre sont façonnés par simple martelage à froid. Le *clinquant* ou *or faux* est formé de feuilles de cuivre dont l'épaisseur est inférieure à un centième de millimètre.

Le cuivre est, après l'argent, le meilleur conducteur de la chaleur et de l'électricité.

Il se conserverait sans altération dans l'air sec, à la température ordinaire. Chauffé, il se recouvre rapidement d'une mince couche noire d'oxyde de cuivre.

Au contact de l'air humide, il s'oxyde lentement, en même temps qu'il se combine à l'anhydride carbonique de l'air, pour donner du carbonate de cuivre hydraté, ordinairement désigné sous le nom de *vert-de-gris* ; mais cette couche reste superficielle, et l'altération du métal ne gagne pas en profondeur.

Le contact de tous les acides active encore l'oxydation. Aussi ne doit-on pas conserver les aliments dans des vases de cuivre, de peur qu'il ne se forme un sel vénéneux. Pour éviter cet inconvénient, on *étame* ces vases, c'est-à-dire qu'on les recouvre intérieurement d'une couche d'étain.

Les acides forts attaquent rapidement le cuivre, soit à froid, soit sous l'influence d'une douce chaleur.

Le cuivre se combine aisément au chlore à froid, et au soufre à chaud, pour donner du chlorure et du sulfure de cuivre.

Le cuivre n'est pas très répandu. Le principal minerai est la *pyrite cuivreuse*, qui est un sulfure double de cuivre et de fer. La production annuelle totale de ce métal dans le monde entier, n'est pas beaucoup inférieure à 500 millions de kilogrammes.

Les usages en sont nombreux et importants.

En lames, il sert à la fabrication d'une foule d'ustensiles de ménage, à celle des chaudières, des alambics. La galvanoplastie, le prenant à l'état de sulfate de cuivre, l'emploie à fabriquer une foule d'objets de toutes dimensions. Les fils de cuivre servent comme conducteurs de l'électricité.

Mais la préparation de divers *alliages* en consomme encore davantage. Dans la plupart de ces alliages, le cuivre est le métal dominant. Les plus importants sont les *bronzes* et les *laitons* (283).

297. Le plomb. — Le *plomb* est un métal gris bleuâtre, très brillant quand on vient de le couper.

Sa densité est 11,35 ; sa température de fusion 325°.

C'est le plus mou, le moins ductile et le moins tenace des

métaux usuels. On le coupe au couteau, on le raie avec l'ongle ; il laisse une trace grise sur le papier. Il est impossible de le faire passer à la filière.

Le plomb est très malléable. Il ne s'*écrouit* pas sous l'action du laminoir, ni du marteau ; il reste toujours mou.

Le plomb se ternit rapidement à l'air, par suite de la formation d'une couche superficielle de carbonate de plomb hydraté.

Les acides, même faibles, activent beaucoup cette altération du plomb à l'air et déterminent la formation de sels délétères. Il faut donc bien se garder d'employer des vases de plomb dans la préparation et la conservation des aliments.

L'acide sulfurique et l'acide chlorhydrique n'attaquent le plomb que lorsqu'ils sont concentrés et chauds ; l'acide azotique étendu le dissout lentement.

Le plomb est vénéneux. Tous les ouvriers qui le travaillent subissent une intoxication lente, qui ruine peu à peu leur santé.

De tous les composés naturels renfermant du plomb, le plus répandu est le sulfure de plomb S^2Pb, appelé *galène*.

La production totale annuelle de ce métal est considérable ; elle augmente très rapidement chaque année. En 1900, elle s'approchait d'un milliard de kilogrammes.

Le plomb doit une partie de son importance à sa flexibilité. On en fait des tuyaux sans soudure, d'une longueur illimitée, pouvant se courber à volonté dans toutes les directions. On les emploie comme tuyaux de conduite pour le gaz, l'eau, la vapeur.

Nombre d'opérations industrielles qui nécessitent l'intervention d'acides forts se font dans des vases en plomb.

Enfin la préparation de la *litharge*, du *minium*, de la *céruse*, du *plomb de chasse* et *l'extraction des métaux précieux* en consomment des quantités considérables.

Le *plomb* forme avec l'*étain*, avec l'*antimoine* divers alliages. Le *bronze* et le *laiton* renferment assez souvent de petites quantités de plomb.

298. Le mercure. — Le mercure est le seul métal qui soit liquide à la température ordinaire. Il se solidifie à 40° au-dessous de zéro, et présente alors des propriétés physiques analogues à celles du plomb.

Liquide, il a pour densité 13,60. Il bout à 380° en donnant des vapeurs incolores. Même à la température ordinaire, il émet des vapeurs sensibles, capables de blanchir une feuille d'or placée à quelques millimètres du bain liquide.

Les vapeurs mercurielles sont très vénéneuses, et leur inhalation prolongée est très funeste.

Il est à peu près inaltérable à l'air à la température ordinaire.

Porté et maintenu longtemps à une température voisine de son point d'ébullition, il s'oxyde et se recouvre de pellicules rouges d'oxyde.

Le mercure ne décompose l'eau à aucune température. Il est vivement attaqué par l'acide sulfurique chaud et par l'acide azotique. Il se combine directement avec le chlore, à froid, et avec le soufre à chaud.

Beaucoup de métaux, et en particulier l'or et l'argent, se dissolvent dans le mercure et forment des amalgames.

On trouve le mercure à l'*état natif*, et aussi à l'état de *sulfure*, de *chlorure* et d'*iodure*.

Il rend des services continuels dans les laboratoires, où on l'emploie, en effet, pour recueillir les gaz secs ou ceux qui sont solubles dans l'eau. Il entre dans la confection d'un grand nombre d'appareils de physique.

L'industrie s'en sert pour étamer les glaces (dans cet usage il est maintenant presque toujours remplacé par l'argent) ; on l'utilise pour extraire les métaux précieux de leurs minerais.

Il entre dans la préparation de divers produits chimiques, particulièrement des chlorures de mercure (*calomel* et *sublimé corrosif*).

La production annuelle totale du mercure est à peu près de 4 millions de kilogrammes. Le plus fort producteur est l'Espagne.

299. L'argent. — L'argent est un métal blanc, d'un bel éclat. Sa densité est 10,47, sa température de fusion est voisine de 1000°.

L'or seul est plus *ductile* et plus *malléable* ; on peut obtenir à la filière des fils d'argent extrêmement fins ; au laminoir des feuilles ayant trois millièmes de millimètres d'épaisseur.

Sa *ténacité* et sa *dureté* sont faibles.

L'argent est très peu altérable au contact de l'air. Il ne s'oxyde en effet à aucune température, ni dans l'air sec, ni dans l'air humide. Mais si l'air renferme des traces d'acide sulfhydrique, l'argent noircit, par suite de la formation d'une couche très mince de sulfure d'argent, qui est noir.

Le chlore attaque l'argent à froid, le soufre l'attaque à chaud.

Il est difficilement attaqué par l'acide chlorhydrique, facilement par l'acide sulfurique chaud et concentré, plus facilement encore par l'acide azotique légèrement chauffé.

C'est en dissolvant l'argent dans l'acide azotique

$$4\ AzO^3H + 3\ Ag = 3\ AzO^3Ag + 2\ H^2O + AzO,$$

que l'on prépare l'*azotate d'argent*, employé en médecine comme caustique (*pierre infernale*), et en photographie.

On rencontre assez fréquemment l'argent à l'état natif, mais le principal minerai est le *sulfure d'argent* (Saxe, Norvège, États-Unis, Mexique, Pérou, Chili, Bolivie).

Par suite de la découverte de mines nouvelles, la production annuelle totale de l'argent est actuellement quatre fois plus considérable qu'elle n'était il y a cinquante ans. Elle est voisine de 5 millions de kilogrammes.

Ce métal sert principalement, à l'état d'alliage avec le cuivre, dans la fabrication des monnaies, dans la bijouterie et l'orfèvrerie.

Il est appliqué, à l'état pur, à la surface de métaux moins précieux. Il sert aussi à l'argenture des glaces et à la préparation de l'azotate d'argent.

Nous avons indiqué (**283**) la composition des principaux alliages d'argent.

300. L'or. — L'or est doué d'un bel éclat jaune. Sa densité est 19,36 ; sa température de fusion est voisine de 1 250°.

C'est le plus ductile et le plus malléable de tous les métaux. On a préparé des fils d'or tels qu'une longueur de 3 kilomètres n'aurait pas pesé un gramme. Par battage, on obtient des feuilles ayant moins d'un dix millième de millimètre d'épaisseur.

Il est de faible dureté et de faible ténacité.

Comme le fer, l'or peut être soudé à lui-même sans fusion.

Il n'est altéré à l'air à aucune température, même quand cet air renferme de l'acide sulfhydrique.

Les acides sulfurique, azotique, chlorhydrique sont sans action sur l'or.

Seule, la dissolution du *chlore* dans l'eau l'attaque à la température ordinaire ; il se forme du *chlorure d'or*. Le mélange d'*acide chlorhydrique* et d'*acide azotique*, qu'on nomme *eau régale*, produit le même effet. On s'explique aisément cette action par ce fait que l'acide azotique, en réagissant sur l'acide chlorhydrique, produit du chlore

$$AzO^3H + ClH = Cl + H^2O + AzO^2.$$

L'or se combine à chaud avec le phosphore.

L'extraction totale annuelle de l'or est à peu près de 500.000 kilogrammes : le Transvaal, les États-Unis et l'Australie en sont les principaux producteurs. Ce métal se rencontre à l'état natif, ou bien allié à des proportions variables d'argent et de cuivre.

La beauté de l'or, son inaltérabilité l'ont toujours fait considérer comme un métal précieux. Il sert comme métal monétaire et dans la bijouterie. Dans les deux cas on l'allie à une petite quantité de cuivre pour augmenter sa dureté (**283**).

L'or est très employé aussi dans la dorure des cadres et des lambris, du fer, du cuivre, du bronze et de l'argent.

RÉSUMÉ

1. — Les métaux sont solides à la température ordinaire, sauf le mercure. Ils sont opaques, doués d'un éclat particulier, dit éclat métallique.

Leur densité est généralement beaucoup plus grande que celle des métalloïdes. Ils sont fusibles à des températures qui, pour les *métaux usuels*, vont de 228° (étain) à 2 000° (platine).

Ils sont bons conducteurs de la chaleur et de l'électricité.

2. — Les propriétés physiques qui déterminent principalement leurs usages sont : *malléabilité* (or, argent, aluminium, cuivre, étain, platine, plomb, zinc, fer) ; *ductilité* (or, argent, platine, aluminium, fer, cuivre, zinc, étain, plomb) ; *ténacité* (nickel, fer, cuivre, platine, argent, or, zinc, étain, plomb) ; *dureté* (nickel, fer, zinc, platine, cuivre, or, argent, étain, plomb).

3. — Tous les métaux, sauf les métaux précieux, se combinent directement avec l'oxygène à une température suffisamment élevée.

Presque tous s'oxydent lentement, à la température ordinaire, dans l'air humide et chargé d'anhydride carbonique.

Ordinairement le composé produit forme à la surface du métal une couche imperméable qui empêche l'oxydation de gagner en profondeur.

Pour le fer, la *rouille* peut pénétrer profondément. De là la nécessité de préserver le fer par une couche superficielle de peinture, d'émail, de zinc, de cuivre, de plomb ou de nickel.

4. — Les métaux avides d'oxygène décomposent divers composés oxygénés, à froid ou à chaud, et particulièrement l'eau.

Les métaux sont ordinairement attaqués par les *acides*. Le métal se substitue à l'hydrogène de l'acide pour donner naissance à un sel.

5. — Les *alliages* sont des combinaisons ou des mélanges de métaux entre eux. Au point de vue de l'usage, on doit les considérer comme de véritables métaux artificiellement formés par l'union de plusieurs autres.

Les alliages s'obtiennent par fusion. Les métaux qui doivent entrer dans leur composition étant pesés à l'avance, on les introduit dans un creuset chauffé au rouge; ils fondent et se mélangent. On n'a plus qu'à laisser refroidir la masse.

Au point de vue physique, comme au point de vue chimique, les propriétés des alliages sont ordinairement à peu près intermédiaires entre les propriétés des métaux constituants.

6. — Les principaux alliages sont : les alliages d'or et de *cuivre*; les alliages d'*argent* et de *cuivre*; les *bronzes* (*cuivre* et *étain*, avec, quelquefois, un peu de *zinc* et de *plomb*); les *laitons* (*cuivre* et *zinc*); les *caractères d'imprimerie* (*plomb* et *antimoine*); la *vaisselle d'étain* (*étain* et *plomb*); le *maillechort* (*cuivre*, *zinc*, *nickel*); le *métal anglais* (*étain*, *antimoine*, *cuivre*, *bismuth*); le *bronze d'aluminium* (*cuivre*, *aluminium*).

7. — La *métallurgie* est l'art d'extraire industriellement les métaux de leurs *minerais*.

Diverses opérations physiques (concassage, lavage...,) débarrassent le minerai de la plus grande partie de sa gangue. Puis vient le traitement chimique.

Si le minerai est un *sulfure* on le *grille* à l'air; le soufre s'en va à l'état de gaz sulfureux, le métal reste, à l'état d'oxyde.

On réduit l'oxyde en le chauffant avec du charbon.

On ajoute ordinairement un *fondant*, capable de se combiner à la gangue, de façon à former avec elle un composé fusible, qui se sépare aisément du métal.

8. — Le *fer* est un métal gris, de densité 7,79, très difficilement fusible.

Il est très *dur*, très *tenace*, *malléable* surtout à chaud, assez *ductile*.

Il est très magnétique.

Chauffé, il devient pâteux avant de fondre, ce qui permet alors de le travailler aisément au marteau, et de le souder à lui-même.

A l'air humide, il se recouvre de *rouille* (Fe^2O^3, $3H^2O$), qui pénètre peu à peu au sein de la masse. Il se combine aisément au chlore, au soufre, au carbone.

Il décompose l'eau au rouge; il est aisément attaqué par les acides.

9. — La *fonte* est un mélange complexe renfermant de 85 à 98 p. 100 de fer, avec divers autres corps, dont les plus abondants sont le *carbone* (2 à 5 p. 100) et le *silicium*.

La *fonte blanche* est dure, cassante, difficile à limer et à forer. La *fonte grise* est moins dure, moins fragile, elle supporte sans se rompre le choc du marteau. Les fontes qui renferment de 95 à 98 p. 100 de fer sont dites *fontes malléables* parce que leur malléabilité se rapproche de celle du fer.

Les propriétés chimiques de la fonte diffèrent peu de celles du fer.

Au point de vue physique, la fonte est bien plus aisément fusible que le fer, ce qui permet de la travailler par *moulage*.

10. — L'*acier* est du fer qui renferme pour toute impureté une proportion de charbon inférieure à 2 p. 100.

Il a la plupart des propriétés physiques du fer ; il est plus flexible, plus dur, plus malléable, moins ductile que le fer. Il fond au feu de forge. Il se ramollit avant de fondre, ce qui permet de le travailler au marteau.

Rougi au feu, puis brusquement refroidi par immersion dans l'eau, il acquiert une grande dureté, devient très élastique, et plus cassant. On a l'*acier trempé*. Les effets de la trempe disparaissent par le *recuit*.

11. — Les principaux minerais de fer sont les *oxydes*. On les mélange à un fondant convenable, et on les chauffe avec du charbon dans un haut fourneau. On obtient ainsi de la *fonte*, qu'on peut employer directement, ou transformer, par un affinage convenable, soit en fer, soit en acier.

12. — L'*aluminium* est blanc bleuâtre ; densité très faible 2,56. Il est aisément fusible, très malléable, très ductile, de faible dureté, de grande ténacité ; très sonore. Il peut être forgé à froid et à chaud.

Il se conserve sans altération dans l'air. Les acides organiques l'attaquent lentement, mais les composés formés ne sont pas toxiques ; les vases en aluminium peuvent être employés à la préparation des aliments.

L'aluminium est très répandu dans la nature (*argile*), mais son extraction est coûteuse. On l'utilise pour la confection des objets qui ont besoin d'être à la fois légers et résistants

On l'allie au *cuivre* (bronze d'aluminium), et au *laiton* (laiton d'aluminium).

13. — Le *nickel* est blanc ; densité 8,5 ; il est très ductile, très malléable, très tenace, très dur, très difficile à fondre. Il est inaltérable à l'air, sec ou humide, à la température ordinaire.

On en fait des ustensiles de cuisine ; il entre dans la composition de divers alliages ; on s'en sert pour recouvrir superficiellement les métaux plus altérables, principalement le fer et l'acier.

14. — Le *zinc* est blanc bleuâtre ; densité 7,19 ; fusion facile. Il est assez dur, de faible ténacité, de faible ductilité, d'assez grande malléabilité.

A l'air il n'éprouve qu'une altération superficielle. Il est facilement attaqué par les acides.

Il est employé en lames minces (couvertures des maisons, gouttières, ustensiles de ménage). Le *fer galvanisé* est du fer recouvert de *zinc* : on ne peut l'employer pour la confection des vases destinés à la préparation des aliments.

Il entre dans la composition de divers alliages (*laiton*).

15. — L'*étain* est blanc ; densité 7,29 ; fond à 228° ; peu tenace, peu ductile, très mou, assez malléable. Il n'éprouve à l'air qu'une altération superficielle.

Il sert surtout à *étamer* les vases destinés à la préparation des aliments. Il entre dans la composition du *bronze*.

16. — Le *cuivre* est rouge ; densité 8,95 ; température de fusion 1 100° ; très malléable, très ductile, très tenace ; dureté moyenne. Se travaille aisément à froid au marteau. Il est très bon conducteur de la chaleur et de l'électricité. Son altération dans l'air reste superficielle. Les acides végétaux l'attaquent en formant des composés toxiques; de là la nécessité d'étamer les vases de cuivre employés à la préparation des aliments.

On fabrique en cuivre une foule d'ustensiles; il entre dans la préparation de tous les alliages les plus importants.

17. — Le *plomb* est gris; densité 11,35; température de fusion 335°. Il est très mou, très peu ductile, très peu tenace; au contraire, très malléable. Son altération à l'air reste superficielle. Il est attaqué par les acides organiques; on ne doit pas l'employer à la confection des vases destinés à la préparation des aliments.

On fait en plomb les tuyaux de conduite pour l'eau, le gaz, la vapeur. Il entre dans la composition de divers alliages.

Après le fer, c'est le plus employé des métaux usuels.

18. — Le *mercure* est un liquide blanc. Sa densité est 13,59. Il se solidifie à — 40°. Les vapeurs sont très toxiques.

Il est à peu près inaltérable à l'air. Les usages sont surtout scientifiques et industriels (extraction des métaux précieux).

19. — L'*argent* est blanc; densité 10,47; température de fusion 1 000°. Il est très ductile, très malléable, très bon conducteur de la chaleur et de l'électricité. Il est mou et peu tenace.

Il s'altère peu au contact de l'air. L'acide sulfhydrique le noircit. Il est facilement attaqué par l'acide azotique.

On l'emploie surtout, allié au cuivre, dans les monnaies, la bijouterie, l'orfèvrerie. Il sert beaucoup à l'argenture.

20. — L'*or* est jaune; densité 19,36; température de fusion 1 250. Il est très ductile, très malléable; de faible dureté, de faible ténacité. Il ne s'altère à l'air dans aucune circonstance.

Il n'est attaqué que par le *chlore* et l'*eau régale*.

Il ne sert que comme métal précieux : monnaies, orfèvrerie, bijouterie, dorure.

XIV

COMPOSITION ÉLÉMENTAIRE DES MATIÈRES ORGANIQUES

—

I. — Définition des matières organiques

301. Définition des matières organiques. — La *chimie organique* a pour objet l'étude des *matières organiques.*

On nomme *matières organiques* des composés qui, par leur association les uns aux autres, constituent les organes des animaux et des végétaux.

Ainsi le *sang* n'est pas une matière organique ; c'est un mélange de plusieurs matières organiques, dont chacune est un *composé défini*, qui a pu être étudié séparément.

Un *muscle*, une *feuille d'arbre*, un *grain de blé* sont de même des mélanges de diverses matières organiques distinctes.

Dans les notions de chimie organique que nous allons donner, nous étudierons uniquement des matières organiques pures, distinctes, et nullement les mélanges complexes qui constituent les organes de la vie animale ou végétale. —

302. Matières organiques dérivées. — Les matières organiques qu'on rencontre dans les animaux et les végétaux, telles que le *sucre*, l'*amidon*, la *cellulose*, la *glycérine*, sont susceptibles de se transformer, par suite de réactions chimiques très variées, de façon à donner naissance à d'autres substances qui ne se rencontrent jamais dans les organes vivants des animaux et des végétaux.

Tels sont l'*acétylène*, l'*alcool*, l'*éther*.

Ces composés, qui dérivent des matières organiques naturelles, ont les mêmes propriétés générales que celles-ci. Ce sont donc encore des matières organiques, et nous aurons à les étudier.

Le nombre des composés qui constituent, par leur ensemble, l'immense groupe des matières organiques, s'accroît même d'une foule de substances qu'on prépare de toutes pièces dans les laboratoires ; substances qui, sans provenir des matières organiques naturelles, jouissent cependant des mêmes propriétés générales.

303. Substances organiques, substances organisées. — Les matières organiques peuvent être divisées en deux groupes bien distincts.

Les unes, qui font partie constitutive des organes, et qui sont plus particulièrement indispensables à l'acte vital, se présentent en masses globulaires ou arrondies ; elles ne sont pas cristallisables ; elles ne sont susceptibles ni de fondre ni de se volatiliser sans se détruire. Elles présentent, en somme, quelque ressemblance avec les êtres organisés dont elles proviennent.

On a réservé pour ces matières le nom de *substances organisées* ; tels sont l'*amidon*, le *gluten*, la *fibrine*, la *cellulose*.

Les autres, beaucoup plus nombreuses, offrent une structure souvent cristalline, et sont susceptibles de se fondre et de se volatiliser. Elles présentent, en un mot, les mêmes caractères généraux que les espèces minérales. On leur donne le nom de *substances organiques* ; tels sont le *sucre*, l'*acide acétique*, l'*urée*, la *quinine*. Ces substances organiques peuvent prendre part aux phénomènes de la vie, en être la conséquence ou servir à son entretien, mais elles ne font pas partie des organes, elles ne vivent pas.

304. Éléments constitutifs des matières organiques. — Les composés organiques sont constitués par un très petit nombre d'éléments.

Le *carbone*, l'*hydrogène*, l'*oxygène* et l'*azote* forment à eux seuls l'immense majorité des composés organiques. D'autres éléments (*soufre, phosphore, fer,…*) entrent dans la constitution d'un nombre relativement petit de ces matières, et toujours en faibles proportions.

En particulier, le *carbone* se rencontre dans toutes les matières organiques ; de telle sorte qu'on peut définir la chimie organique : l'*étude des composés du carbone.*

Les composés les plus nombreux sont ceux qui renferment du *carbone* et de l'*hydrogène* (*carbures d'hydrogène*) ; ceux qui renferment du *carbone* avec de l'*hydrogène* et de l'*oxygène* (*composés ternaires*) ; et ceux qui renferment du *carbone* avec de l'*hydrogène*, de l'*oxygène* et de l'*azote* (*composés quaternaires*).

805. Propriétés générales des matières organiques. — Au point de vue des propriétés physiques, les matières organiques sont les unes gazeuses (comme l'*acétylène*), les autres liquides (comme l'*alcool*, la *benzine*), les *autres solides* (comme le *sucre*, l'*amidon*).

Parmi celles qui sont solides, il en est de volatiles; mais plus nombreuses sont celles que la chaleur décompose sans les amener à l'état gazeux.

Au point de vue chimique, les matières organiques sont *instables*. Elles sont détruites plus ou moins complètement par la chaleur, par beaucoup de corps simples et de corps composés.

Nous allons indiquer sommairement l'action de la *chaleur* et celle de l'*oxygène*.

806. Décomposition des matières organiques par la chaleur. — Toutes les matières organiques sont décomposables par la chaleur.

Les produits de la décomposition dépendent du corps chauffé et de la température à laquelle on le soumet.

Lorsque l'action de la chaleur est ménagée, les nouvelles substances produites peuvent avoir encore une composition assez complexe, et être fort nombreuses. Elles prennent, à cause de leur origine, le nom de *produits pyrogénés*.

Le *bois*, par exemple, chauffé en vase clos, fournit de nombreux produits pyrogénés gazeux ou volatils : *formène, éthylène, anhydride carbonique, oxyde de carbone, hydrogène, acide acétique, esprit de bois, benzine, eau*.

La décomposition de toute autre matière organique fixe donnerait un résultat analogue.

Ainsi, en chauffant du sucre dans une cornue, et faisant passer dans un flacon laveur les produits de la décomposition, on obtient un goudron de composition fort complexe, et à la sortie du flacon laveur, des produits gazeux constituant un mélange combustible.

Si, au lieu de recueillir les produits pyrogénés dès leur sortie de la cornue, on les soumet de nouveau à l'action de la chaleur, en les faisant passer dans une série de tubes de porcelaine très fortement chauffés, ils sont eux-mêmes décomposés, et on obtient un plus petit nombre de produits plus simples et moins facilement décomposables (eau, anhydride carbonique, formène). Si le composé est azoté, on obtient en outre de l'ammoniaque.

Les matières organiques volatiles sont, de même, décom-

DÉCOMPOSITION D'UNE MATIÈRE ORGANIQUE PAR LA CHALEUR.

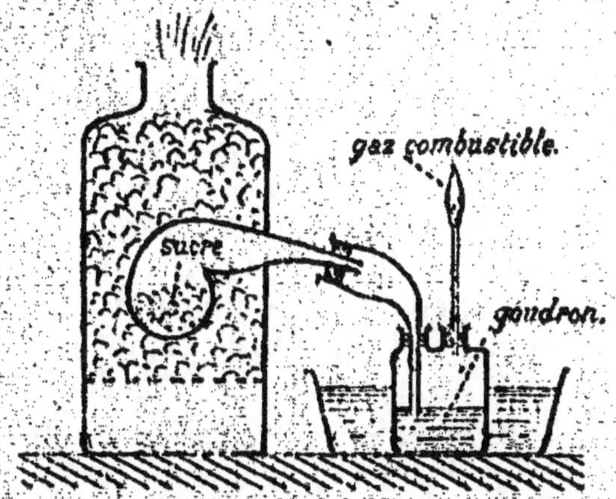

DÉCOMPOSITION D'UNE MATIÈRE ORGANIQUE PAR LA CHALEUR. — *Du sucre fortement chauffé dans une cornue laisse un résidu de charbon. Il se dégage de nombreux produits volatils; les uns, constituant le goudron, se condensent dans un flacon refroidi, les autres peuvent être allumés à la sortie.*

posées par la chaleur, quand on fait passer leur vapeur dans un tube de porcelaine chauffé au rouge.

307. Combustion vive des matières organiques. — Les matières organiques sont combustibles.

Lorsqu'elles brûlent au contact d'un excès d'oxygène, leur carbone se transforme en anhydride carbonique, leur hydrogène en eau, tandis que leur azote devient libre.

Les produits de la combustion complète des matières organiques sont donc très simples, très peu nombreux, et toujours les mêmes.

308. Cendres minérales. — La combustion complète d'une matière organique laisse souvent un résidu solide, plus ou moins abondant, non volatil, non combustible, partiellement soluble dans l'eau.

Ce résidu constitue ce qu'on nomme les *cendres*. Il n'est pas formé de matières organiques, mais bien de matières minérales, telles que carbonates alcalins, alumine, silice ou silicates...

Ces cendres proviennent de l'impureté de la matière organique soumise à la combustion.

Les organes des animaux et des végétaux sont en effet constitués par un mélange de diverses matières organiques, auxquelles viennent toujours s'ajouter des matières minérales en quantité plus ou moins grande. C'est ainsi que les os des animaux vertébrés sont constitués par une matière organique, l'*osséine*, et deux sels minéraux, le *carbonate de calcium* et le *phosphate de calcium*, qui forment à peu près les deux tiers de leur poids.

De même le bois est principalement constitué par une matière organique, la *cellulose*, incrustée de matières minérales non combustibles, qui formeront les cendres.

Les matières organiques que nous aurons à étudier sont séparées des matières minérales avec lesquelles elles étaient mélangées dans l'animal ou dans la plante. Mais la séparation n'est pas toujours complète, et la combustion de ces matières laisse parfois encore un petit résidu de cendres.

309. Décomposition spontanée des matières organiques. — Abandonnées pures et sèches au contact de l'air sec, les matières organiques se conservent presque toutes sans altération.

Mais l'action simultanée de l'air et de l'eau détermine fort souvent une altération rapide, qui n'est autre chose qu'une oxydation lente (fermentation des sucs végétaux, aigrissement du lait, rancissement des corps gras, putréfaction des matières azotées).

La série des transformations qui peuvent ainsi se produire se termine par la formation d'anhydride carbonique, d'eau et d'azote, comme dans le cas de combustion vive.

Ces oxydations lentes sont déterminées par l'action d'êtres organisés microscopiques, dont les germes sont apportés par l'air.

III. — ANALYSE QUALITATIVE DES MATIÈRES ORGANIQUES

810. Analyse immédiate. — Nous avons vu que les organes des animaux ou des végétaux renferment le plus souvent diverses matières organiques distinctes, mélangées les unes aux autres.

Avant d'entreprendre l'étude de ces substances, il est donc nécessaire de les séparer les unes des autres, de les isoler à l'état de pureté. Toute substance organique, douée de caractères bien définis, et dont on ne peut plus extraire deux ou plusieurs corps distincts, est dite *principe immédiat*.

La séparation des principes immédiats constitue *l'analyse immédiate*.

811. Exemple d'analyse immédiate. — L'*analyse immédiate* présente souvent une grande difficulté, due au défaut de stabilité des matières organiques. On n'y peut employer que des procédés et des réactifs qui ne soient pas de nature à déterminer des décompositions.

Prenons par exemple l'analyse immédiate du blé.

1° Les opérations purement mécaniques de la *mouture* et du *blutage* séparent le *son* de la *farine*. Le son est principalement formé par un principe immédiat, le *ligneux*, qui constituait l'écorce du grain.

La farine renferme plusieurs principes qu'il faut isoler.

2° En mélangeant la farine avec un peu d'eau, de manière à obtenir une pâte très ferme, en la malaxant sous un mince filet d'eau, on finit par n'avoir plus dans la main que le *gluten*, la matière azotée du blé.

3° L'eau blanche, qui s'est écoulée pendant l'opération précédente, laisse déposer au bout de quelques instants l'*amidon* de la farine ; on le sépare par décantation et dessiccation à l'air.

4° Dans l'eau qu'on a décantée, restent en dissolution de l'*albumine*, du sucre et quelques sels minéraux. Si l'on chauffe cette eau jusqu'à l'ébullition, l'*albumine* se coagule et forme des filaments blancs qu'on peut recueillir sur un filtre.

5° Enfin l'évaporation complète de l'eau filtrée donnera un dépôt de *sucre*, mélangé avec une petite quantité de sels minéraux.

312. Analyse élémentaire. — *L'analyse élémentaire* a pour but le dosage des éléments constituants d'un principe isolé à l'état de pureté.

Cette analyse peut être *qualitative* ou *quantitative*.

L'analyse qualitative a simplement pour but la détermination de la nature des corps simples qui entrent dans la composition de la matière organique.

L'analyse quantitative a pour but la détermination de la quantité de chacun de ces éléments.

Nous nous contenterons d'indiquer ici par quelles expériences simples il est possible de mettre en évidence la présence du *carbone*, de l'*hydrogène*, de l'*oxygène* et de l'*azote* dans une matière organique.

313. Comment on reconnaît la présence du carbone, de l'hydrogène, de l'oxygène et de l'azote dans une matière organique. — La présence du *charbon* est mise en évidence de la manière suivante.

La matière organique, chauffée assez fortement dans un tube à essai, à l'aide d'un bec de Bunsen, est décomposée par la chaleur; il se dégage de nombreux composés volatils, et il reste dans le tube à essai un abondant résidu de charbon.

On peut aussi mélanger intimement la matière organique avec de l'oxyde de cuivre, et chauffer le mélange dans un tube à essai muni d'un tube à dégagement. L'oxyde de cuivre est réduit par le charbon, et fournit un dégagement de gaz carbonique, reconnaissable à la propriété de donner un précipité blanc quand on le fait arriver dans de l'eau de baryte.

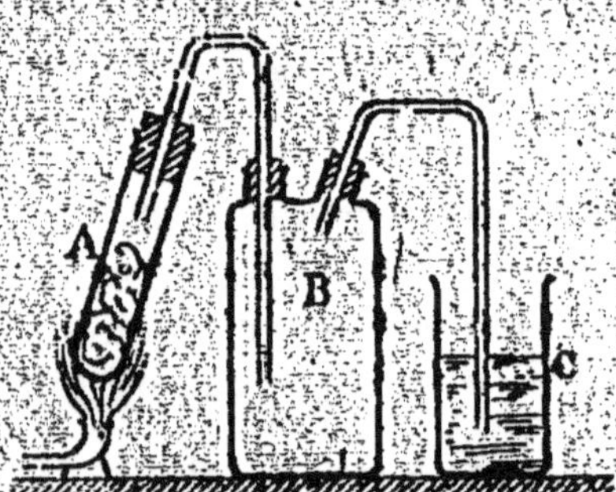

RECONNAÎTRE LA PRÉSENCE DU CARBONE ET DE L'HYDROGÈNE DANS UNE MATIÈRE ORGANIQUE. — La matière organique est mélangée d'oxyde de cuivre et chauffée dans un tube à essai A. Il se condense des gouttelettes d'eau en B, et il se forme un trouble blanc dans l'eau de baryte C.

Si la matière organique est volatile, on est obligé de faire passer la vapeur dans un tube de verre ou de porcelaine fortement chauffé; il reste dans le tube un dépôt de charbon. Si l'on a mis de l'oxyde de cuivre dans le tube, il se forme du gaz carbonique qu'on caractérise en faisant passer le courant gazeux dans une dissolution de baryte.

C'est encore l'action de l'*oxyde de cuivre* qu'on utilise pour constater la présence de l'*hydrogène*. Cet élément est oxydé et donne de la vapeur d'eau qui va se condenser dans la partie froide de l'appareil. L'expérience n'est réellement démonstrative que si l'on a préalablement desséché avec le plus grand soin la matière en expérience.

Lorsque la matière organique est *oxygénée*, il se forme de l'anhydride carbonique et de la vapeur d'eau quand on la calcine au rouge dans un tube à essai, sans l'additionner d'oxyde de cuivre. On peut se contenter de montrer qu'il s'est formé du gaz carbonique. Pour cela on met la matière en A ; on ajoute dans le flacon B de l'eau pour laver les gaz qui proviennent de la calcination et retenir les matières goudronneuses résultant d'une décomposition incomplète, et on fait ensuite barboter ces gaz dans l'eau de baryte C, qui doit se troubler.

Enfin on reconnaît la présence de l'azote, dans une matière organique, à ce que cette matière, chauffée dans un tube à essai avec un fragment de potasse caustique, donne un dégagement d'ammoniaque, reconnaissable à son odeur, à son action sur le papier rouge de tournesol, qui est ramené au bleu.

RÉSUMÉ

1. — Les *matières organiques* sont des composés qui, par leur association, constituent les organes des animaux et des végétaux.

On considère aussi comme matières organiques un grand nombre de composés qui ne se rencontrent ni dans les animaux ni dans les végétaux, mais proviennent de ces matières.

On divise les matières organiques en *substances organiques* et *substances organisées*.

Les principaux éléments constitutifs des matières organiques sont le *carbone*, l'*hydrogène*, l'*oxygène* et l'*azote*.

2. — Les matières organiques sont instables ; elles sont toutes décomposables par la chaleur.

Dans cette décomposition, la matière organique donne d'abord naissance à d'autres matières plus simples, puis, en dernière analyse, à de l'anhydride carbonique et de la vapeur d'eau, si la température est assez élevée.

3. — Les matières organiques sont combustibles. Quand elles brûlent complètement, leur carbone se transforme en gaz carbonique, leur hydrogène en eau, tandis que leur azote devient libre.

A la suite de cette combustion complète il reste ordinairement des *cendres* qui proviennent de l'impureté de la matière organique soumise à la combustion.

4. — L'action simultanée de l'air et de l'eau détermine fort souvent une altération rapide des matières organiques, qui n'est autre chose qu'une combustion lente.

Cette oxydation lente est déterminée par l'action d'êtres organisés microscopiques, dont les germes sont apportés par l'air.

5. — *L'analyse immédiate* est une opération qui a pour but de séparer les uns des autres les *principes immédiats* dont se compose un organe d'un animal et d'une plante.

L'analyse élémentaire a pour but le dosage des éléments constituants d'un principe isolé à l'état de pureté.

6. — Une matière organique, assez fortement chauffée, se décompose en laissant un résidu de charbon; donc elle renfermait du carbone.

En chauffant une matière organique, dans un tube à essai, après l'avoir mélangée à de l'oxyde de cuivre, on a un dégagement de gaz carbonique et de vapeur d'eau, faciles à caractériser. On a ainsi montré que la matière renferme du carbone et de l'hydrogène.

7. — Lorsqu'une matière organique est *oxygénée*, il se forme de l'anhydride carbonique et de la vapeur d'eau quand on la calcine au rouge dans un tube à essai, sans l'additionner d'oxyde de cuivre.

On reconnaît la présence de l'azote dans une matière organique, à ce que cette matière, chauffée dans un tube à essai avec un fragment de potasse caustique, donne un dégagement d'ammoniaque.

XV

ALCOOL ET ÉTHER. FERMENTATIONS
(VIN, BIÈRE, CIDRE)

—

314. — Définition des alcools et des éthers. — En chimie organique, on donne le nom d'*alcools* à un grand nombre de *composés ternaires* (*carbone, hydrogène* et *oxygène*) qui jouissent d'un certain nombre de propriétés communes.

Tous les corps qu'on nomme *alcools* sont caractérisés par la propriété qu'ils ont de s'unir directement aux acides, comme le font les bases de la chimie minérale, pour donner des composés dont le mode de formation est analogue à celui des sels, et qu'on nomme des *éthers-sels*. Il y a en même temps production d'eau, comme dans la réaction des acides sur les bases.

D'ailleurs les *alcools*, malgré leur propriété de réagir sur les acides, diffèrent beaucoup, sous d'autres rapports, des bases de la chimie minérale.

De même les *éthers* qui résultent de la réaction des acides sur les alcools ne ressemblent pas aux sels.

Nous avons à étudier un seul *alcool*, l'*alcool ordinaire*, ou *alcool éthylique* C^4H^6O.

I. — ALCOOL ÉTHYLIQUE ET ÉTHER

$$C^4H^6O = 46 \qquad C^4H^{10}O = 74.$$

315. Origine de l'alcool éthylique. — Tous les liquides sucrés sont susceptibles de *fermenter*. Cette fermentation donne naissance à de l'*alcool éthylique*, qu'on peut extraire du liquide par distillation fractionnée.

Pendant longtemps l'industrie a retiré l'*alcool éthylique* (appelé aussi *alcool ordinaire, esprit de vin*), exclusivement des

boissons fermentées, bière, vin, cidre. On le fabrique aujour-
d'hui à l'aide d'une foule de matières végétales.

Le *jus de la betterave* fournit de l'*alcool* quand on l'abandonne
à la fermentation.

D'autre part, la *fécule* et l'*amidon*, qui sont contenus en abon-
dance dans certains végétaux, se transforment aisément en
une matière sucrée, susceptible de fermenter ; on peut donc
également fabriquer de l'alcool à l'aide des végétaux qui renferment de l'amidon et de la fécule (blé, pomme de terre).

Nous parlerons seulement de l'alcool de betterave, le plus
important.

316. Fermentation du jus de la betterave. — La betterave renferme jusqu'à 18 p. 100 de son poids de sucre.

La racine, bien lavée, est coupée à l'aide du *coupe-racines* en
minces lamelles nommées *cossettes*. On laisse séjourner ces cossettes pendant plusieurs heures dans de l'eau très lentement
courante, qui dissout la totalité du sucre ; cette opération
porte le nom de *diffusion*.

Le jus sucré ainsi obtenu est abandonné à la fermentation,
qui donne naissance à l'alcool.

On favorise cette fermentation par l'adjonction d'un peu
d'acide sulfurique et d'un peu de *levure de bière*, dont nous verrons bientôt le rôle.

Au bout de trois à quatre jours, tout le sucre qui se trouvait
dans le jus a été transformé en alcool.

On procède alors à la *distillation*.

317. Distillation du liquide alcoolique. — Les boissons
fermentées, *vin*, *cidre*, *bière*, ainsi que le liquide obtenu par
fermentation du sucre de la betterave, sont constitués par un
mélange d'eau, d'alcool et de principes divers qui communiquent à ces différents liquides leur odeur et leur saveur particulières.

On sépare l'alcool de ces matières étrangères au moyen de
la *distillation*. Lorsqu'on chauffe progressivement le liquide,
l'alcool, très volatil, passe d'abord à la distillation, en même
temps qu'une certaine quantité d'eau. Les autres substances,
plus fixes, restent dans la chaudière avec la plus grande partie
de l'eau ; ce résidu porte le nom de *vinasse*.

Autrefois, on se servait de l'*alambic ordinaire* (fig. ci-contre).
Une première opération donnait un mélange d'alcool et d'eau
renfermant à peine 25 p. 100 d'alcool. Il fallait procéder à plusieurs distillations successives pour avoir de l'alcool à peu près

pur, ne contenant plus que 6 à 7 p. 100 d'eau. Aujourd'hui on opère, dans l'industrie, avec des appareils beaucoup plus com-

ALAMBIC POUR DISTILLATION.

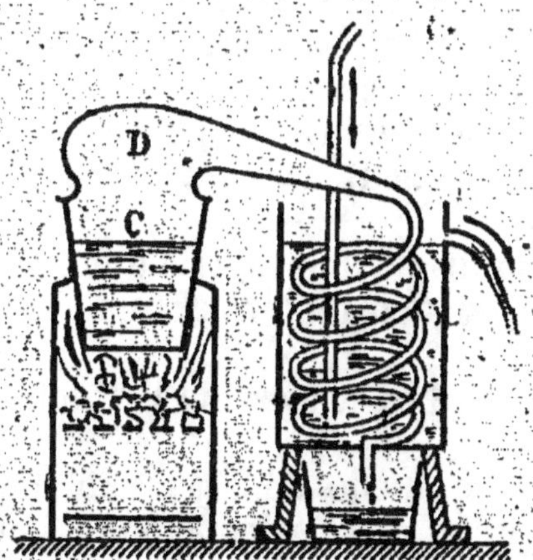

ALAMBIC POUR DISTILLATION. — Le liquide à distiller est placé dans la chaudière C ; l'alcool se condense dans le serpentin, autour duquel circule un courant d'eau froide.

plexes, qui permettent une distillation continue, et donnent, après deux opérations, des alcools presque purs.

318. Propriétés physiques. — L'alcool pur, aussi appelé *alcool absolu*, est un liquide incolore, très fluide, d'une odeur faible et agréable, mais enivrante, d'une saveur caustique et brûlante.

Sa densité est égale à 0,81.

Il bout à 78°. La solidification n'a lieu qu'à 130° au-dessous de zéro.

L'alcool dissout un grand nombre de substances, parmi lesquelles l'*iode*, les *résines*, les *corps gras*.

Un grand nombre de substances solubles dans l'alcool sont précipitées, insolubles, quand on ajoute de l'eau. L'*eau de Cologne*, solution alcoolique d'un grand nombre d'essences parfumées, se trouble par adjonction d'eau.

Concentré, *l'alcool est un poison*. Dilué, et pris à doses fréquemment répétées, il a sur l'organisme une action très funeste.

319. Propriétés chimiques. — L'alcool est décomposable par la chaleur.

Il est aisément combustible, et brûle à l'air avec une flamme jaunâtre peu éclairante, mais très chaude,

$$C^4H^6O + 6O = 2CO^2 + 3H^2O.$$

Les *corps oxydants* agissent sur l'alcool. L'*acide azotique* fumant produit une action extrêmement violente, accompagnée fréquemment d'une explosion.

Certains organismes inférieurs peuvent déterminer l'altération de l'alcool, et particulièrement sa transformation en acide acétique.

Sous l'action de divers acides, tels que l'*acide chlorhydrique*, l'*acide acétique*, l'alcool ordinaire donne des *éthers-sels*.

320. Usages. — Les usages de l'alcool sont nombreux et importants.

La production annuelle dépasse actuellement en France 200 millions de litres, et en Allemagne 300 millions.

Un grand nombre d'usages industriels utilisent les alcools non rectifiés (industrie des couleurs, des vernis). Depuis un petit nombre d'années, on utilise l'*alcool dénaturé* au *chauffage*, à l'*éclairage* et à la production de la *force motrice*.

La médecine, la parfumerie en consomment de grandes quantités.

Enfin l'alcool est la base de toutes les liqueurs distillées, qui sont innombrables. Il fait partie de toutes les boissons fermentées.

321. Éther ordinaire. — L'*éther ordinaire* $C^4H^{10}O$ est un liquide incolore, très fluide, très volatil, doué d'une odeur forte et agréable, d'une saveur brûlante, décomposable par la chaleur, très combustible.

Ce n'est pas un *éther-sel* répondant au mode de production que nous avons indiqué (**314**).

On le prépare par *déshydratation partielle* de l'alcool.

$$2 C^2H^6O = C^4H^{10}O + H^2O.$$

Cette déshydratation s'obtient en chauffant doucement un mélange d'alcool et d'acide sulfurique, qui retient l'eau.

On utilise, dans les opérations chirurgicales, la propriété que possède l'éther de provoquer le sommeil et l'insensibilité, quand on respire ses vapeurs mélangées à l'air.

II. — FERMENTATIONS

322. Fermentations. — Certains liquides d'origine organique, abandonnés à eux-mêmes dans des conditions convenables, se troublent, s'altèrent et changent de composition : on dit qu'ils *fermentent*.

La *fermentation*, qui n'est autre chose qu'une décomposition chimique, se produit sous l'influence d'organismes inférieurs, nommés des *ferments*.

La nature de la réaction chimique, les produits qui en résultent, varient avec la substance fermentescible, et avec le ferment.

Lorsque les germes des ferments sont placés dans un liquide convenablement choisi, ils se développent et se multiplient rapidement. Les éléments nécessaires à ce développement et à cette multiplication sont empruntés au liquide : de là résulte la décomposition qui constitue la fermentation.

La rapidité de la fermentation est d'autant plus grande que le ferment se développe et se reproduit plus vite. Elle s'arrête, au contraire, si le ferment ne trouve pas dans le liquide fermentescible tous les éléments nécessaires à son existence ; elle s'arrête encore lorsqu'on tue le ferment par l'action de la chaleur ou d'un poison, ou qu'on suspend momentanément son développement par l'action du froid.

Les végétaux inférieurs qui constituent les ferments sont nombreux. Chacun d'eux ne peut vivre que dans un petit nombre de liquides, dont il détermine la décomposition, toujours de la même manière ; tel ferment se développe dans un liquide, et le décompose lentement, tandis que tel autre ferment, placé dans le même liquide, y meurt presque aussitôt sans produire aucun effet appréciable.

323. Fermentation alcoolique. — Nous prendrons pour exemple la *fermentation alcoolique*.

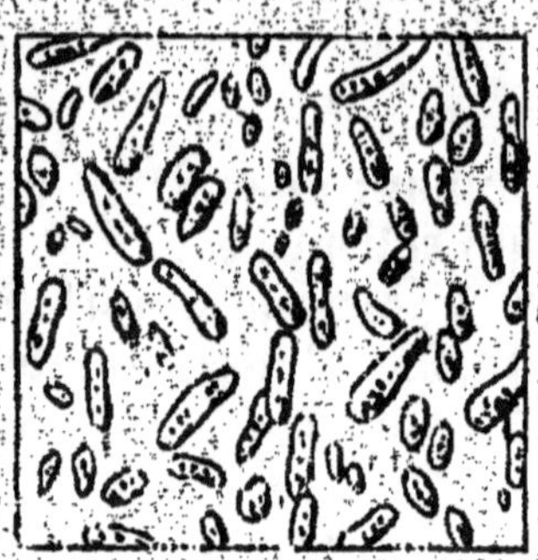

FERMENT ALCOOLIQUE. —
(Très grossi.)

Dans un grand nombre de fruits (raisins, figues, prunes) on trouve un sucre particulier, différent du sucre de betterave, qu'on nomme *sucre de fruits*, ou *glucose*, $C^6H^{12}O^6$.

Sous l'influence d'un ferment, que nous nommerons le *ferment alcoolique*, le *glucose* en dissolution se transforme en *alcool éthylique* avec dégagement de *gaz carbonique*,

$$C^6H^{12}O^6 = 2\,C^2H^6O + 2\,CO^2.$$

Le *ferment alcoolique* qui détermine ce dédoublement du glucose en alcool et anhydride carbonique est composé de très petits globules sphériques ou ovoïdes, visibles seulement au microscope. La *levure de bière*,

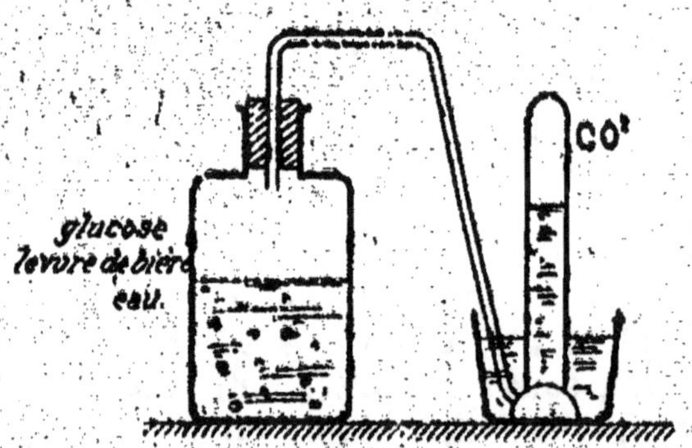

EXPÉRIENCE DE FERMENTATION ALCOOLIQUE.

recueillie à la surface d'une cuve en fermentation dans laquelle on fabrique la bière, est justement constituée par l'agglomération d'un grand nombre de ces ferments.

Dans un grand flacon, introduisons de l'*eau*, du *glucose* et un peu de *levure de bière*. Fermons le flacon, avec un bouchon muni d'un tube à dégagement, et abandonnons l'appareil à lui-même dans un endroit chaud. Bientôt nous voyons le liquide se troubler ; des bulles de gaz, de plus en plus nombreuses, se dégagent, et produisent une mousse abondante.

Ces bulles de gaz sont formées d'anhydride carbonique, qu'on peut recueillir dans une éprouvette placée sur la cuve à eau.

La fermentation terminée, on peut constater que le liquide a perdu sa saveur sucrée et qu'il a pris une odeur vineuse ; il contient alors de l'alcool.

324. Liquides fermentescibles. — La dissolution de *glucose* n'est pas la seule substance sur laquelle puisse agir le *ferment alcoolique.*

Le *sucre ordinaire* n'est pas directement fermentescible. Mais, sous certaines influences, et particulièrement sous l'influence d'une petite quantité d'acide sulfurique, il se transforme en un mélange de *glucose*, et d'un autre sucre également fermentescible, nommé *saccharose.*

Par suite tous les liquides qui renferment du sucre ordinaire, du glucose ou du saccharose, peuvent donner de l'alcool par fermentation. Il est d'ailleurs indispensable, pour que la fermentation puisse se continuer jusqu'à transformation complète du sucre en alcool, que le liquide fermentescible renferme d'autres substances que la matière sucrée.

En effet les globules du ferment alcoolique sont constitués par des matières grasses, des matières azotées, des matières minérales. Lorsque le globule trouve toutes ces substances dans le liquide fermentescible, il se développe et se multiplie rapidement. Le nombre des globules augmente de plus en plus. La fermentation ne s'arrête qu'après la transformation complète du sucre en alcool. A ce moment la masse de la levure a beaucoup augmenté, puisque la fermentation a justement été la conséquence de la multiplication des globules.

Les jus sucrés qu'on retire de la betterave, du raisin, de la prune, présentent justement une composition très propice ; ils renferment le sucre et les matières azotées nécessaires au développement de la levure.

Lorsque, au contraire, on place le ferment dans un liquide qui ne renferme que du sucre, comme nous l'avons fait dans l'expérience du § 323, les globules se nourrissent en usant leur propre substance ; leur masse diminue au lieu d'augmenter, et la fermentation finit par s'arrêter.

325. Fermentation spontanée. — Les jus sucrés des fruits, de la betterave, abandonnés à eux-mêmes, à une température voisine de 20°, ne tardent pas à fermenter, sans qu'il soit besoin d'y ajouter de la levure de bière.

Pasteur a démontré que cette *fermentation spontanée* est

déterminée par des germes microscopiques du ferment alcoolique, qui sont apportés par l'air et tombent dans le liquide.

Les jus sucrés subissent aisément la fermentation spontanée. Il n'en est pas de même d'une simple dissolution de glucose ou de saccharose dans l'eau. Les germes qui y tombent, ne rencontrant pas les matières nécessaires à leur développement, deviennent inertes et sans action. Les dissolutions de matière sucrée pure ne fermentent que sous l'action d'un excès de levure de bière.

Dans tout jus sucré qui fermente spontanément, on voit se former des globules ovoïdes de levure, globules qui finissent par constituer une masse d'autant plus considérable que la fermentation est plus active.

Le vin n'est autre chose que le jus de raisin qui a subi la fermentation spontanée.

826. Fermentations diverses. — On connaît un grand nombre de fermentations diverses, caractérisées chacune par la nature du ferment, par celle de la matière fermentescible, et par les produits de la fermentation.

C'est ainsi que le *ferment acétique* (*microcoque du vinaigre*), oxyde l'*alcool ordinaire* et le transforme en *acide acétique*.

La coagulation spontanée du lait, qui donne le *lait caillé*, est due à une fermentation qui transforme le *sucre de lait* en *acide lactique*.

La *putréfaction* des matières organiques azotées, accompagnée du dégagement de *gaz fétides* (*hydrogène sulfuré, ammoniaque, composés phosphorés*) est aussi une fermentation.

827. Conservation des matières alimentaires. — Sous l'influence de l'air et de l'humidité, toutes les matières alimentaires subissent assez rapidement une fermentation spontanée qui les décompose et les rend impropres à la consommation. Pour conserver pendant longtemps ces matières dans un état relatif d'intégrité chimique, il faut, ou bien *empêcher le développement* des germes apportés par l'air, ou bien *détruire ces germes*.

On arrête le développement des germes par *dessiccation*, par *abaissement de température*, ou en enveloppant la matière à conserver d'une substance qui la *préserve du contact de l'air*.

On détruit les germes par l'action de divers *poisons* (appelés *matières antiseptiques*) ou par l'*élévation de la température*, suivie de la préservation du contact de l'air.

III. — VIN, CIDRE, BIÈRE

828. Le vin. — Le vin est, après l'eau, la plus importante des boissons. Il n'est certainement pas indispensable à l'entretien de la santé, mais, pris en petite quantité, il constitue un excellent aliment.

La France est, de tous les pays du monde, celui qui produit le plus de vin. Nulle part ailleurs, le climat et la nature du terrain ne sont aussi bien appropriés à la production des vins légers, délicats et variés.

829. Fabrication du vin. — Le vin résulte de la fermentation alcoolique du jus, ou moût de raisin. La fermentation est déterminée par les germes des ferments qui sont déposés par l'air sur la pelure du raisin ; il suffit, pour qu'elle commence, d'écraser les grains, de manière à mêler le ferment avec le jus sucré.

Lorsque la *vendange* est faite, on jette le raisin dans la *cuve*; on l'écrase, soit au pressoir, soit simplement en le foulant aux pieds, et on l'abandonne à lui-même. Après un laps de temps qui varie de quelques heures à deux ou trois jours, la fermentation commence : l'anhydride carbonique se dégage en bulles nombreuses, soulevant les pulpes du raisin, en même temps qu'il se produit une écume épaisse. Il se forme peu à peu à la surface de la cuve une croûte, le *chapeau de la ven-dange*, constitué par un grand amas de *ferments*.

Après quelques jours, le liquide cesse complètement de bouillir ; il s'éclaircit et prend le goût de vin ; on le soutire dans des tonneaux.

Le vin, renfermé dans les tonneaux, fermente encore très doucement pendant plusieurs semaines ; il faut donc laisser la bonde ouverte pour permettre au gaz carbonique de se dégager. Quand cette fermentation insensible est terminée, toutes les matières qui troublaient le vin se déposent au fond du tonneau en formant la *lie*. A ce moment le vin est parfaitement clair et il a complètement perdu toute saveur sucrée : la fabrication est terminée.

830. Composition du vin. — La composition du vin est fort complexe. Il renferme un grand nombre de principes qui se trouvaient tout formés dans le moût : eau, albumine et matières azotées, matières grasses et matières colorantes, tanin, acide tartrique, sels minéraux.

De plus, certaines substances ont pris naissance dans la fermentation : alcool, acide acétique, divers éthers, glycérine, principes inconnus constituant le *bouquet*.

On conçoit que, suivant les proportions relatives de ces diverses substances, la couleur et le goût des vins, de même que leur action sur l'organisme, puissent varier à l'infini.

Le vin fabriqué avec des raisins blancs est toujours blanc. Mais on peut aussi obtenir du vin blanc avec des raisins noirs, en séparant le jus de la pulpe aussitôt que la vendange a été pilée. On met ce jus dans des tonneaux et on le laisse fermenter. La matière colorante, qui est dans la pulpe, n'a pas eu le temps de se dissoudre avant la séparation, et le vin reste blanc.

Les vins mousseux s'obtiennent en mettant le vin en bouteilles avant qu'il ait achevé sa fermentation. L'anhydride carbonique, qui continue à se produire, ne pouvant plus s'échapper s'accumule dans le vin. Quand, plus tard, on enlève le bouchon, l'anhydride carbonique, en se dégageant rapidement, fait mousser le vin.

La quantité d'alcool contenu dans un vin varie de 8 ou 9 p. 100 (Bordeaux, Bourgogne) à 12 p. 100 (Champagne) et même 20 p. 100 (Madère).

331. Conservation du vin. — Le vin n'acquiert toutes ses qualités que plusieurs années après sa fabrication. C'est alors seulement qu'il a un goût véritablement délicat. Sa conservation nécessite des manipulations nouvelles.

Quand la lie s'est déposée, il faut éviter qu'elle ne se mêle au vin par suite de l'agitation ou des variations de la température, car elle le ferait tourner à l'aigre. On décante donc, tantôt en hiver, tantôt au printemps, pour séparer le liquide clair du dépôt de lie : cette opération se nomme *soutirage*.

Le vin, une fois soutiré, n'est pas toujours parfaitement clair; pour l'éclaircir on le *colle*. Le collage se fait soit avec de la colle de poisson, soit avec du blanc d'œuf, de la gélatine, ou du sang de bœuf tout chaud. Le collage au blanc d'œuf, par exemple, se fait en ajoutant au vin, par hectolitre, dix blancs d'œufs battus en neige; l'albumine du blanc d'œuf se coagule sous l'influence de l'alcool et elle entraîne, en se déposant, toutes les matières qui troublaient la transparence. Une portion du tanin est en même temps séparée, à l'état de combinaison avec l'albumine, ce qui enlève au vin une partie de son âpreté et lui donne plus de finesse.

C'est seulement après la mise en bouteilles que le vin peut

être abandonné à lui-même. A partir de ce moment, il s'améliore tout seul : *le vin se fait dans les tonneaux et se perfectionne en bouteilles.*

882. Le cidre. — Le *cidre* remplace le vin en Bretagne et dans tout le nord de la France. C'est la boisson principale dans les régions de l'Europe où on ne cultive pas la vigne.

Le cidre se fait soit avec des pommes, soit avec des poires (il prend alors le nom de *poiré*). La fabrication du cidre est aussi facile et plus prompte que celle du vin.

Les fruits, récoltés au moment de leur maturité parfaite, sont concassés dans un moulin spécial, puis soumis à l'action d'une forte presse. On obtient ainsi un jus qui renferme beaucoup d'eau, du sucre de fruit, des matières azotées, des matières colorantes, divers acides et sels organiques et minéraux.

Ce jus, placé dans de grands tonneaux, est abandonné à la fermentation. Au bout d'un mois, on bouche les tonneaux et on laisse le liquide déposer les matières insolubles qu'il tient en suspension. On a bientôt un liquide bien clair, renfermant de 3 à 6 p. 100 d'alcool ; on le soutire et on peut le consommer immédiatement.

D'ailleurs, le cidre ne peut pas se conserver longtemps. Au delà de deux ou trois ans, il s'altère.

883. La bière. — La *bière* est une infusion d'*orge fermentée*, additionnée du principe amer et aromatique du *houblon*. La production annuelle de la bière est, dans les pays du Nord, au moins aussi importante que celle du cidre.

La fabrication de la bière est plus complexe que celle du vin ; elle nécessite plusieurs opérations distinctes.

884. Préparation du malt. — L'*orge* renferme beaucoup d'*amidon*, qu'il faut transformer en sucre propre à fournir une liqueur fermentescible. Cette transformation se fait en deux temps : *maltage* et *brassage*.

On commence par faire germer l'orge en l'étendant, mouillée, sur l'aire d'une grande salle, le *germoir*, maintenue à la température de 15°.

Pendant que se produit la germination, il se forme de la *diastase*, matière qui a la propriété de déterminer la transformation de l'*amidon* en *sucre fermentescible* (*glucose*).

Au bout d'une dizaine de jours, la *gemmule* a acquis à peu près la longueur du grain : le *maltage* est terminé. On arrête la germination en desséchant l'orge dans une grande étuve portée à la température de 50°. Les grains, débarrassés de leurs radicelles par un passage au tarare, sont réduits en une farine grossière, très riche en diastase : on a le *malt*.

335. Brassage ou saccharification. — Le malt sec peut se conserver sans altération pendant fort longtemps.

Quand on veut en faire de la bière, on étend une couche épaisse de malt dans une grande cuve en bois à double fond, et on fait arriver par la partie inférieure une quantité convenable d'eau à 70°.

On *brasse* vivement la matière ; on ferme hermétiquement la cuve et on abandonne le tout au refroidissement. Au bout de trois heures, la diastase a complètement transformé l'amidon en glucose, soluble dans l'eau. On soutire le liquide pour le séparer de la *drèche*, ou résidu du malt : on a le moût, liquide sucré fermentescible.

336. Houblonnage et fermentation. — Avant de laisser fermenter le moût, on le cuit avec de la fleur de houblon desséchée.

Cette fleur renferme un principe amer d'un goût agréable, qui favorise la conservation de la bière. Elle contient aussi du *tanin*, qui précipite, en les coagulant, les matières albumineuses du moût et permet ainsi d'obtenir un liquide limpide.

La cuisson se fait dans de grandes chaudières ; elle dure de quatre à cinq heures. Quand elle est terminée, on dirige le moût dans de larges cuves, dans lesquelles il se refroidit rapidement et se débarrasse des substances qu'il tenait en dissolution ou en suspension.

Le liquide refroidi est alors versé dans la *cuve à fermentation*. La fermentation alcoolique, pendant laquelle doit s'opérer la transformation du glucose en alcool, est l'opération la plus difficile et la plus importante de la fabrication. Si elle ne se fait pas régulièrement, la bière est mauvaise.

Trois kilogrammes de *levure*, provenant d'une opération précédente, sont ajoutés par mètre cube de moût. La fermentation commencée, la levure se développe considérablement et vient former à la surface du liquide une écume abondante que l'on enlève. Après quelques jours, quand le liquide est à peu près clair, on le soutire dans des tonneaux, où se continue doucement la fermentation ; enfin le liquide, clarifié à la colle de poisson, est livré à la consommation.

337. Composition de la bière. — La bière contient à peu

près 8 p. 100 de matières solubles en dissolution (matières azotées, dextrine, sels minéraux) ; aussi est-elle plus nourrissante qu'aucune autre boisson. L'alcool, dont les proportions varient de 2 à 8 p. 100, la rend excitante comme le vin.

Enfin, son goût amer en fait une boisson fort agréable. C'est donc à juste titre qu'elle est appréciée.

La bière est toujours consommée avant la fin de sa fermentation. Aussi renferme-t-elle du gaz carbonique en dissolution, c'est ce qui la rend mousseuse.

Elle ne se conserve guère. Au bout de très peu de temps elle est le siège de fermentations secondaires qui la décomposent complètement.

RÉSUMÉ

1. — Les *alcools* sont des composés ternaires qui ont la propriété de s'unir aux *acides* pour donner des composés qu'on nomme des *éthers-sels*. Il y a en même temps production d'eau.

2. — L'*alcool éthylique* C^4H^6O provient de la *fermentation* des liquides sucrés (jus du raisin, jus de la betterave...).

La *fécule* et l'*amidon*, capables de se transformer en une matière sucrée fermentescible, peuvent aussi être employés à la fabrication de l'alcool.

3. — Pour obtenir de l'alcool à l'aide du jus de la betterave, on réduit ces racines en *cossettes*, auxquelles on enlève le sucre par *diffusion*. Le jus sucré obtenu est additionné de *levure de bière*, et abandonné à la fermentation.

Une *distillation* sépare ensuite l'*alcool* formé de l'eau et des matières étrangères.

4. — L'*alcool* absolu est un liquide incolore, très fluide, d'une odeur agréable, d'une saveur brûlante. Densité 0,81 ; température d'ébullition 78° ; température de solidification — 130°.

Il dissout l'*iode*, les *résines*, les *corps gras*.

Il est décomposable par la chaleur, combustible. Il est capable d'éprouver une fermentation qui le transforme en acide acétique.

5. — L'*alcool* est employé au chauffage, à l'éclairage, à la production de la force motrice, à la préparation des couleurs, des vernis.

On l'emploie en médecine, en parfumerie. Il est la base de toutes les *liqueurs* distillées, de toutes les *boissons fermentées*...

6. — L'*éther* C^4H^5O est un liquide incolore, très fluide, très volatil, d'une odeur agréable, d'une saveur brûlante. Il est décomposable par la chaleur, combustible.

On le prépare en chauffant doucement un mélange d'alcool et d'acide sulfurique.

C'est un anesthésique employé dans les opérations chirurgicales.

7. — La *fermentation* est une décomposition chimique qui se produit sous l'influence d'organismes inférieurs nommés *ferments*.

Les organismes inférieurs qui constituent les ferments sont nombreux. Chacun d'eux produit, dans un liquide déterminé, une fermentation qui lui est propre.

8. — La *fermentation alcoolique* est la fermentation qui décompose les *matières sucrées* en *alcool* et *anhydride carbonique*.

Le *ferment alcoolique* est composé de très petits globules sphériques ou ovoïdes, visibles seulement au microscope. La *levure de bière* en est constituée.

9. — Le *glucose* et le *saccharose* sont les deux matières sucrées fermentescibles. Le *sucre ordinaire* ne peut fermenter qu'après s'être transformé en un mélange de glucose et de saccharose.

Les jus sucrés des fruits, de la betterave, abandonnés à eux-mêmes, ne tardent pas à entrer en fermentation. Cette *fermentation spontanée* est déterminée par des germes microscopiques du ferment alcoolique, qui sont apportés par l'air.

10. — Le *ferment acétique* est un ferment qui détermine la transformation de l'alcool en acide acétique.

La *coagulation du lait*, la *putréfaction* des matières organiques azotées sont aussi dues à des fermentations.

11. — On assure la *conservation* prolongée des matières alimentaires en empêchant le développement des germes apportés par l'air sur ces matières, ou en détruisant ces germes.

12. — Le *vin* résulte de la fermentation alcoolique du jus du raisin. Cette fermentation est déterminée par les germes de ferments qui sont déposés par l'air sur la pelure du raisin.

Le vin renferme de 8 à 20 p. 100 d'alcool, en même temps que de l'albumine, diverses matières azotées, des matières grasses, des matières colorantes, du tanin, de l'acide tartrique, des sels minéraux, de l'acide acétique, de la glycérine, et les principes inconnus constituant le *bouquet*.

13. — Le *cidre* provient de la fermentation du jus des pommes et des poires.

Il renferme de 3 à 6 p. 100 d'alcool, avec diverses matières analogues à celles qu'on trouve dans le vin.

14. — La *bière* est une infusion d'orge *fermentée*, additionnée du principe amer et aromatique du houblon.

La fabrication de la bière est complexe. Elle exige plusieurs opérations (*maltage, brassage, houblonnage, fermentation*).

La *bière* contient à peu près 5 p. 100 de matières solides en dissolution, et une proportion d'alcool qui varie de 2 à 8 p. 100.

XVI

GLYCÉRINE. — CORPS GRAS

I. — GLYCÉRINE
$$C^3 H^8 O^3 = 92.$$

338. Extraction. — La *glycérine* s'extrait des corps gras (huile, beurre, graisse).

Nous verrons que ces corps ne sont pas autre chose que des *éthers-sels*, constitués par la combinaison d'un *alcool*, qui est la *glycérine*, avec des acides, dits *acides gras*, qui sont l'*acide stéarique*, l'*acide margarique*, l'*acide oléique*....

Pour extraire la glycérine de ces éthers-sels, il suffit de les traiter par une *base* puissante, capable de se combiner à l'acide gras, et de mettre ainsi la glycérine en liberté.

La décomposition d'un corps gras par une base porte le nom de *saponification*, parce que les sels qui se forment dans la combinaison des corps gras avec la base sont justement les composés si importants qu'on nomme les *savons*.

Chauffons, par exemple, de la *graisse de porc* avec de l'*oxyde de plomb* et de l'eau, en ayant soin d'agiter constamment. L'oxyde de plomb se combine avec les acides stéarique, margarique, et oléique de la graisse, pour former des stéarate, margarate et oléate de plomb, qui forment un *savon* insoluble, et la glycérine se dissout dans l'eau.

En filtrant et en évaporant on a la glycérine à peu près pure.

La plus grande partie de la glycérine commerciale est obtenue comme produit accessoire de la fabrication des bougies.

339. Propriétés physiques. — La glycérine est un liquide incolore, d'une consistance sirupeuse, inodore lorsqu'elle est pure, d'une saveur sucrée désagréable.

Elle est très soluble dans l'eau, et absorbe même l'humidité atmosphérique.

Sa densité est 1,264. Elle bout à 288 degrés.

Quand elle est bien pure, on peut la faire cristalliser par refroidissement.

340. Propriétés chimiques. — La chaleur décompose la glycérine, quand on fait passer sa vapeur dans un tube de porcelaine chauffé au rouge.

La *glycérine* est combustible ; elle brûle en produisant de l'anhydride carbonique et de l'eau. Sous l'action des corps oxydants elle donne des produits plus complexes.

La *glycérine* est un *alcool* ; c'est-à-dire qu'elle est capable de se combiner aux acides pour donner des éthers. C'est ainsi qu'elle se combine avec les *acides gras* pour former les *corps gras*.

L'action de l'*acide azotique* sur la *glycérine* est particulièrement intéressante à examiner. Nous savons que cet acide est remarquable par ses *propriétés oxydantes*. Agissant sur la glycérine, il lui enlève trois atomes d'oxygène pour les oxyder et les transformer en eau, et, à chaque atome d'hydrogène enlevé, vient se *substituer* une molécule du composé AzO^4, nommé le *peroxyde d'azote*.

$$C^3H^8O^3 + 3\ AzO^3H = C^3H^5(AzO^2)^3O^3 + 3\ H^2O.$$

Cette *glycérine nitrée*, ou *nitroglycérine*, s'obtient en versant peu à peu un filet de glycérine dans un mélange d'acide azotique fumant et d'acide sulfurique. L'opération est très dangereuse quand on la fait sans de grandes précautions.

On a ainsi un liquide huileux, jaunâtre, insoluble dans l'eau. C'est un corps fort instable, qui détone avec une extrême violence sous diverses influences.

La force explosive de la nitroglycérine est due à ce fait que ce corps, en se décomposant subitement, donne naissance à un très grand volume de gaz.

$$2\ C^3H^5(AzO^2)^3O^3 = 5\ H^2O + 6\ Az + 6\ CO^2 + O.$$

La *dynamite*, fort employée dans les travaux des mines, dans le percement des tunnels, dans divers engins de guerre, est un mélange solide, par suite plus facile à manier, de *nitroglycérine* et d'argile.

341. Usages. — La pharmacie, la médecine, la chirurgie, l'art vétérinaire, la parfumerie, la teinturerie, font un usage fréquent de la glycérine.

On en emploie de grandes quantités pour adoucir les vins trop aigrelets.

Enfin, et surtout, elle sert à la fabrication de la *nitroglycérine*, et par suite, de la *dynamite*.

II. — ACIDES GRAS

842. Corps gras neutres. — Tous les *corps gras* (*huiles, beurre, graisses*) sont formés exclusivement de carbone, d'hydrogène et d'oxygène.

Chevreul a montré qu'ils ne sont pas des composés déterminés, mais bien des mélanges, en proportions variables, d'un petit nombre de composés déterminés.

Ces composés nommés *stéarine*, *margarine*, *oléine*,... se retrouvent à peu près les mêmes dans tous les corps gras, mais selon des proportions qui varient de l'un à l'autre.

Ce petit nombre de principes immédiats, qui entrent dans la constitution de tous les corps gras, explique les nombreuses analogies qu'ils présentent entre eux.

Les principes immédiats constitutifs des corps-gras sont des *éthers-sels de la glycérine*.

Ainsi la *stéarine*, matière solide qui fond à 70°, est un éther résultant de la combinaison de la glycérine avec un acide nommé l'*acide stéarique*. De même la *margarine*, solide qui fond à 61°, est un éther résultant de la combinaison de la glycérine avec l'*acide margarique*; l'*oléine*, liquide, est un éther résultant de la combinaison de la glycérine avec l'*acide oléique*.

Un corps gras est, en général, d'autant plus dur qu'il contient plus de stéarine ou de margarine, d'autant plus mou qu'il renferme plus d'oléine. L'huile d'olive renferme 72 p. 100 d'oléine, tandis que le suif de mouton n'en renferme que 20 p. 100.

843. Propriétés des corps gras neutres. — Les corps gras sont en général peu colorés, presque sans saveur et sans odeur. L'odeur et le goût plus ou moins prononcés que possèdent certains d'entre eux sont dus à des matières étrangères.

Ils sont doux au toucher, insolubles dans l'eau, solubles dans l'alcool, l'éther, la benzine.

Ils sont plus légers que l'eau ; les uns sont solides, mais facilement fusibles, les autres sont liquides à la température ordinaire ; ils ne sont pas volatils.

Les corps gras sont décomposables par la chaleur, très aisément combustibles. Ils s'oxydent lentement au contact de l'air, à la température ordinaire, et prennent alors une mauvaise odeur et un mauvais goût : on dit qu'ils *rancissent*.

344. Énumération de quelques corps gras. — Les *huiles* sont des corps gras liquides à la température ordinaire. Elles se retirent généralement des végétaux.

Les huiles de *noix*, de *colza*, d'*œillette*, de *lin*, de *navette*, se retirent des graines du *noyer*, du *colza*, du *pavot*, du *lin*, du *navet*; l'*huile d'olives* s'extrait du fruit de l'olivier.

Le *beurre* ordinaire s'extrait du lait.

Les *graisses* et les *suifs* nous viennent des animaux (porc, bœuf, mouton).

Les *huiles*, le *beurre*, les *graisses* jouent un rôle essentiel dans notre alimentation.

345. Acides gras. — Les *acides gras* sont les *acides stéarique, margarique, oléique*..., qui, en combinaison avec la glycérine, constituent les principes immédiats des corps gras.

Ils présentent entre eux les plus grandes analogies.

L'*acide oléique* $C^{44}H^{34}O^4$ est liquide au-dessus de $+ 14°$; il a l'aspect d'une huile incolore.

L'*acide margarique* $C^{34}H^{34}O^4$ est solide, il fond à 62°.

L'*acide stéarique* $C^{36}H^{36}O^4$ est également solide, il fond à 70°.

Ce sont des corps aisément décomposables par la chaleur, très combustibles.

Ils sont insolubles dans l'eau, mais solubles dans l'alcool, surtout à chaud.

A l'état de combinaison avec la glycérine on les rencontre dans les corps gras. L'acide oléique et l'acide stéarique se trouvent dans presque tous les corps gras animaux et végétaux ; l'acide margarique est moins répandu.

Nous n'indiquerons pas les procédés qui peuvent être employés pour extraire ces acides des combinaisons qui les renferment.

III. — BOUGIES STÉARIQUES

346. Composition des bougies stéariques. — Autrefois on faisait, avec le suif dur de bœuf et de mouton, des *chandelles* employées pour l'éclairage.

Pour fabriquer des chandelles on coule le suif fondu dans des moules, au centre desquels sont tendues des mèches en coton ; après refroidissement on enlève les moules.

Les chandelles ont l'inconvénient de *couler* en brûlant ; elles ont un toucher gras désagréable, et répandent de la fumée, en même temps qu'une mauvaise odeur.

Aujourd'hui on préfère les *bougies*, qui n'ont pas ces inconvénients.

La matière première qui constitue les *bougies* est un mélange d'*acide stéarique* et d'*acide margarique*, qu'on extrait généralement du suif de bœuf.

847. Saponification du suif. — Pour fabriquer des bougies on procède d'abord à une *saponification* (**338**) qui a pour but la séparation de la *glycérine*.

On fond le suif dans une cuve en bois chauffée à la vapeur ; puis on ajoute peu à peu de la chaux délayée dans de l'eau, et l'on remue constamment le mélange.

Au bout de six heures la saponification est terminée. On soutire la partie liquide, composée d'eau et de glycérine, tandis qu'il reste dans la cuve un savon dur, insoluble dans l'eau, mélange de *stéarate*, de *margarate* et d'*oléate de calcium*.

348. Sulfatation et séparation de l'acide oléique. — Ce savon est traité par l'acide sulfurique étendu. L'acide sulfurique s'empare de la chaux, forme du sulfate de calcium insoluble et met en liberté les trois acides gras. Au bout de trois heures d'agitation, on laisse reposer la masse, et on soutire les acides gras, qui surnagent ; on les coule en pains.

Mais l'acide oléique donne à la masse une trop grande fusibilité pour qu'on puisse l'employer directement au moulage des bougies. On sépare cet acide des deux autres en mettant les pains dans des sacs en toile, et en les comprimant fortement à l'aide de la presse hydraulique, à la température de 40°. L'acide oléique qui s'écoule sera utilisé pour la fabrication du savon.

349. Moulage des bougies. — Le moulage des bougies est simple. Les acides gras sont fondus, et additionnés d'un peu de *cire blanche*, ce qui rendra les bougies moins fragiles.

On coule alors dans des moules en fer légèrement chauffés par de la vapeur. Dans l'axe de chacun d'eux est tendue la mèche.

Les mèches des bougies sont en coton tressé. On les trempe, avant le moulage, dans une dissolution faible d'acide borique. Grâce au tressage, la mèche se recourbe dans la flamme à mesure que brûle la bougie, et elle va se consumer à l'air. Les cendres formées par les matières minérales du coton se combinent avec l'acide borique, et donnent des borates fusibles qui s'écoulent au fur et à mesure de leur production. La bougie n'a donc pas besoin d'être mouchée.

La valeur des bougies fabriquées chaque année en France atteint 50 millions de francs.

IV. — SAVONS

350. Composition des savons. — Les corps gras se dédoublent sous l'action des bases : la glycérine est éliminée, et il se forme des sels généralement insolubles nommés *savons*.

Les savons à base de soude et de potasse sont solubles dans l'eau. Ils produisent, par leur dissolution, un liquide qui mousse abondamment, et qui a la propriété d'enlever complètement les corps gras et autres impuretés souillant le corps et le linge.

Les savons à base de soude sont durs : ce sont les plus employés. Les savons à base de potasse sont mous, ils ont une moindre importance. Nous parlerons seulement des premiers.

351. Fabrication des savons. — Cette fabrication est assez complexe; les principes fondamentaux sont les suivants.

Les corps gras employés sont les mauvaises *huiles d'olives*, les *huiles d'œillette*, *d'arachide* (provenant d'une plante cultivée en Espagne et dans le midi de la France). On se sert aussi *du suif de bœuf* et de l'*acide oléique* que fournissent les fabriques de *bougies stéariques*.

La saponification s'obtient en faisant bouillir la matière grasse, dans de grandes chaudières, avec de la *soude caustique*. Cette soude caustique a été préalablement obtenue en traitant par la *chaux* une dissolution de *carbonate de sodium*.

Pendant la saponification, qui dure plusieurs heures, on agite constamment. Quand on la juge terminée on ajoute du sel marin. Les savons de soude, très peu solubles dans l'eau salée, se précipitent en grumeaux, qui viennent nager à la surface. Il n'y a plus qu'à ouvrir un robinet placé à la partie inférieure de la chaudière pour faire écouler la lessive et isoler le savon.

Le savon, encore chaud, est coulé dans des moules. Après le refroidissement on le divise en pains, puis on le porte dans des séchoirs.

352. Usages des savons. — Tous les savons, quels que soient leur mode de fabrication et la matière employée, ont les mêmes propriétés générales.

Ils sont assez solubles dans l'eau froide, très solubles dans l'eau bouillante. La dissolution du savon est employée pour le blanchissage des tissus et pour la toilette.

On fabrique en France, annuellement, des savons dont la valeur dépasse 200 millions de francs.

RÉSUMÉ

1. — La *glycérine* $C^3H^8O^3$ s'extrait des corps gras. Pour cela on traite les corps gras par une *base* puissante, capable de se combiner à l'acide gras, et de mettre la glycérine en liberté.

On peut, par exemple, chauffer de la graisse de porc avec de l'oxyde de plomb.

2. — C'est un liquide incolore, sirupeux, inodore, d'une saveur sucrée, soluble dans l'eau, bouillant à 285°, se solidifiant par refroidissement.

La glycérine est décomposable par la chaleur, combustible. C'est un *alcool*, capable de se combiner aux acides, pour donner des éthers-sels.

L'acide azotique donne naissance à un *composé de substitution* très explosif, la *nitro-glycérine* $C^3H^5 (AzO^2)^3 O^3$.

La *dynamite* est un mélange d'argile et de nitro-glycérine.

3. — La glycérine est employée en pharmacie, en médecine, en parfumerie, en teinture. On s'en sert pour adoucir les vins. On en fabrique la nitro-glycérine.

4. — Les *corps gras* (huiles, beurre, graisses) sont des mélanges de *stéarine*, de *margarine*, d'*oléine*...

Chacun de ces produits est un *éther-sel*, résultant de la combinaison d'un *acide gras* avec *la glycérine*, qui est un alcool.

Les corps gras sont peu colorés, presque sans odeur et sans saveur.

Ils sont doux au toucher, insolubles dans l'eau, solubles dans l'alcool, l'éther et la benzine. Ils sont très fusibles, décomposables par la chaleur, combustibles.

Leur oxydation lente au contact de l'air leur fait acquérir une mauvaise odeur et un mauvais goût : ils *rancissent*.

5. — Les *bougies* sont constituées par un mélange d'*acide stéarique* et d'*acide margarique*.

Pour isoler ces acides, on traite le *suif fondu* par de la *chaux* délayée dans de l'eau. Il se produit une *saponification*, avec mise en liberté de la glycérine et production d'un savon insoluble : *stéarate, margarate et oléate de calcium*. En traitant ces savons par l'acide sulfurique, on a du sulfate de calcium, et les acides gras sont mis en liberté.

On sépare l'acide oléique par compression, et on moule les deux autres acides autour d'une mèche.

6. — Les *savons* s'obtiennent en chauffant un corps gras avec de la soude caustique ou de la potasse caustique.

On a ainsi des savons solubles employés pour le blanchissage des tissus et pour la toilette.

XVII

SUCRES, AMIDON, CELLULOSE

358. Glucose $C^6H^{12}O^6$. — Le *glucose* est une matière sucrée très répandue dans les végétaux. Il constitue la matière pulvérulente blanche qu'on trouve à la surface des raisins secs, des pruneaux, des figues sèches et d'un grand nombre d'autres fruits.

Aussi le nomme-t-on souvent *sucre de fruits*.

On le prépare industriellement au moyen de la *fécule* $C^6H^{10}O^5$, qui a la propriété de se transformer en glucose sous l'influence de l'acide sulfurique

$$C^6H^{10}O^5 + H^2O = C^6H^{12}O^6,$$

Dans un grand cuvier en bois, on met de l'acide sulfurique très étendu d'eau. On chauffe le liquide par un jet de vapeur d'eau, et on y ajoute peu à peu la fécule. Au bout de trois quarts d'heure, la transformation est complète. On sature l'acide sulfurique, qui est resté non altéré, par de la craie qui donne du sulfate de calcium insoluble.

On filtre le sirop sur du noir animal, pour le décolorer, et on concentre à feu doux.

Le glucose se dépose par refroidissement en une masse granuleuse. On a ainsi un solide incolore, inodore, doué d'une saveur faiblement sucrée. Il est très soluble dans l'eau.

Ce sucre est décomposable par la chaleur, combustible.

Son affinité pour l'oxygène en fait un corps *réducteur*. Ainsi la dissolution d'*azotate d'argent*, additionnée d'un excès de potasse, est réduite par le glucose, à la température de l'ébullition; on obtient un précipité noir pulvérulent d'argent.

Sous l'influence du *ferment alcoolique*, le glucose est susceptible de *fermenter*, et de donner naissance à de l'alcool;

Le *glucose* est employé dans la préparation de la bière, du vin, du pain d'épice, des liqueurs alcooliques, des bonbons, des gâteaux. On le substitue, dans presque tous ces cas, au sucre ordinaire, qui serait bien préférable.

354. Saccharose $C^{12}H^{22}O^{11}$. — Le *saccharose* est notre *sucre ordinaire*. Il est contenu dans un grand nombre de végétaux : *maïs*, *carotte*, *betterave*, sève du *tilleul*, du *bouleau*, de la *vigne*, de la *canne à sucre*, du *sorgho*, de l'*érable à sucre*.

Il serait possible de l'extraire de chacune de ces plantes.

En réalité on le retire, selon les pays, de certains *palmiers*, de l'*érable*, du *sorgho*, de la *citrouille*, et surtout de la *canne à sucre* et de la *betterave*.

Nous nous contenterons d'indiquer comment on extrait le sucre de la betterave, qui en renferme à peu près 15 p. 100 de son poids.

La betterave, bien lavée, est coupée, à l'aide du *coupe-racines*, en minces lamelles nommées *cossettes*.

On laisse séjourner ces cossettes pendant plusieurs heures dans de l'eau très lentement courante, qui dissout la totalité du sucre : cette opération porte le nom de *diffusion*.

Les *cossettes épuisées* constituent un excellent aliment pour le bétail.

Le jus sucré ainsi obtenu est très altérable. Si on l'abandonnait à lui-même, la fermentation, facilitée par la présence de nombreuses impuretés, ne tarderait pas à se déclarer. La *carbonatation* a pour but de le purifier.

Dans le jus, chauffé à la vapeur, on ajoute de la *chaux*, et on fait passer un courant de *gaz carbonique*. La chaux a la propriété de se combiner aux diverses impuretés du jus, pour former des composés insolubles, tandis que le gaz carbonique se combine à l'excès de chaux que l'on avait mis, pour donner du carbonate de calcium, également insoluble.

On laisse reposer, et on *décante* ; toutes les matières insolubles restent au fond. Pour achever la purification, on fait passer le jus à travers des *filtres* en toile, et on le rend complètement incolore par un courant de *gaz sulfureux*, dont nous connaissons les propriétés décolorantes.

Au sortir du filtre, le jus est soumis à la *concentration*, ou *cuite*, qui a pour but d'enlever la plus grande partie de l'eau.

Cette concentration s'opère rapidement, à une température inférieure à 100°, au moyen de chaudières dans lesquelles on fait un vide partiel.

Quand la concentration est suffisante, on fait écouler le jus dans un réservoir où il est abandonné au refroidissement. Le sucre se dépose sous forme de petits *cristaux* très légèrement colorés en jaune, qu'on sépare de l'excès de liquide par l'action d'une *turbine*.

Les cristaux, rapidement lavés à l'eau, constituent le *sucre de premier jet*.

Le jus qui est sorti de la turbine est soumis à une seconde et à une troisième cuite, et donne les *sucres de second* et de *troisième jet*.

Le résidu final, nommé *mélasse*, est encore fortement sucré. On emploie la mélasse à divers usages ; le plus souvent on l'abandonne à la fermentation et on en retire de l'*alcool*.

Le *sucre brut*, même celui de premier jet, qui est presque pur, est ordinairement *raffiné* avant d'être livré à la consommation.

On redissout le sucre dans l'eau chaude : on le décolore complètement en y ajoutant un peu de *noir animal*, puis on le filtre et on le concentre dans le vide partiel.

Il est alors abandonné à la cristallisation dans des moules de forme conique qui donnent le *sucre en pains*.

355. Propriétés du saccharose. — Le sucre ordinaire est un solide blanc, inodore, doué d'une saveur fortement sucrée. Il est très soluble dans l'eau, surtout à température élevée.

Dans l'eau chaude il constitue un sirop épais qui, par évaporation et refroidissement, peut donner de gros cristaux qui constituent le *sucre candi*.

Il est insoluble dans l'alcool. Il fond à 160°, sans se décomposer, et donne alors, par refroidissement, une masse transparente qui, convenablement aromatisée, constitue le *sucre d'orge*.

Le sucre est, comme toutes les matières organiques, aisément décomposé par la chaleur. Il se forme d'abord du *caramel*, puis des *composés volatils*, qui se dégagent, et il reste du *charbon*.

Chauffé au contact de l'air, il brûle sans laisser aucun résidu.

Un grand nombre de corps peuvent déterminer la décomposition du sucre. Ainsi l'acide sulfurique concentré lui enlève les éléments de l'eau et donne, très rapidement, une masse charbonneuse puante.

L'eau sucrée, additionnée d'un peu d'acide sulfurique, et maintenue pendant quelques minutes à l'ébullition, éprouve une modification rapide. Le sucre ordinaire se transforme en un mélange de *glucose* et d'un autre sucre analogue nommé *lévulose*. Ce mélange porte le nom de *sucre interverti*.

On reconnaît que l'interversion s'est produite à la diminution du goût sucré et à ce que la dissolution brunit quand on le fait bouillir après y avoir ajouté un peu de potasse. Elle n'aurait pas bruni avec du sucre non interverti.

356. Consommation et production. — Les usages du sucre sont nombreux et importants : les pharmaciens, les confiseurs, les distillateurs en utilisent d'énormes quantités.

Mais il est surtout employé à la consommation directe. C'est d'ailleurs un *excellent aliment*, dont on ne fait pas assez largement usage en France.

La production totale annuelle atteint actuellement à peu près 10 milliards de kilogrammes, dont beaucoup plus de la moitié en sucre de betterave. La France produit un milliard de kilogrammes de sucre de betterave par an.

II. — AMIDON ET FÉCULE
$$C^6H^{10}O^5 = 162$$

357. Matière amylacée. — On nomme *matière amylacée* un hydrate de carbone de formule $C^6 H^{10} O^5$, qui constitue une partie de la masse des tissus végétaux.

On trouve la matière amylacée dans les *racines* (*carotte, guimauve...*), dans les *tubercules* (*pomme de terre, patate...*), dans les *bulbes* (*lis, tulipe...*), dans les *fruits* (*châtaigne, gland...*), dans les *graines* (*blé, avoine, maïs, riz...*), dans les *feuilles* de tous les végétaux.

On désigne plus spécialement sous le nom d'*amidon* la matière amylacée qu'on retire de la graine des céréales (blé, orge, riz...), et sous le nom de *fécule* celle qu'on retire d'un certain nombre de racines et de tubercules (pomme de terre).

358. Propriétés physiques de la matière amylacée. — La matière amylacée n'est pas caractérisée seulement par sa constitution chimique, mais aussi par son aspect, par sa *forme*, qui est toute particulière.

Isolée à l'état de pureté, elle constitue une poudre blanche composée de *granules microscopiques* d'apparence organisée, dont la forme et les dimensions varient suivant l'origine de la matière amylacée. Ces granules sont formés de couches concentriques emboîtées les unes dans les autres.

La matière amylacée est insoluble dans l'eau. Au contact de l'eau chaude, elle se gonfle énormément, sans se dissoudre, et forme une masse gélatineuse, translucide, appelée *empois*.

859. Propriétés chimiques de la matière amylacée. —
La *matière amylacée* est décomposable par la chaleur, combustible.

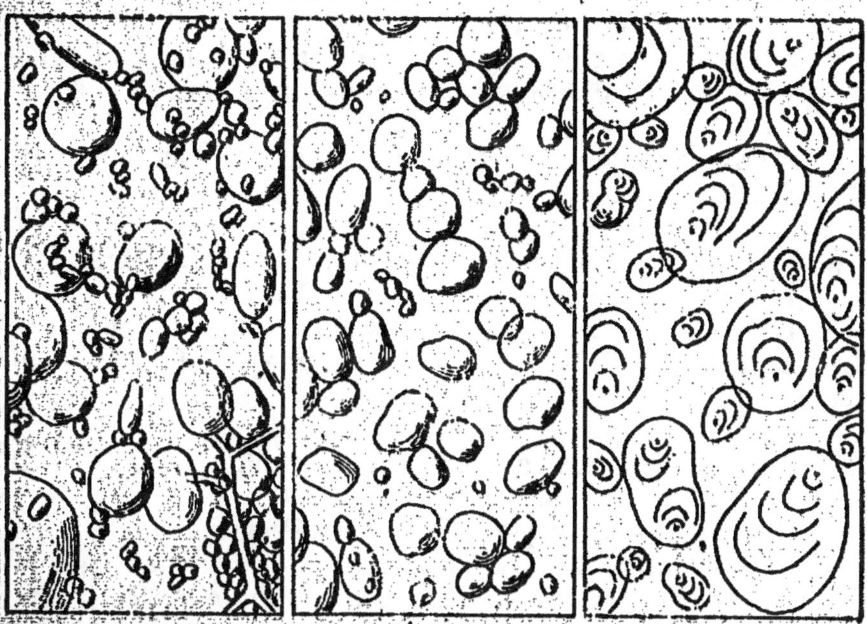

AMIDON DU BLÉ. —
Grossi 240 fois en
diamètre (diamè-
tre réel 0^{mm},05).

AMIDON DU MAÏS. —
Grossi 240 fois en
diamètre (diamè-
tre réel 0^{mm},03).

FÉCULE DE POMME DE
DE TERRE. — Grossi
240 fois en diamè-
tre (diamètre réel
0^{mm},16).

L'*acide sulfurique* étendu, agissant à la température d'ébullition, donne naissance au *glucose*.

La *matière amylacée* a la propriété caractéristique de prendre, à froid, une coloration d'un *bleu foncé*, sous l'action d'une très petite quantité d'iode en dissolution dans l'eau.

860. Amidon. — On nomme *amidon* la matière amylacée tirée du *blé*, du *riz*, du *maïs*...

Voici comment on peut l'obtenir isolé.

Dans la *farine* du blé, l'amidon se trouve en grande quantité, associé à diverses autres substances : *albumine, gluten, sucre*.

On pétrit cette farine avec une petite quantité d'eau, de façon à la réduire en une pâte ferme, qu'on malaxe sous un filet d'eau. Le *gluten* reste seul entre les doigts, en une masse molle et élastique, tandis que l'eau entraîne l'*amidon*, l'*albumine* et le *sucre*.

Cette eau, abandonnée au repos, laisse déposer l'amidon. On décante et on fait sécher.

361. Fécule. — Voyons comment on retire la *fécule* de la *pomme de terre*.

Ce tubercule contient 20 p. 100 de son poids de *fécule*, avec beaucoup d'*eau*, et un peu d'*albumine*, de *matières grasses*, de *sucre* et de *cellulose*, constituant la peau.

On râpe la pomme de terre dans un courant d'eau. Le liquide entraîne la fécule qui se dépose. Puis on décante et on fait sécher.

Le résidu solide de l'opération constitue une bonne nourriture pour les bestiaux.

362. Usages. — Les usages de l'amidon et de la fécule sont nombreux et importants.

On fait souvent intervenir ces substances dans l'alimentation (ainsi le *tapioca* est la fécule extrait d'une plante des tropiques).

L'*empois* d'amidon sert à empeser le linge; on l'emploie aussi pour épaissir les couleurs dans certaines opérations de teinture.

La fécule sert à la préparation de la *colle de pâte ;* elle intervient dans la fabrication du *papier*. On en consomme surtout de grandes quantités dans la fabrication du *glucose*, et d'un autre produit appelé *dextrine*.

III. — CELLULOSE

$$C^{24}H^{40}O^{20} = 648$$

363. État naturel. — La *cellulose* est la substance la plus répandue dans les végétaux; c'est elle qui constitue les parois des cellules et des vaisseaux de toutes les plantes. Le bois est formé par de la cellulose, à laquelle sont venues s'ajouter des matières azotées et des matières minérales.

Il est inutile de préparer spécialement la cellulose car la *moelle de sureau*, le *coton*, le *vieux linge de chanvre ou de lin*, le *papier à cigarettes*, toutes les fibres végétales qui ont subi de nombreux lessivages, sont constitués par de la cellulose à peu près pure.

364. Propriétés. — La *cellulose* pure est solide, blanche, translucide, insoluble dans l'eau, l'alcool, l'éther.

Elle est décomposée par la chaleur. Il se produit un grand nombre de *carbures d'hydrogène* gazeux et liquides, de l'*acide acétique*, de l'*esprit de bois*, et un abondant résidu de *charbon*.

La cellulose est *combustible*. Les corps oxydants l'attaquent ; l'*acide azotique* ordinaire la transforme en acide oxalique.

L'*acide sulfurique* la transforme d'abord en *dextrine*, puis en *glucose*, qui pourrait être employé à la fabrication de l'alcool.

Si on trempe du *papier de chiffons* dans de l'acide sulfurique, il prend de suite, avant de se transformer en *dextrine*, une sorte de translucidité et une forte cohésion, qui persistent si on le lave rapidement à grande eau. On a ainsi le *papier parchemin*, ou *parchemin végétal*, employé à un certain nombre d'usages.

385. Nitrocellulose. — L'action la plus importante est celle de l'*acide azotique fumant*.

Cette action est analogue à celle exercée sur la *glycérine*.

L'*acide azotique*, qui est un composé *oxydant*, enlève à la cellulose un certain nombre d'atomes d'hydrogène, pour les oxyder, et, à chaque atome d'hydrogène enlevé, se *substitue* une molécule du composé AzO^2. On a alors de la *cellulose nitrée*, ou *nitrocellulose*.

Le nombre d'atomes d'hydrogène auxquels est venu se substituer du peroxyde d'azote AzO^2 varie suivant qu'on opère de telle ou telle manière.

On obtient, par exemple, le composé $C^{24}H^{30}(AzO^2)^{10}O^{20}$, ou *cellulose décanitrique*, quand on plonge de l'*ouate* dans un mélange froid d'*acide azotique fumant* et d'*acide sulfurique concentré*, fait à volumes égaux. Après dix minutes d'immersion, on lave à grande eau, à plusieurs reprises, puis on fait sécher.

Cette cellulose décanitrique, ordinairement appelée *fulmicoton*, a le même aspect que l'ouate primitive. Quand on l'enflamme, elle brûle avec une extrême rapidité, en produisant de l'anhydride carbonique, de l'oxyde de carbone, de l'azote et de la vapeur d'eau, *sans le concours de l'oxygène de l'air*.

$$C^{24}H^{30}(AzO^2)^{10}O^{20} = 10\,Az + 15\,H^2O + 23\,CO + CO^2.$$

L'énorme volume de gaz qui prend ainsi naissance donne au *coton-poudre* une grande force de projection.

La *poudre sans fumée* est principalement formée de cellulose décanitrique ayant la constitution, sinon l'aspect, du coton-poudre.

Le *collodion*, employé parfois en pharmacie, est une dissolution, dans un mélange d'alcool et d'éther, d'une nitrocellulose analogue au coton-poudre.

Le *celluloïde* dont les usages sont aujourd'hui très nombreux, est un mélange intime de *nitrocellulose* et de *camphre*.

Parmi des objets fabriqués en celluloïde, on peut citer : billes de billard, ronds de serviette, peignes, bijoux de fantaisie, porte-cigares, appareils chirurgicaux...

On ne doit jamais oublier, sous peine de s'exposer à de graves accidents, que le celluloïde est un corps très *combustible*.

RÉSUMÉ

1. — Le *glucose* ou *sucre de fruits* $C^6H^{12}O^6$ se rencontre dans un très grand nombre de fruits (raisins, prunes, figues...).

On le prépare en faisant bouillir de l'acide sulfurique très étendu d'eau, dans lequel on ajoute peu à peu de la *fécule*.

C'est un solide, soluble dans l'eau, de saveur peu sucrée. Il est décomposable par la chaleur, combustible, très réducteur.

Il se substitue, pour une foule d'usages, au *sucre ordinaire*, qui est un aliment bien supérieur.

2. — Le *saccharose* ou *sucre ordinaire* $C^{12}H^{22}O^{11}$ se retire principalement de la betterave et de la canne à sucre.

On épuise les *cossettes* par *diffusion*, on traite le jus par la chaux, puis l'anhydride carbonique, pour le purifier ; puis on le concentre par ébullition à l'abri de l'air, dans un vide partiel, et on fait cristalliser. Enfin on *raffine* par une seconde cristallisation.

3. — Le *sucre ordinaire* est un solide blanc, inodore, de saveur fortement sucrée ; il est très soluble dans l'eau, insoluble dans l'alcool. Il est décomposable par la chaleur, combustible. L'ébullition avec l'acide sulfurique très étendu le transforme en *sucre interverti*, qui est un mélange de *glucose* et de *lévulose*.

La consommation du sucre, pour ses divers usages, est énorme.

4. — La *matière amylacée* constitue une partie importante de la masse des tissus végétaux. On la trouve dans les *racines* (corolle), les *tubercules* (pomme de terre), les *bulbes* (iris), les *fruits* (châtaignes), les *graines* (blé), les *feuilles*.

C'est une matière *organisée*, formée de granules microscopiques arrondies.

5. — La matière amylacée est décomposable par la chaleur, combustible, transformable en glucose, par l'acide sulfurique étendu, à l'ébullition.

Elle prend une coloration bleue sous l'action de l'*iode*.

L'*amidon* est la matière amylacée extraite des graines des céréales. La *fécule* est la matière amylacée extraite des racines, des tubercules... On l'extrait pratiquement de la pomme de terre.

6. — L'*amidon* sert à empeser le linge ; on l'emploie en teinture.

La *fécule* sert dans l'alimentation ; on en prépare la colle de pâte, on la transforme en glucose.

7. — La *cellulose*, $C^{24}H^{20}O^{20}$, constitue les parois des cellules et des vaisseaux de toutes les plantes. La *mbelle de sureau*, le *coton*, le *vieux linge de chanvre ou de lin*, le *papier à cigarettes*, sont constitués par de la cellulose à peu près pure.

C'est un solide blanc, insoluble dans l'eau, l'alcool et l'éther. Décomposable par la chaleur, combustible, très réducteur. Attaquée par l'acide azotique, la cellulose donne un composé de substitution, la *nitro-cellulose* $C^{24}H^{10}(AzO^4)^{10}O^{20}$, qui est très explosif, et a une grande force de projection.

La *poudre sans fumée*, le *collodion*, le *celluloïde* ont la nitro-cellulose pour matière première essentielle.

XVIII

ACIDE ACÉTIQUE, ACIDE OXALIQUE

366. Généralités sur les acides organiques. — Les acides organiques sont des corps qui s'unissent aux bases pour former des sels. Ils renferment généralement dans leur composition du carbone, de l'hydrogène et de l'oxygène.

Les propriétés chimiques caractéristiques des acides organiques sont les mêmes que celles des acides minéraux. Lorsqu'ils sont en dissolution, ils se combinent avec les bases dissoutes pour former les sels ; ils attaquent les métaux avec dégagement d'hydrogène.

Les sels à acides organiques ont les mêmes propriétés générales que les sels à acides minéraux.

Les acides organiques sont fort nombreux.

I. — ACIDE ACÉTIQUE

$$C^2H^4O^2 = 60.$$

367. Extraction par distillation du bois. — Quand on chauffe le bois en vase clos dans le but d'obtenir le charbon de bois, il se décompose. Il laisse échapper des substances nombreuses (*oxyde de carbone, anhydride carbonique, carbures d'hydrogène gazeux, acide acétique, alcool méthylique, goudron…*). Dirigés dans un serpentin refroidi, ces *produits pyrogénés* se condensent partiellement de façon à donner un *goudron* épais et un *liquide* plus léger, qui surnage au-dessus du goudron.

En soumettant ce liquide à une distillation fractionnée, on en retire un mélange d'*acide acétique* et d'*alcool méthylique*. On ajoute de la chaux au mélange, ce qui transforme l'*acide acétique* en *acétate de calcium*, non volatil, et on distille de nouveau. On a ainsi l'*alcool méthylique*, ou *esprit de bois* CH^4O.

La distillation terminée, il reste une dissolution d'*acétate de calcium*. Cette dissolution est additionnée de *sulfate de sodium*, ce qui donne du *sulfate de calcium* insoluble, qu'on sépare par décantation, et une dissolution d'*acétate de sodium*, qu'on fait cristalliser par l'évaporation et le refroidissement.

Les cristaux d'*acétate de sodium* ainsi obtenus sont traités par

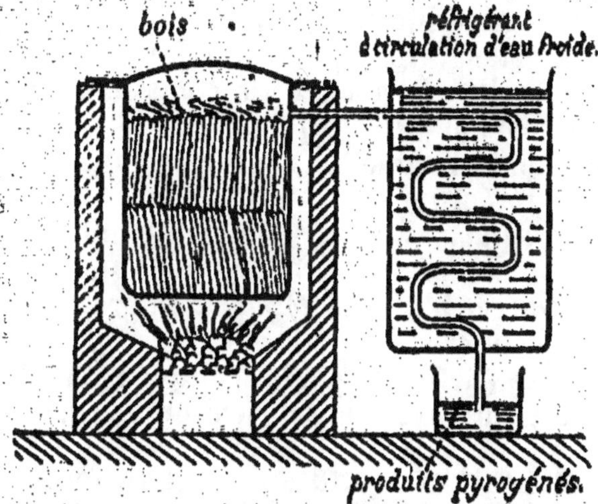

PRÉPARATION DU CHARBON DE BOIS PAR CALCINATION EN VASE CLOS. — Le bois, chauffé en vase clos, dégage divers composés volatils, et il reste du charbon de bois dans la cornue.

l'*acide sulfurique*, et chauffés dans un alambic à distillation. Il reste dans la chaudière du *sulfate de sodium*, et l'*acide acétique* distille.

368. Propriétés physiques. — L'*acide acétique* pur est un liquide incolore, très limpide, d'une saveur fortement acide, d'une odeur agréable, mais suffocante.

Il est très corrosif.

Il se solidifie à la température de + 17°, en une masse cristalline ; à la température ordinaire, il est donc plus souvent solide que liquide.

Dès qu'il renferme un peu d'eau, il ne se solidifie plus aussi facilement.

Il bout à 120°.

369. Propriétés chimiques. — L'*acide acétique* est décomposable par la chaleur ; il se forme surtout du méthane et de l'anhydride carbonique,

$$C^2H^4O^2 = CH^4 + CO^2.$$

C'est un acide énergique; il attaque un grand nombre de métaux pour former des acétates. Les acétates prennent encore très aisément naissance quand on fait agir l'acide acétique sur les bases.

Dans ces combinaisons, *un seul atome* d'hydrogène peut être remplacé par un atome d'un métal monovalent. L'acide acétique est donc un *acide monobasique*, comme l'acide chlorhydrique et l'acide azotique.

Par suite, il est naturel d'écrire la formule de l'acide acétique $C^2H^3O^2H$; celle de l'acétate de potassium $C^2H^3O^2K$; celle de l'acétate de calcium $[C^2H^3O^2]^2Ca$.

Les acétates sont presque tous solubles dans l'eau. Plusieurs ont des usages importants.

L'*acétate de sodium* est employé comme antiseptique; l'*acétate d'aluminium* sert en teinture, de même que l'*acétate de fer*, et l'*acétate de cuivre*. L'*acétate de plomb* intervient dans la préparation de la *céruse*.

La plus grande partie de l'acide acétique retiré de la distillation du bois est employé à la fabrication des *acétates*.

870. Fermentation acétique. — Il se forme encore de l'*acide acétique* dans l'oxydation de l'*alcool éthylique* à l'air, sous l'influence d'un ferment que nous nommerons le *ferment acétique*,

$$C^2H^6O + 2\,O = C^2H^4O^2 + H^2O.$$

Ce *ferment acétique* est constitué par de nombreuses cellules, très petites, arrondies, placées à la suite les unes des autres, formant ainsi des sortes de chapelets. Le rôle de ce ferment est de fixer, en se développant, l'oxygène de l'air sur l'alcool, de façon à le transformer en acide acétique.

FERMENT ACÉTIQUE (Très grossi).

Lorsque du vin, ou un liquide alcoolique quelconque, contenant des matières azotées et des phosphates, est abandonné au contact de l'air, il ne tarde pas à se recouvrir de pellicules blanches résultant du développement du ferment acétique. La fermentation commence.

871. Vinaigre. — On peut donc obtenir de l'acide acétique par fermentation de l'alcool.

L'acide acétique provenant de cette origine est toujours forlement étendu d'eau. Il renferme en outre les matières qui étaient contenues dans la liqueur alcoolique soumise à la fermentation.

Cet acide acétique étendu est le *vinaigre*, dont nous faisons une grande consommation dans notre alimentation, comme condiment.

Le meilleur des vinaigres est le vinaigre de vin. Mais on consomme aussi des vinaigres de bière, de cidre, d'eau-de-vie, et même des vinaigres contenant de l'acide acétique provenant de la distillation du bois.

Nous indiquerons seulement la préparation du vinaigre de vin.

372. Préparation du vinaigre de vin. — Plusieurs procédés sont employés pour déterminer l'*acétification du vin*.

Le *procédé d'Orléans* donne le vinaigre le plus estimé.

Dans un cellier où l'on maintient, au moyen de poêles, une température de 25 à 30°, sont rangés un certain nombre de tonneaux placés debout. On prend de préférence ceux qui ont déjà servi, parce qu'ils sont imprégnés de ferments. Ils sont percés de deux trous à leur fond supérieur; l'un, que l'on appelle *œil*, sert à introduire le vin; l'autre, plus petit, le *fausset*, laisse entrer l'air.

Chaque tonneau est rempli au tiers de vinaigre. Dans chacun on ajoute 10 litres de vin tous les huit jours, puis, tous les mois, on retire 40 litres de vinaigre. L'opération est donc continue.

Pendant toute la durée de cette fermentation, le liquide contenu dans le tonneau est recouvert d'un voile mucilagineux nommé *mère du vinaigre*, qui est constitué par un amoncellement de ferments en activité; la fermentation acétique est, en effet, essentiellement superficielle.

Au début l'acétification est parfois lente à s'établir, faute d'une quantité suffisante de ferments apportés par l'air ou contenus dans le vinaigre qui a été versé dans le tonneau. On ajoute alors un peu de *mère du vinaigre* emprunté à un tonneau en pleine fermentation.

Un autre procédé, dit *procédé allemand*, est plus rapide, mais donne du vinaigre de goût moins fin.

II. — ACIDE OXALIQUE

$C^2H^2O^4 = 90$.

373. État naturel. — Sous forme de sels, neutres ou acides, l'acide oxalique est très répandu dans les végétaux. L'*oxalate* acide de potassium, ordinairement appelé *sel d'oseille*, se rencontre dans les feuilles et les tiges de la grande oseille ainsi que dans les champignons.

L'*oxalate de sodium* se trouve dans un grand nombre de plantes, et particulièrement dans les plantes marines.

Certains *lichens* renferment plus de la moitié de leur poids d'*oxalate de calcium*.

874. Extraction. — On peut extraire l'acide oxalique de l'oseille. On pile l'oseille dans un mortier, on extrait le jus par l'action de la presse, on décolore par de l'*argile*, on filtre, on concentre par évaporation, et on obtient, par refroidissement, de l'*oxalate acide de potassium* cristallisé. Il convient de le purifier par plusieurs cristallisations successives.

Pour retirer l'acide oxalique de cet oxalate, on le met en dissolution dans l'eau, et on précipite par une dissolution de sous-acétate de plomb. L'*oxalate de plomb* obtenu est mis en suspension dans l'eau, et décomposé par un courant d'*acide sulfhydrique*, qui donne un précipité noir de sulfure de plomb. Après filtration on a une dissolution d'acide oxalique, qu'on concentre par la chaleur, et qu'on fait cristalliser.

875. Fabrication industrielle. — Dans l'industrie, on obtient l'*acide oxalique* en prenant pour matière première la *mélasse*, l'*amidon* ou la *sciure de bois*.

On additionne la *mélasse* l'*acide azotique*, et on fait bouillir jusqu'à ce qu'il ne se dégage plus de vapeurs nitreuses. Le sucre a été transformé en acide oxalique par l'oxygène de l'acide azotique,

$$C^6H^{12}O^6 + 9O = 3C^2H^2O^4 + 3H^2O.$$

Avec l'amidon, le procédé est le même en théorie.

Quand on part de la sciure de bois, on chauffe celle-ci dans une dissolution très concentrée de soude caustique. Il se produit de l'oxalate de sodium en dissolution. En ajoutant un *lait de chaux*, on obtient un précipité d'oxalate de calcium. Ce précipité, après décantation, est traité par l'acide sulfurique, qui donne du sulfate de calcium à peu près insoluble, et une dissolution d'acide oxalique. On concentre par évaporation, et on fait cristalliser.

On purifie par plusieurs cristallisations successives.

876. Propriétés. — L'acide oxalique est un solide qui se présente sous forme de cristaux incolores, translucides, d'une saveur aigre et piquante, répondant à la formule $C^2H^2O^4 + 2H^2O$, solubles dans l'eau et dans l'alcool. Ils sont efflorescents.

La chaleur produit d'abord la fusion aqueuse, puis le départ de l'eau de cristallisation ; à 150°, l'acide se sublime en se décomposant partiellement.

A une température un peu plus élevée, il y a décomposition complète, avec production d'oxyde de carbone, d'anhydride carbonique, d'acide formique. Quand on chauffe l'acide oxalique avec l'acide sulfurique, la décomposition est plus régulière, elle a lieu à une température moins élevée, et il ne se produit pas d'acide formique.

$$C^2H^2O^4 = CO^2 + CO + H^2O$$

L'acide oxalique a une grande tendance à se transformer en anhydride carbonique ; aussi est-ce un réducteur énergique. Sa dissolution est oxydée rapidement par l'*oxygène naissant*, l'*ozone*, l'*acide azotique*, le *chlore*, le *permanganate de potassium*... Lorsqu'on triture l'acide oxalique sec avec cinq fois son poids de bioxyde de plomb, la masse devient incandescente.

A l'ébullition, les sels d'or et de platine sont réduits, et donnent un précipité métallique.

Sous l'influence de la lumière, le *chlorure de mercure* est réduit, l'*indigo* est décoloré.

Inversement, les corps réducteurs peuvent réduire plus ou moins complètement l'acide oxalique.

L'acide oxalique est un poison énergique à la dose de quelques décigrammes.

Quelques *oxalates* ont une certaine importance. Le principal est l'*oxalate acide de potassium* C^2KHO^4 ou *sel d'oseille*. Il se rencontre dans le suc de l'oseille. On le prépare artificiellement en traitant l'acide oxalique par le carbonate de potassium.

377. Usages de l'acide oxalique et des oxalates. — La teinture utilise l'acide oxalique comme mordant ou rongeant, et aussi pour aviver les couleurs.

L'*eau de cuivre*, employée en économie domestique pour nettoyer les ustensiles de cuivre, est une dissolution d'acide oxalique dans l'eau.

L'*oxalate acide de potassium* est utilisé en teinture aux mêmes usages que l'acide oxalique. Il est employé aussi pour enlever les taches d'encre sur les tissus ; son emploi exige quelques précautions, car un excès d'oxalate produit sur le tissu une tache rouge.

L'*oxalate neutre de potassium* est utilisé en photographie.

RÉSUMÉ

1. — Les *acides organiques* sont des corps qui s'unissent aux bases pour former des sels. Ils sont, pour leurs propriétés générales, tout à fait analogues aux acides minéraux.

2. — L'*acide acétique* $C^2H^4O^2$ prend naissance dans la décomposition du bois par la chaleur, en vase clos. Les *produits pyrogénés*, condensés dans un serpentin refroidi, fournissent du *goudron*, et un liquide acide, qui est un mélange d'*esprit de bois* et d'acide acétique. On traite ce liquide par la chaux, et on sépare l'esprit de bois par distillation. On transforme l'acétate de calcium en acétate de sodium, qu'on traite par l'acide sulfurique, et on distille de nouveau.

3. — L'acide acétique est un liquide incolore, d'une odeur suffocante, très corrosif, facilement solidifiable, volatil.

Il est aisément décomposable par la chaleur.

C'est un acide monobasique. Il attaque un grand nombre de métaux pour donner des *acétates*, dont plusieurs ont des usages importants.

4. — L'*acide acétique* prend naissance dans l'oxydation incomplète de l'alcool, au contact de l'air, sous l'influence du *ferment acétique*.

C'est sur cette oxydation partielle de l'alcool qu'est basée la préparation du *vinaigre de vin*.

5. — L'*acide oxalique* $C^2H^2O^4$, se rencontre, à l'état d'*oxalate acide de potassium* (sel d'oseille) dans les feuilles et les tiges de la grande oseille, dans les champignons. Dans d'autres plantes on rencontre l'oxalate de sodium, l'oxalate de calcium.

Il est aisé d'extraire l'oxalate acide de potassium des feuilles d'oseille, et de retirer ensuite l'acide oxalique de cet oxalate.

6. — Dans l'industrie, on prépare l'acide oxalique en oxydant la *mélasse* ou l'*amidon* par l'action de l'*acide azotique chaud*,

$$C^6H^{12}O^6 + 6\,O = 3\,C^2H^2O^4 + 3\,H^2O.$$

On peut aussi traiter la *sciure de bois* par la *soude caustique*, qui produit de l'*oxalate de sodium*. L'action de la *chaux*, puis de l'*acide sulfurique*, transforme cet oxalate en oxalate de calcium, puis en acide oxalique, qu'on fait cristalliser.

7. — L'acide oxalique est un solide incolore, cristallisé, efflorescent, soluble dans l'eau et dans l'alcool.

On peut le sublimer par l'action d'une chaleur modérée ; une température plus élevée le décompose. Cette décomposition est grandement facilitée par la présence de l'acide sulfurique ; on obtient alors un mélange de vapeur d'eau, d'anhydride carbonique et d'oxyde de carbone.

C'est un *réducteur énergique*. Il réduit aisément l'acide azotique, le *permanganate de potassium*, le *bioxyde de plomb*, les *sels d'or*, de *platine*, le *chlorure de mercure*, l'*indigo*.

Il est réduit par les corps réducteurs.

L'acide oxalique est très toxique.

8. — L'acide oxalique est employé en teinture. *L'eau de cuivre* des ménagères est une dissolution d'acide oxalique.

L'oxalate de potassium est employé en teinture. Sous le nom de : sel d'oseille, on s'en sert pour enlever les taches d'encre sur les tissus.

NOTIONS SUR LES ALCALIS ORGANIQUES

378. Alcalis organiques. — Les *alcalis volatils* sont des *composés azotés*, tantôt *ternaires* (carbone, hydrogène, azote), tantôt *quaternaires* (carbone, hydrogène, oxygène, azote). Ils ont pour propriété caractéristique de se comporter comme de véritables bases à l'égard des acides organiques ou minéraux.

Dans leur union avec les acides, ils donnent naissance à des *sels*, différant totalement des *éthers* qui résultent de l'action des acides sur les alcools.

Parmi les alcalis organiques, les uns se rencontrent tout formés dans les végétaux (*morphine, quinine, strychnine, nicotine,...*); les autres, comme l'*aniline*, sont des produits de décomposition des matières organiques naturelles.

I. — Aniline

$$C^6H^7Az = 03.$$

379. Fabrication. — L'*aniline* se forme chaque fois qu'on décompose par la chaleur des matières organiques azotées. On la trouve, en particulier, dans le *goudron de houille*; mais en assez faible quantité pour que son extraction ne soit pas avantageuse.

Industriellement on obtient l'aniline en faisant agir sur la *nitrobenzine* $C^6H^5(AzO^2)$ de l'*hydrogène naissant*. L'expérience montre que l'hydrogène *naissant*, c'est-à-dire pris au sein même de la réaction qui le met en liberté, a des propriétés réductrices plus puissantes qu'à l'état ordinaire. Il produit dans ces circonstances une réduction complète de la nitrobenzine, et sa transformation en aniline,

$$C^6H^5(AzO^2) + 6H = C^6H^7Az + 2H^2O.$$

L'hydrogène naissant est produit par l'action de l'*acide acétique* sur le *zinc*.

Dans une chaudière en fonte, renfermant du zinc et de l'acide acétique, on fait arriver doucement la nitrobenzine en un mince filet, en brassant constamment la masse. Il se produit une vive réaction avec élévation de la température.

Au bout de deux heures on abandonne l'appareil au refroidissement.

On a alors une masse épaisse, d'où l'on retire l'aniline par distillation.

380. Propriétés physiques. — L'aniline est un liquide incolore, huileux, qui bout à 182°. Son odeur est forte et désagréable, sa saveur âcre et brûlante.

C'est un poison violent.

381. Propriétés chimiques. — L'aniline est décomposable par la chaleur. Elle brûle avec une flamme blanche et fuligineuse, en produisant de l'anhydride carbonique, de l'eau et de l'azote. A la température ordinaire, elle absorbe peu à peu l'oxygène de l'air, se colore en jaune, puis en brun, et se transforme finalement en une sorte de résine.

Elle se comporte comme un *alcali*. Elle se combine facilement avec tous les acides pour donner de véritables *sels* cristallisables. Elle précipite de leurs dissolutions salines l'oxyde de zinc, l'oxyde de fer et l'alumine.

Certains sels métalliques, certains agents réducteurs, et un grand nombre de substances oxydantes déterminent, par leur réaction sur l'aniline, la formation de matières colorantes d'une grande beauté.

Ainsi une dissolution d'*hypochlorite de calcium* colore l'aniline en bleu violacé. Cette couleur passe rapidement au rouge sale, surtout en présence des acides.

382. Usages. — L'*aniline* est la matière première d'une industrie extrêmement importante. Avec l'aniline on fabrique une foule de couleurs, dites couleurs artificielles, qui luttent avantageusement, par leurs nuances si variées et si éclatantes, avec les plus belles couleurs végétales.

On fabrique annuellement en Europe plusieurs centaines de millions de kilogrammes d'aniline.

II. — ALCALOÏDES VÉGÉTAUX

383. Propriétés générales des alcaloïdes végétaux. — On rencontre, dans un grand nombre de plantes, des composés azotés qui jouissent des mêmes propriétés générales que l'*aniline*. On leur donne le nom d'*alcalis*, ou plus ordinairement d'*alcaloïdes végétaux*.

Vis-à-vis des acides, ils se comportent comme l'ammoniaque, formant des sels cristallisables parfaitement déterminés. Les *sulfates*, *azotates*, *acétates*, *chlorures* de calcium sont solubles; les *oxalates*, *tartrates*, *tannates* sont insolubles.

Les alcaloïdes végétaux sont quelquefois liquides et volatils, comme la *nicotine*; alors ils sont odorants. Plus souvent ils sont solides, fixes et inodores, comme la *morphine*, la *quinine*, la *strychnine*. Ceux qui sont liquides ne renferment pas d'oxygène, ceux qui sont solides contiennent tous de l'oxygène, en outre du carbone, de l'hydrogène et de l'azote.

Tous ont une saveur âcre et amère. Ils sont inaltérables à l'air, insolubles dans l'eau, solubles dans l'alcool, la benzine, la glycérine, les essences. Le *chlore*, le *brome*, l'*iode*, les *acides concentrés* les attaquent et les détruisent.

Ils sont décomposables par la chaleur; il se forme toujours de l'ammoniaque dans cette décomposition.

384. État naturel des alcaloïdes végétaux. — On connaît actuellement plus de cent alcalis végétaux. Tous se retirent de plantes vénéneuses; ils ne sont pas à l'état libre dans les organes de ces végétaux, mais à l'état de sels provenant de leur combinaison avec divers acides organiques et minéraux.

Certaines plantes renferment plusieurs alcalis; certains alcalis se rencontrent dans plusieurs plantes du même genre. Plus souvent, cependant, on ne rencontre dans chaque plante qu'un seul alcali, à la présence duquel elle doit ses propriétés toxiques partielles.

Les alcaloïdes végétaux ont tous, en effet, une action énergique sur l'économie animale; la plupart sont des poisons violents qui, à la dose de quelques décigrammes, déterminent la mort. Le pavot, le *tabac*, la *digitale*, l'*ipéca-cuanha*, la *jusquiame*, l'*aconit*, la *belladone*, la *ciguë*, doivent leur redoutable action aux alcaloïdes qu'ils renferment.

Pris à faible dose, les alcaloïdes végétaux peuvent produire, dans un grand nombre de maladies, des effets véritablement héroïques dont la médecine a su tirer un excellent parti.

Beaucoup d'entre eux sont devenus des remèdes précieux dont l'emploi a remplacé dans presque tous les cas, celui des substances dont ils proviennent. Ils peuvent être administrés facilement, et sont d'un effet plus sûr que les décoctions et les poudres végétales autrefois employées.

Nous allons passer en revue quelques-uns de ces alcaloïdes.

385. Morphine. — La *morphine* $C^{17}H^{19}AzO^3$ se retire de l'*opium*, extrait lui-même du suc de *pavot*.

Lorsqu'on fait, sur les capsules encore vertes du pavot, des incisions profondes, on voit s'écouler lentement un suc laiteux, qui se dessèche rapidement à l'air. Ce suc, réuni en poires arrondies, constitue l'*opium*.

Le pavot blanc est cultivé, en vue de la production de l'opium, en Turquie, en Asie Mineure, en Égypte, aux Indes.

L'opium est un solide d'un brun noirâtre, d'une odeur nauséabonde et d'une saveur très amère. Sa composition est complexe; il renferme, en particulier, 18 alcaloïdes végétaux

Le pavot (fleur et fruit).

(*morphine, codéine, narcotine...*). Le plus important est la morphine.

L'opium à forte dose, est un poison violent; à faible dose il est soporifique. Mais son action varie avec sa composition, qui est loin d'être toujours la même. La morphine, isolée à l'état de pureté, a, au contraire, une action parfaitement constante, de là sa supériorité sur l'opium.

Pour l'extraire on coupe l'opium en tranches, on le traite par l'*eau froide*, on filtre la dissolution obtenue, on la concentre par une douce chaleur, et, après refroidissement, on traite par l'ammoniaque. L'acide organique avec lequel était combinée la morphine se combine avec l'ammoniaque, et la morphine insoluble est précipitée en même temps que les autres alcaloïdes. Le précipité est traité par l'*acide acétique* chaud, qui dissout la morphine à l'état d'acétate de morphine. On filtre et on précipite de nouveau l'alcaloïde par l'ammoniaque.

La morphine est un solide incolore, elle est sans odeur ; sa saveur est amère. Chauffée, elle se fond, puis se décompose. Elle est très peu soluble dans l'eau, dans l'éther ; un peu plus soluble dans l'alcool bouillant.

Les sels de morphine sont solubles dans l'eau et dans l'alcool, facilement cristallisables. Leur solubilité rend leur usage facile en médecine, à l'état de dissolution. Ils ont la même action sur l'économie que l'alcaloïde lui-même. A faible dose, ils amènent le sommeil, comme l'opium. Injectés sous la peau, ils produisent une insensibilité locale, et calment les douleurs les plus fortes.

Le *chlorhydrate de morphine*, le plus employé de ces sels, se présente sous forme d'aiguilles soyeuses, solubles dans l'eau et dans l'alcool.

886. Quinine. — La quinine $C^{20}H^{24}Az^2O^2$ se retire de l'écorce du quinquina.

Le *quinquina* est un arbre originaire des forêts vierges de l'Amérique du sud. Il est maintenant cultivé à Java et dans les Indes anglaises. L'écorce de cet arbre a des propriétés fébrifuges qui sont connues en Europe depuis le milieu du XVIIᵉ siècle. Ces propriétés sont dues à la présence de divers alcaloïdes (*quinine, cinchonine...*)

RAMEAU A FRUITS DE QUINQUINA.

L'extraction se fait de la manière suivante :

L'écorce, réduite en poudre, est traitée par l'*acide chlorhydrique* étendu et bouillant. La liqueur acide, filtrée sur une toile, est additionnée de *chaux* ; il se forme un précipité de *quinine*, de *cinchonine* et de *chaux* en excès. Ce précipité, desséché par pression, est traité par l'alcool, qui dissout les alcaloïdes. La solution alcoolique laisse déposer par évaporation le mélange de quinine et de cinchonine. On dissout ce mélange dans de l'*acide sulfurique* étendu d'eau, et on fait cristalliser par évaporation : le *sulfate de quinine* se dépose, tandis que le *sulfate de cinchonine*, plus soluble reste en dissolution. Enfin le sulfate de quinine, dissous dans l'eau et traité par l'ammoniaque, donne un précipité de quinine pure.

Cet alcaloïde se présente ordinairement sous forme d'une poussière blanche, cristalline, inodore, d'une saveur amère, peu soluble dans l'eau, mais assez soluble dans l'alcool. Il fond à 177°, et se décompose à une température plus élevée.

C'est un alcali énergique ; les sels de quinine sont un peu solubles dans l'eau, et cristallisables. Le plus important est le *sulfate de quinine*, dont nous venons d'indiquer l'extraction. Ce composé cristallise en aiguilles minces et flexibles ; sa saveur est très amère.

Le *sulfate de quinine* est le fébrifuge par excellence. Il est loin d'avoir les propriétés toxiques de la plupart des alcaloïdes végétaux ; cependant il devient dangereux lorsqu'on l'administre à forte dose.

887. Strychnine. — La strychnine $C^{21}H^{22}Az^2O^2$ est renfermée dans la *noix vomique*, semence du *vomique*.

Son mode d'extraction est tout à fait semblable à celui de la quinine.

C'est un solide incolore et sans odeur, d'une grande amertume. Il est à peu près insoluble dans l'eau et dans l'alcool.

Ses propriétés toxiques sont extrêmes ; 2 centigrammes de strychnine suffisent souvent pour occasionner la mort.

Malgré le danger que présente l'usage d'un poison si violent, la strychnine est quelquefois employée, à la dose de 1 à 2 milligrammes, pour combattre certaines paralysies.

STRYCHNINE. — *a*, fleur ; *b*, fruit.

888. Nicotine. — La nicotine $C^{10}H^{14}Az^2$ est contenue dans la feuille du tabac. On l'en extrait par un procédé analogue à celui employé pour l'extraction des autres alcaloïdes. C'est un liquide incolore, huileux, d'une odeur pénétrante. Il distille sans altération, à la température de 240°, quand on opère à l'abri du contact de l'air.

A la température ordinaire, la nicotine s'altère rapidement sous l'action de l'air et de la lumière, et prend une coloration brune. C'est une base énergique, qui forme avec les acides des sels solubles dans l'eau.

Elle est très caustique et extrêmement toxique ; une seule goutte suffit pour tuer un chien.

Le tabac doit à la nicotine ses propriétés irritantes et narcotiques.

FLEUR DE TABAC.

389. Atropine. — L'*atropine* $C^{17}H^{23}AzO^6$ se retire de la racine de la *belladone*.

La *belladone* est une plante de la famille des *solanées*, dont la taille atteint 1^m,60 ; elle est à feuilles grandes, ovales ; à fleurs solitaires dont la corolle est pourpre et violacée en forme de cloche. Le fruit est une baie arrondie, de la grosseur d'un grain de raisin, d'abord vert, puis rougeâtre et enfin presque noir à l'époque de la maturité. Ce fruit est *très vénéneux*. La belladone croît spontanément dans les dunes et les bois de France.

Pour extraire l'*atropine*, on écrase la racine fraîche, on humecte d'eau, on exprime le jus et on lave le résidu. La liqueur obtenue est clarifiée par ébullition, puis filtrée. On traite par la *potasse caustique*, qui met l'alcaloïde en liberté, puis par le *chloroforme* qui le dissout. On sépare le chloroforme du liquide aqueux, on filtre et on distille. On purifie le résidu de la distillation en le dissolvant dans l'alcool et abandonnant à l'évaporation spontanée.

L'*atropine* est un solide incolore, qui cristallise en aiguilles soyeuses. Peu soluble dans l'eau, plus soluble dans l'alcool et dans le chloroforme.

Elle est presque aussi toxique que la strychnine. Cependant certains animaux sont réfractaires à l'action du poison ; les lapins mangent impunément la feuille de belladone.

En médecine, on l'emploie surtout à l'état de sulfate et de valérianate, dans les maladies des yeux (à cause de la pro-

RAMEAU FLEURI DE LA BELLADONE.

priété qu'elle a de déterminer une grande dilatation de la pupille), et aussi comme calmant, dans une foule de circonstances.

390. Cocaïne. — La *cocaïne* $C^{17}H^{21}AzO^8$ se retire de la feuille d'un arbuste du Pérou, la *coca*.

Pour l'isoler, on épuise les feuilles de coca par l'eau à 80° et on précipite l'extrait par l'*acétate de plomb*; la liqueur, dépouillée du plomb en excès par le *sulfate de sodium*, est ensuite évaporée, puis additionnée de *carbonate de sodium*, et enfin agitée avec l'*éther*, qui enlève la *cocaïne*. On purifie celle-ci par cristallisation dans l'alcool.

La *cocaïne* est un solide incolore, inodore, soluble dans l'eau, dans l'alcool, et surtout dans l'éther ; elle a une saveur amère.

Elle est toxique, mais elle possède surtout la propriété d

Coca. — *a*, fleur ; *b*, fruit.

déterminer une insensibilité locale aux points du corps sur lesquels on l'applique ; c'est sur cette propriété qu'est basé son emploi en médecine.

RÉSUMÉ

1. — Les *alcalis organiques* sont des *composés azotés* qui ont pour propriété caractéristique de se comporter comme de véritables bases vis-à-vis des acides.

2. — L'*aniline* C^6H^7Az prend naissance dans la décomposition des matières organiques par la chaleur.

Industriellement on la prépare par l'action de l'*hydrogène naissant* sur la *nitrobenzine* $C^6H^5(AzO^4)$.

3. — C'est un liquide incolore, huileux, d'une odeur forte et désagréable, vénéneux.

Elle est décomposable par la chaleur, combustible. Elle se comporte comme un alcali.

Elle est la base de la fabrication d'un grand nombre de matières colorantes, dites *couleurs d'aniline*.

4. — Les *alcaloïdes végétaux* sont des composés azotés naturels, qui jouissent des mêmes propriétés générales que l'aniline.

Avec les acides ils forment des sels.

Ils sont quelquefois liquides ou volatils (*nicotine*), mais bien plus souvent solides, fixes et inodores. Ils sont insolubles dans l'eau, mais solubles dans l'alcool, la benzine, la glycérine, les essences.

5. — On connaît un très grand nombre d'alcaloïdes végétaux; ils sont contenus dans les plantes vénéneuses.

Ils sont tous très toxiques; leur action énergique sur l'économie est fréquemment utilisée en médecine.

6. — La *morphine* $C^{17}H^{19}AzO^3$ se retire de *l'opium*, extrait lui-même du suc du pavot.

Cet alcaloïde est un solide incolore, cristallisé, à saveur amère. Il est fusible, décomposable par la chaleur.

Les sels, dont le principal est le *chlorhydrate de morphine*, sont employés en médecine comme soporifiques et anesthésiques.

7. — La *quinine* $C^{20}H^{24}Az^2O^2$ se retire de l'écorce de *quinquina*.

C'est une poudre blanche, cristallisée, inodore, d'une saveur amère, peu soluble dans l'eau.

Le *sulfate de quinine* est constamment employé comme fébrifuge.

8. — La *strychnine* $C^{21}H^{22}Az^2O^2$ est contenue dans la *noix vomique*, semence du *vomiquier*.

C'est un solide incolore, inodore, d'une grande amertume.

La *strychnine* est excessivement toxique. Elle est cependant parfois employée en médecine, à la dose d'un milligramme.

9. — La *nicotine* $C^{10}H^{14}Az^2$ est contenue dans la feuille du tabac.

C'est un liquide incolore, huileux, d'une odeur pénétrante.

Elle est caustique et très toxique.

10. — L'*atropine* $C^{17}H^{23}AzO^3$ se retire de la racine de la *belladone*.

C'est un solide incolore, peu soluble dans l'eau.

Elle est extrêmement toxique, mais certains animaux peuvent manger impunément la feuille de la belladone.

En médecine, les sels d'atropine sont employés pour le traitement de certaines maladies des yeux.

11. — La *cocaïne* $C^{17}H^{21}AzO^4$ se retire de la feuille d'un arbuste du Pérou, le *coca*.

C'est un solide incolore, inodore, soluble dans l'eau.

Elle est toxique, et possède la propriété de déterminer une insensibilité locale aux points du corps sur lesquels on l'applique.

NOTICES BIOGRAPHIQUES

—

BERTHOLLET (1748-1822). — Chimiste français, membre de l'Académie des sciences. D'une grande activité scientifique, Berthollet a laissé des traces de son passage dans toutes les branches de la chimie. Fit partie, en 1787, de la commission chargée de fixer les règles de la nomenclature chimique. Découvrit les propriétés décolorantes du chlore, et l'application de ces propriétés au blanchiment des matières textiles d'origine végétale.

Auteur d'importants ouvrages sur les *Lois des affinités chimiques* (1804) et sur la *Statique chimique* (1803).

BRANDT. — Marchand hambourgeois sans valeur scientifique. Dans des recherches relatives à la *pierre philosophale*, c'est-à-dire à la manière de transformer en or les métaux communs, il parvint à extraire du phosphore de l'urine (1669).

BUNSEN (1811-1807). — Chimiste et physicien allemand, auteur d'un grand nombre de recherches dans diverses branches de la physique, de la chimie et de la géologie. Sa découverte capitale fut celle de *l'analyse spectrale*, faite en collaboration avec Kirchhoff. Il faut y ajouter de très nombreuses recherches sur le courant électrique, ses effets chimiques et leurs applications ; sur la chimie des gaz. Inventeur du chalumeau automatique, connu sous le nom de *bec de Bunsen*, qui est devenu l'origine de tous les fourneaux à gaz actuellement en usage.

CAVENDISH (1731-1810). — Chimiste et physicien anglais. Découvrit et étudia l'hydrogène (1766), contribua à la découverte de la composition de l'eau et de l'air, fit d'importantes recherches sur les composés de l'azote et de l'oxygène. Comme physicien il mit en évidence le fait de l'attraction mutuelle des corps pesants et fournit une valeur assez exacte de la densité moyenne de la terre.

CHEVREUL (1786-1889). — Chimiste français, auteur de plusieurs découvertes importantes. En 1823, il établit de façon définitive la composition des corps gras d'origine animale et montra que chacun d'eux est un mélange de composés de glycérine et d'acides gras ; il donna la théorie de la saponification. Ces travaux le conduisirent à la découverte des bougies stéariques, si supérieures aux anciennes chandelles de suif.

En outre, on doit à Chevreul d'importants travaux sur les couleurs.

Dalton (1766-1844). — Chimiste et physicien anglais. Comme chimiste, il énonça le premier de façon nette l'une des lois fondamentales de la chimie, la *loi des proportions multiples* (1808) ; il reprit l'ancienne hypothèse des philosophes grecs relative à la *constitution moléculaire* de la matière, hypothèse aujourd'hui universellement admise. Comme physicien, il s'est fait connaître par de nombreuses recherches sur les propriétés des gaz et des vapeurs, sur la mesure des chaleurs spécifiques. Enfin il fit des recherches sur une infirmité spéciale de l'œil, relative à une vision défectueuse des couleurs, infirmité dont il était atteint lui-même, et qui a conservé son nom, le *daltonisme*.

Darcet (1725-1801). — Médecin et chimiste français. Professeur au Collège de France, directeur de la manufacture de porcelaine de Sèvres, il s'occupa surtout de recherches relatives aux applications de la chimie aux Arts et à l'Industrie.

Davy (1778-1829). — Chimiste anglais, sir Humphry Davy est un des grands noms de la chimie au début du xixe siècle. Pauvre et presque misérable à ses débuts, il finit riche, honoré, président de la Société royale de Londres. Ses recherches sur les effets chimiques des courants électriques le conduisirent à la découverte de deux métaux, le *potassium* et le *sodium*. Il établit que le chlore, découvert précédemment par Scheele, était un *corps simple* et que l'*acide chlorhydrique*, alors appelé *acide muriatique*, était une combinaison de chlore et d'hydrogène. Cette découverte avait une très grande importance parce qu'elle montrait qu'il existait, contrairement à ce qu'avait pensé Lavoisier, des acides et des sels qui ne renfermaient pas d'oxygène. Davy inventa la *lampe des mineurs* qui porte son nom, lampe destinée à empêcher les explosions du feu grisou dans les mines de houille. A l'âge de vingt ans il avait, poursuivant avec courage des expériences dans lesquelles il savait pouvoir trouver la mort, découvert les propriétés anesthésiques du *protoxyde d'azote*, composé gazeux de l'oxygène et de l'azote.

Deville (*Henri Sainte-Claire*) (1818-1881). — Chimiste français, auteur de très remarquables travaux sur le *bore*, le *silicium*, le *magnésium*. Donna un procédé véritablement pratique de fabrication de l'*aluminium*, qui n'était avant lui qu'une curiosité de laboratoire. Ses recherches, également importantes, sur le *platine* et sur l'*iridium*, le conduisirent à la découverte du *chalumeau à gaz oxhydrique*, capable de produire une température qu'on n'avait jamais atteinte à cette époque.

Mais la plus belle découverte de Deville, qui est l'une des découvertes capitales du xixe siècle, est celle du mode de décomposition chimique connu sous le nom de *dissociation*. Cette découverte permettait d'expliquer un grand nombre de faits qui avaient paru singuliers jusqu'alors ; elle devait exercer une très grande influence sur les progrès de la chimie.

DRUMMOND (1797-1840). — Ingénieur anglais. Ayant à envoyer des signaux optiques entre deux points éloignés, il imagina de produire une lumière éclatante en chauffant fortement un morceau de chaux vive avec la flamme très chaude provenant de la combustion d'un mélange d'oxygène et d'hydrogène.

DUMAS (*Jean-Baptiste*) (1800-1884). — Chimiste français : l'un des grands noms de la chimie au XIX⁰ siècle. Comme chercheur, comme professeur, comme écrivain, comme administrateur, comme homme politique, Dumas s'est montré partout un homme supérieur. Ses recherches sur la chimie des métalloïdes l'amenèrent à la détermination précise de la composition de l'air, de l'eau, de l'anhydride carbonique, du poids atomique du carbone ; sa *classification des métalloïdes* en quatre familles naturelles vint mettre de l'ordre dans l'étude de ces éléments. Ses travaux relatifs à la détermination des densités des vapeurs n'ont pas une moindre importance.

En chimie organique, de nombreux travaux illustrent également le nom de Dumas, et principalement la découverte de la *loi des substitutions*, qui reste son plus grand titre de gloire.

FOURCROY (1755-1809). — Chimiste et homme d'État français. Auteur d'un ouvrage important pour l'époque : *la Philosophie chimique*. Fit partie de la commission chargée, en 1787, de fixer les règles de la nomenclature chimique.

GAY-LUSSAC (1778-1850). — Physicien et chimiste français. Ses découvertes en physique et chimie, faites souvent en collaboration avec d'autres savants, sont innombrables. En physique il s'occupa surtout de l'étude de la chaleur (vaporisation, mesure des tensions maxima des vapeurs, mesure des coefficients de dilatation, hygrométrie) ; il imagina un aréomètre encore très employé (alcoomètre de Gay-Lussac). En chimie, il énonça les lois fondamentales relatives à la combinaison des gaz entre eux, il découvrit ou étudia le bore, le cyanogène, l'iode et un grand nombre de leurs composés.

GUYTON DE MORVEAU (1737-1816). — Chimiste français. Auteur d'un grand nombre d'ouvrages ou de mémoires, dont aucun ne renferme de découverte qui soit restée. Fit partie de la commission chargée, en 1787, de fixer les règles de la nomenclature chimique.

DE HUMBOLDT (*Alexandre*) (1769-1859). — Naturaliste allemand. Employa une grande partie de sa vie à des voyages lointains, desquels il rapporta toujours des documents très importants relatifs aux diverses branches de l'histoire naturelle.

LAVOISIER (1743-1794). — Le nom de Lavoisier est peut-être le plus grand de la science française ; arrivant au moment précis où les découvertes relatives à la chimie commençaient à former un ensemble de faits bien observés, Lavoisier eut le mérite de renverser d'abord les théories erronées qui s'opposaient à la marche de la science, et de les remplacer par des théories nouvelles qui devaient au contraire précipiter les découvertes. Il peut donc être considéré comme le fondateur de la chimie moderne.

Dès l'âge de vingt ans, Lavoisier consacra son temps et sa fortune à la science. Les questions pratiques l'occupèrent d'abord (éclairage, fabrication de la poudre et du salpêtre, méthodes culturales nouvelles introduites dans ses terres). Mais les découvertes capitales de Lavoisier, celles qui devaient lancer la chimie dans une voie plus féconde, résultèrent de ses recherches sur la composition de l'air, sur le rôle de l'oxygène dans les combustions et dans la respiration, et enfin sur la composition de l'eau.

Les travaux de Lavoisier sur ces sujets furent exposés dans cinq *Mémoires* et dans un *Traité élémentaire de chimie*. Ils furent le point de départ de controverses innombrables qui aboutirent à la chimie moderne, basée sur le principe fondamental de la *conservation de la matière*, énoncé par Lavoisier, et sur les méthodes précises, également établies par Lavoisier, auxquelles doit s'astreindre l'expérimentation, pour être réellement féconde.

Bien que financier habile et probe, Lavoisier mourut sur l'échafaud le 8 mai 1794, en même temps que la plupart des fermiers généraux ses collègues : il fut enterré dans la fosse commune du cimetière de la Madeleine. Il avait cinquante ans.

LEBLANC (*Nicolas*) (1753-1806). — Médecin, chimiste et industriel français. Connu surtout par sa découverte du procédé de fabrication de la soude artificielle qui porte son nom. En 1793, les importations des soudes espagnoles venant à être supprimées, Leblanc fit connaître son procédé de fabrication, dont le secret lui était cependant garanti par un brevet. On ne rendit pas justice à cet acte de désintéressement, accompli pour le bien public, et Leblanc, ruiné, mourut bientôt dans la misère.

LEBON (*Philippe*) (1769-1804). — Ingénieur français, inventeur du gaz de l'éclairage. Le gaz de Lebon était d'abord produit par la distillation du bois en vase clos, puis par celle de la houille. La *thermolampe* dans laquelle Lebon brûlait le gaz était destinée, dans l'esprit de son inventeur, à produire à la fois de la lumière, de la chaleur et de la force motrice.

Lebon mourut assassiné à l'âge de trente-cinq ans, avant d'avoir pu rendre réellement pratique une invention qui devait prendre peu après une si grande importance.

MOISSAN. — Chimiste français contemporain (né en 1852), auteur d'un grand nombre de recherches importantes sur les diverses branches de la chimie. A isolé le fluor en 1886, puis étudié les propriétés de cet élément et d'un grand nombre de ses composés; semble être parvenu à reproduire artificiellement le diamant, en très petits cristaux.

PASTEUR (1822-1895). — Chimiste français, membre de l'Académie des sciences, de l'Académie de médecine, de l'Académie française, Pasteur est certainement, parmi tous les savants du XIXᵉ siècle, celui qui a exercé la plus grande influence sur les progrès de la science. Après de remarquables travaux sur les propriétés optiques de certaines substances cristallisées, il se livra à l'étude des *fermentations*. Par de nombreuses expériences il démontra, de façon indiscutable, que ces fermentations ne sont jamais *spontanées*, mais ont toujours leur origine dans le développement d'organismes inférieurs dont les germes sont ordinairement déposés par l'air. Passant de là à l'étude des maladies contagieuses, il montra que leur origine est analogue à celle des fermentations. Et, étendant le principe de la *vaccination*, déjà utilisé par le médecin anglais Jenner depuis 1776, pour préserver des atteintes de la variole, il démontra la possibilité de préparer dans le laboratoire les *vaccins* préventifs des maladies contagieuses. La vaccination contre la rage fut le couronnement de ces recherches (1885).

Les théories de Pasteur relatives aux fermentations et aux maladies contagieuses furent l'origine d'une véritable révolution en médecine et en chirurgie. Elles conduisirent aux méthodes actuelles, si fécondes en résultats, de l'antisepsie et de l'isolement des malades.

L'industrie elle-même modifia ses procédés en plus d'un point, particulièrement dans la fabrication du vinaigre, de la bière, du vin, et dans les précautions à prendre pour assurer leur conservation.

Si les travaux de Pasteur furent grands par eux-mêmes, ils furent plus grands encore par leurs conséquences.

PRIESTLEY (1733-1804). — Chimiste anglais, l'un des prédécesseurs de Lavoisier, l'un des fondateurs, avec Lavoisier et Scheele, de la chimie moderne.

Si on en juge par le nombre de ses découvertes, Priestley serait un grand chimiste. Il découvrit ou étudia, en effet, un grand nombre de gaz et mit en évidence plusieurs de leurs propriétés essentielles. Tels sont l'oxygène, l'hydrogène, l'azote, le gaz carbonique, le gaz ammoniac, l'acide chlorhydrique, l'oxyde de carbone, le gaz sulfureux, le bicarbure d'hydrogène, le bioxyde d'azote.

Mais, n'étant guidé par aucune idée générale, ni même par aucune règle d'expérimentation, égaré d'ailleurs par les théories erronées de l'époque, il ne sut mettre aucune coordination dans tant de découvertes importantes. La nature même de chacun des gaz qu'il avait étudiés lui échappa complètement.

En réalité, Priestley n'a fait que préparer les matériaux dont le génie de Lavoisier devait tirer parti.

PROUST (1755-1826). — Chimiste français, auteur de quelques découvertes en chimie organique. Énonça le premier une des lois fondamentales de la chimie, la *loi des proportions définies*.

RUTHERFORD (1740-1786). — Chimiste anglais; isola le premier l'azote.

SCHEELE (1742-1810). — Chimiste suédois, fut, comme Priestley, un prédécesseur de Lavoisier, et, comme lui, un des fondateurs de la chimie moderne. Bien supérieur à Priestley, il est inférieur à

avoisier par l'esprit de génération et de synthèse. Pauvre, n'ay nt
à sa disposition que de faibles ressources au point de vue expéri-
mental, il fit cependant un grand nombre de travaux importants :
il fut un des premiers à fixer par ses recherches les règles de la
méthode expérimentale.

En chimie organique il étudia l'acide oxalique, l'acide gallique,
l'acide lactique, la glycérine. En chimie minérale il découvrit le
chlore, le tungstène, le molybdène, le manganèse, la baryte, l'acide
fluorhydrique, l'acide arsénique, l'acide prussique.

Solvay. — Industriel français.

———

TABLE DES MATIÈRES